高职高专物联网应用技术专业系列教材

智能机器人与传感器

主　编　张春晓　夏林中　罗德安

副主编　陈又圣　彭　聪

西安电子科技大学出版社

内 容 简 介

本书通过对组成智能机器人的硬件、软件以及单传感器信息处理及多传感器信息融合算法四个方面的介绍，让读者对亲手制作智能机器人的过程有一定的了解，并能跟着书本介绍的方法制作一款属于自己的智能机器人。

本书是按照机器人内部传感器、外部传感器以及多传感器信息融合的顺序进行介绍的，其中外部传感器又分为触觉、嗅觉、听觉及视觉四个部分进行叙述。与人类从自然界获取信息的途径相似，听觉与视觉是智能机器人获取信息的主要途径，所以本书对此进行了详细叙述。本书采用信用卡大小的树莓派电脑连接上述各类型的传感器获取数据、传递数据及处理数据。读者在设计本书所介绍的智能机器人时，可以采取先局部后整体的开发设计策略：先逐个将传感器与树莓派连接并调试好，再选择一种或多种合适的传感器信息融合算法组装机器人整体。本书所选的软件及大部分硬件都是开源的，所基于的硬件平台相当便携性好，选择的软件系统是 Linux+ROS+Python 的组合。

本书适合高职高专院校电子信息、物联网、智能装备制造等学科的专科生使用，也适合作为电子爱好者学习搭建智能机器人的参考资料。

图书在版编目(CIP)数据

智能机器人与传感器 / 张春晓，夏林中，罗德安主编. —西安：西安电子科技大学出版社，2020.12(2021.11 重印)
ISBN 978-7-5606-5919-0

Ⅰ. ①智… Ⅱ. ①张… ②夏… ③罗… Ⅲ. ①智能机器人—智能传感器 Ⅳ. ①TP242.6

中国版本图书馆 CIP 数据核字(2020)第 218436 号

策划编辑 明政珠
责任编辑 王晓莉 阎 彬
出版发行 西安电子科技大学出版社(西安市太白南路 2 号)
电 话 (029)88202421 88201467 邮 编 710071
网 址 www.xduph.com 电子邮箱 xdupfxb001@163.com
经 销 新华书店
印刷单位 陕西天意印务有限责任公司
版 次 2020 年 12 月第 1 版 2021 年 11 月第 2 次印刷
开 本 787 毫米×1092 毫米 1/16 印 张 13
字 数 304 千字
印 数 1001～4000 册
定 价 31.00 元
ISBN 978－7－5606－5919－0 / TP

XDUP 6221001-2

前　言

如今的机器人已具有类似人一样的肢体及感官功能，有一定程度的智能，且动作灵活，在工作时可以不依赖人的操纵，而这一切都少不了传感器的功劳。传感器是机器人感知外界的重要部件，它们犹如人类的视觉、听觉、触觉、嗅觉及味觉五种感觉器官。同时，传感器还可用来检测机器人自身的工作状态：轮子滚过的距离、机械手臂的转角、转动的速度及加速度等。传感器是一种能够按照一定的规律将自然界抽象的信号转换成可用信号并输出的器件，为的是让机器人具有尽可能高的灵敏度，以完成特定的生产任务。

机器人传感器及信息融合技术的研究涉及多学科，包括机械、电子、控制、计算机、信号处理、图像视频处理及人工智能等诸多理论和技术，是一个国家高科技水平及工业自动化程度的体现。

本书在内容编排上注重理论与实践的结合；在材料选取上注重经济实惠，用到的传感器模块全部能在市场上找到，不需要专用设备及模块。特别是机器人的中央控制器，本书选取了十年来很受国内外大学生欢迎的树莓派“卡片计算机”，它具有很丰富的开源软件资源，以及丰富的开发资料、书籍和丰富的网络社区资源。本书最突出的特点为：可以把未完成的实验装到“口袋”带回宿舍、图书馆或者家里继续完成。

全书共 9 章。

第 1 章主要介绍了一款多自由度、多传感器智能机器人的基本硬件，所用到的硬件包括机器人的躯体、舵机、舵机控制器、树莓派主控器等，并介绍了如何通过控制舵机转动，让机器人肢体运动形成各种姿势。

第 2 章介绍了智能机器人用到的基础软件，包括树莓派专用的基于 Linux 系统的操作系统、方便开发智能机器人的机器人操作系统 ROS、简单易用的编程语言 Python。

第 3 章介绍了传感器的基本知识以及应用在机器人内部的两种传感器(编码器及陀螺仪)。

第 4 章介绍了与触觉相关的传感器，包括接触觉传感器、接近觉传感器、压觉传感器、滑动觉传感器、拉伸觉传感器和温湿度传感器。

第 5 章介绍了与嗅觉相关的传感器，主要内容为气敏传感器及其应用。

第 6 章介绍了与听觉相关的传感器，主要内容为麦克风在语音获取、语音识别及语义识别等方面的应用。

第 7 章介绍了与单目视觉相关的传感器，主要内容为摄像头工作原理、人脸检测及识别。

第 8 章介绍了与立体视觉相关的传感器，主要内容为双目相机原理、微软 Kinect 体感设备以及激光雷达原理及应用。

第 9 章介绍了多传感器信息融合技术。

智能机器人与人类一样，大量信息基本上通过听觉与视觉获取。本书在内容编排上也突出了听觉及视觉传感器的内容。站在应用的角度，机器人味觉的应用场合比较特殊，例如自动炒菜、食品安全及疾病诊断等方面的机器人会用到味觉传感器，这种机器人与一般家用机器人的功能有较大差异，本书没有味觉传感器的相关介绍。

本书所选的软件及大部分硬件都是开源的，便于读者研究其内部的细节。本书基于的硬件平台便于携带，在设计智能机器人局部功能时，不需要专用的实验室，读者在图书馆、宿舍、家里等都可以进行开发。本书选择的软件系统是 Linux+ROS+Python，这是开发智能机器人比较合理的一种组合。使用 Linux 操作系统可进行软硬件资源统筹。机器人操作系统（Robot Operating System，ROS）是一个开源的机器人开发平台，有丰富的传感器驱动及应用，并提供较完善的底层功能的支持。选择 Python 作为开发语言，是因为近年来 Python 在人工智能、数值计算、高维数据可视化等方面有非常迅速的发展，而且学习使用 Python 语言的门槛也较低。

本书由张春晓进行整体策划与统稿，张春晓、夏林中和罗德安任主编，陈又圣、彭聪任副主编。

本书在编写时参考了一些国内外学者的相关论著和资料，在此对其作者表示衷心的感谢。由于传感器种类繁多、发展日新月异，再加上时间仓促和本人水平有限，书中难免存在不足之处，敬请读者、专家批评指正。

编　者

2020 年 8 月

目　录

第 1 章　智能机器人的硬件

本章介绍组成智能机器人需要的硬件模块。首先介绍机器人的来由、定义，智能机器人的军事应用、家用、公司及餐馆应用等；接着介绍本书将制作的智能机器人的基本组成模块及各模块之间的连接等，并着重介绍树莓派的各个版本、参数及应用，通过介绍让学生学会树莓派在应用中如何选型；最后介绍舵机的工作原理、用四元组表示舵机旋转、肢节链的形成、肢节链的更新运算、机器人的“火柴人”模型、“火柴人”的姿态更新运算、机器人动作的形成等。

教 学 导 航

<table>
<tr><td rowspan="3">教</td><td>知识
重点</td><td>了解本章实现的智能机器人及硬件结构；
了解本书定义的智能机器人各个硬件模块的逻辑连接关系；
了解智能机器人各个硬件模块的选型及作用；
了解舵机工作原理及发送脉宽调制控制舵机的转动角度；
了解使用四元组实现旋转的数学原理；
了解通过连接多块铝合金型材及多个舵机形成机器人腿及机器人肢节链的数学表达形式；
了解肢节链更新的两个姿态：从初始姿态计算得到新的姿态；
了解机器人的“火柴人”数学模型及如何通过多条肢节链构成模型；
了解机器人的初始姿态及其重要性；
了解机器人新姿态的形成是由更新组成机器人的多条肢节链得到的；
了解机器人动作的形成；
了解通过文件存储记录一组机器人姿态的过程</td></tr>
<tr><td>知识
难点</td><td>了解本书定义的智能机器人各个硬件模块的逻辑连接关系；
了解舵机工作原理及发送 PWM 控制舵机的转动角度的过程；
了解通过连接多块铝合金型材及多个舵机形成机器人腿，以及其肢节链的数学表达形式；
了解使用四元组表示一个舵机的旋转的过程；
了解肢节链更新的两个步骤；
了解机器人是由多条肢节链所构成的；
了解机器人新姿态的形成是由更新组成机器人的多条肢节链得到的；
了解机器人动作的形成；
了解通过文件存储记录一组机器人的姿态的过程</td></tr>
<tr><td>推荐教
学方法</td><td>本章以机器人的应用及机器人理论为主要内容。例如用多点生动的案例介绍形形色色的机器人、智能机器人的应用。理论主要包括单个舵机的工作原理、多个舵机组成的肢节链工作原理、机器人的各种姿态的产生、相邻姿态间进行插值运算得到连续动作。有条件的话，可以通过编程仿真书中的计算，以三维“火柴人”的动作形象展示机器人动作形成的原理</td></tr>
</table>

续表

	建议学时	8～10 学时
学	推荐学习方法	主要以听老师讲解为主。平时多查阅中英文资料：各个版本树莓派、各个模块的数据表等。多了解各个硬件模块的基本功能、接口的定义、数据传输协议等。多到各大论坛去看业余发明家、机器人爱好者、退休工程师或者极客们(Geek①)的作品。由于树莓派是非常流行的系统，国内外有相当多的网上资源可供参考。虽然很多作品名字貌似与本书定义的智能机器人不太相关，但其软、硬件的具体实现方法及步骤却有相似之处
	必须掌握的基本技能	会上网查找模块数据表，包括中文版及英文版，能读懂模块英文资料； 收藏一批有用的技术论坛网站，并经常通过此类网站了解最新的硬件应用信息，例如树莓派实验室网站(https://shumeipai.nxez.com)； 有能力的学生可以根据舵机的工作原理，尝试用树莓派进行控制
	技能目标	本章主要是各个硬件模块的介绍，通过介绍，让学生学会自己利用图书馆资源和网络资源查找一手资料，并从此开始锻炼专业英文阅读能力，为以后的开发奠定基础

1.1 机器人简介

机器人的概念最早起源于科幻小说，并通过科幻电影获得了广泛传播。机器人的形态各异，如图 1-1 所示，有外形比较像人类的，有铁骨铮铮的，有带轮子和眼睛的移动平台样子的，还有的仅是一只机械手，等等。根据美国机器人工业协会的标准，机器人可定义为：一种可移动的由各种材料、零件、工具等组成的装置，该装置通过程序来执行各种任务，并具有可编程控制的多功能机械手。

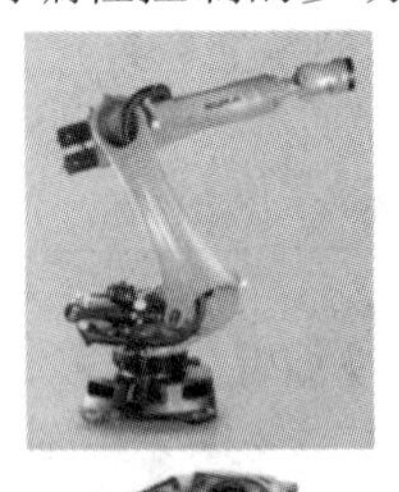

图 1-1　机器人的各种形态

① 极客是英语 Geek 的音译。随着互联网文化的兴起，这个词含有智力超群和努力之意，又被用于形容对计算机和网络技术有狂热兴趣并投入大量时间钻研的人。

美国人乔治·德沃尔于 1954 年制造了第一台可通过编程控制的机器人，并注册了专利。随后很长的一段时间里，随着计算机水平的不断发展和人类生活水平的不断提高，人们对提高生产力的呼声越来越高，传统人工生产方式早已无法满足要求，因此在部分生产过程中以机器人代替了人类劳作，极大地解放了人类的双手。前期的机器人主要出现在工业场景中。近些年来，智能机器人早已脱离科幻小说或电影中的虚构产物，存在于现实中。与传统机器人相比较，它们更加智能化，也更符合人们的使用期待及要求。世界顶尖的智能机器人如图 1-2 所示。

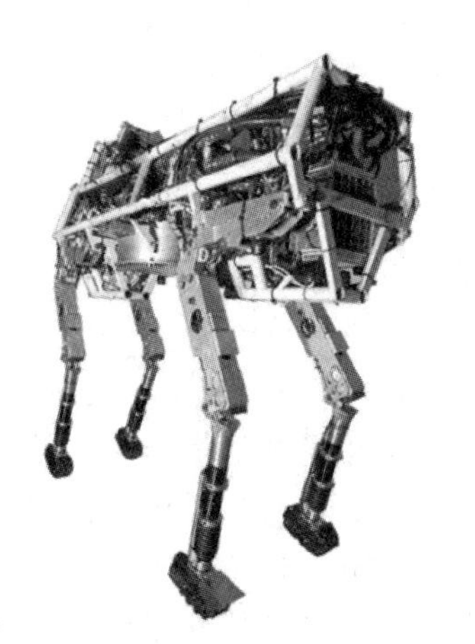

（a）波士顿狗形机器人

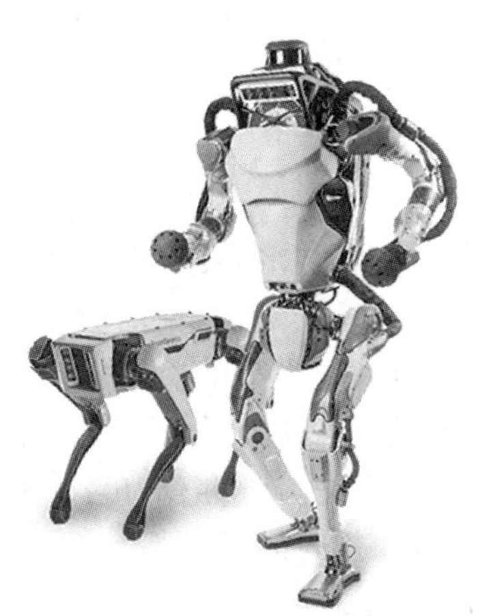

（b）波士顿人形机器人 Atlas

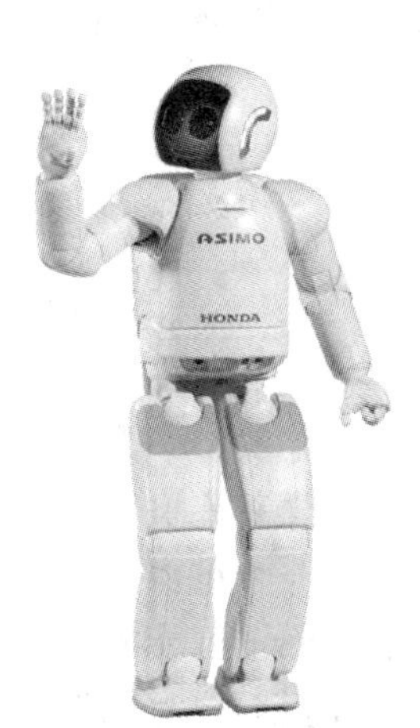

（c）本田 ASIMO 机器人

图 1-2　世界顶尖的智能机器人

随着智能机器人技术的逐步发展，智能机器人在军事、科研、农业、商业、医疗、娱乐、儿童教育等很多领域都崭露头角，并已逐步成为我们生活中的重要组成部分。现在网上比较热门的机器人要数波士顿动力公司生产的波士顿机器人，其有两种类型：像狗一样四肢奔跑型和人形机器人。波士顿机器人智能化程度相当高，例如图 1-2(b)所示的人形机器人可以实现奔跑、跳跃和空翻以及推倒爬起、跨越障碍物、在箱子间跳跃、奔跑上楼梯等复杂的动作；图 1-2(a)所示的波士顿狗形机器人能驮重物、空翻以及能多个机器人协同完成任务。在智能机器人行业里同样久负盛名的是日本本田 ASIMO 机器人，ASIMO 也具备能跑会跳、上下楼梯、开瓶盖、端茶倒水等功能，动作十分灵巧。

如果把机器人用于儿童陪伴，图 1-3(a)所示的一款索尼小狗智能机器人 AIBO 就很合适。它外形萌萌的，可以与小孩子语音聊天，通过日常生活对话了解主人的喜好，可以做出各种反应取悦主人。AIBO 具备优秀的学习和交流能力，能通过一系列传感器来进行深度学习，能进行声音和图像的信息挖掘，并能轻松辨识出主人的脸。

还有一种机器人被设计得与人很相似，常用作公司和餐厅的礼仪、接待等。这种机器人也基本具有人机对话、图像识别等功能。其特别的地方是拥有脸部表情，有特殊的机械结构控制机器人脸部的喜、怒、哀、乐以及眨眼等表情，而且整个机器人表面覆盖有硅胶，头上有假发，身上有衣服等，看起来像真人一样，如图 1-3(b)所示。

（a）索尼小狗机器人 AIBO　　（b）高仿人类机器人 Erica

图 1-3　居家及公司接待用机器人

1.2　智能机器人硬件概况

先来定义一个具体的制作目标——一款示意性的多自由度(Degree Of Freedom,DOF)及多传感器智能机器人。示意性是指并非很严格用于某方面的商用型智能机器人，而是讨论并实践一个可以方便学生自己动手去实现的(Do It Yourself，DIY)、可自行选择搭配多种不同传感器的智能机器人。自由度是指描述物体运动所需要的独立坐标数。多自由度指的是有多个舵机一起工作，形成人形的机器人。智能，更多是指通过多种传感器获取信息并分析处理数据的能力。这些能力包括：机器人有对自身身体姿态的知觉；有对外物距离的感觉，即前面有障碍物时机器人会有所感知并采取相应动作；有感知气体的嗅觉；有听懂普通话的听觉并且有说普通话的能力；有人脸识别、立体视觉以及对周围环境三维点云获取的能力等。从上面的描述可以看出，通常把能“感觉”、会“思考决策”以及会自动组织“动作”的机器人统称为智能机器人。

多自由度及多传感器智能机器人整体如图 1-4 所示，由轻薄的铝合金支架将多个舵机连接成一个机器人整体。

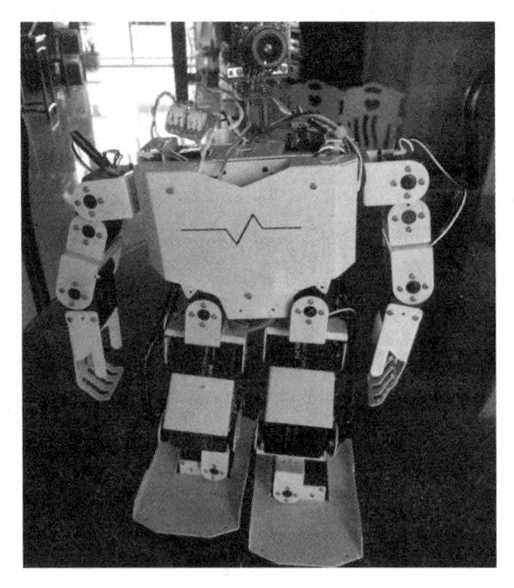

图 1-4　多自由度及多传感器智能机器人

所要制作的智能机器人高约 40 cm，除两手臂外的身体部分宽约 20 cm。在有限的空间安装硬件模块需要合理的安排空间。主控树莓派、舵机控制模块及多个传感器模块、锂电池等隐藏在机器人上半身里；网络摄像头模块安装在机器人的头部；麦克风、直流-直流变换模块等固定在机器人的肩膀上。组成机器人各硬件的参数如表 1-1 所示。

表 1-1　智能机器人各硬件规格参数

机器人主体	
尺寸	高度×宽度：约 365 mm × 449 mm
重量	约 1.68 kg
支架材料	硬铝合金，表面硬化并加强结构设计
供电系统	
电池	7.4 V 大容量锂电池
续航时间	约 90 min
自由度	
头部	1 DOF，可让头部转动
肩膀	1 DOF，可让手臂沿着上臂转动
手臂	每条手臂 2 DOF，可让上臂、下臂弯曲
腿	每条腿 4 DOF，可让大腿、小腿能够弯曲
髋关节	每个髋 1 DOF，旋转方式与人有点不同，自由度少
动力系统	
舵机控制板	人形机器人专用 24 路舵机控制器
舵机参数	LDX-218 及 LDX-227 数字舵机，全金属齿轮 重量：约 60 g； 尺寸：40 mm × 20 mm × 40.5 mm； 输入 6 V 电压时扭矩：15 kg/cm； 输入 7.4 V 电压时扭矩：17 kg/cm

智能机器人整体结构示意图如图 1-5 所示，分为上位机与下位机两个部分。上位机树莓派控制传感器信息的获取及处理；下位机为一块舵机控制板，控制 17 个舵机形成机器人的各种姿态。通过树莓派上丰富的接口将各个传感器模块连接成一个整体。由于机器人是个移动平台，因此可以通过树莓派自带的 WiFi 与台式机进行连接。连接的作用是可以由台式机控制树莓派的操作系统，也可以将树莓派端传感器的数据可视化。

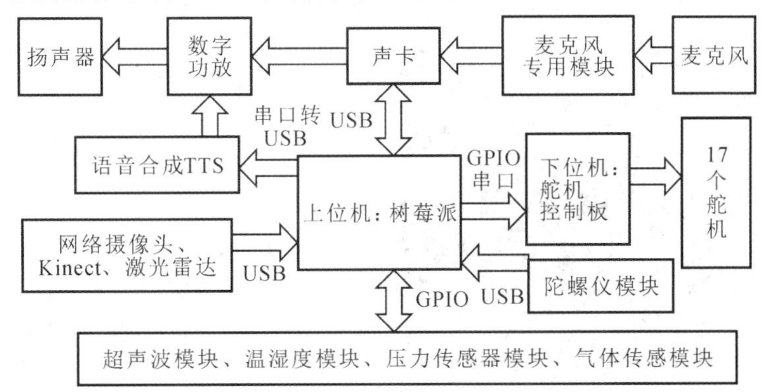

图 1-5　多自由度及多传感器智能机器人整体结构示意图

为了理解图 1-5 所示的智能机器人的工作过程，这里假设有这样的场景：假设你在机器人不远处，通过语音呼喊机器人的名字。机器人通过麦克风接收到语音信号，通过声卡将其转换成数字信号进行语音、语义识别。机器人识别出信号后，激活机器人其他传感器工作，包括网络摄像头。机器人可通过网络摄像头识别前方的人是谁，还可以调用其他传感器得到周围环境的数据，将人脸识别信息以及其他可用传感器获取的数据自动整理成句子和文本，通过语音合成模块转换成人类语言从扬声器输出。识别结果还可以通过树莓派的串口对舵机控制板进行控制，形成打招呼的机器人肢体动作。

表 1-2 列举了图 1-5 中涉及的硬件模块的功能描述(不包括传感器模块)。

表 1-2　各硬件模块功能描述

模块名称	模块实例	功　能
树莓派		主控模块，相当于机器人的大脑，用来传递或处理来自各个接口传感器收集的数据。树莓派有体积小、耗电少、接口丰富等有利于嵌入式开发的特点。从 2012 年至今，此卡片式电脑风靡于国内外电子爱好者及大学生之中，使用它可以进行各种有趣的系统创作，因此，树莓派具备非常丰富的网络资源
舵机控制板		具有 24 路舵机控制端口，有过流保护功能；通过串口与上位机进行通信，接收机器人姿态控制命令，例如打招呼、走动一步、转头等；低压报警，保护锂离子电池；5～8.4 V 宽电压接入
USB 声卡	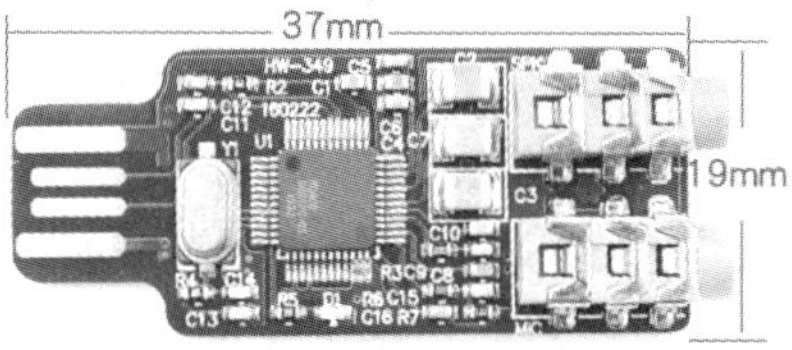 37mm 19mm	体积小，兼容性好，在 Linux 下无需特别的驱动； USB 接口，方便接入树莓派； 模块具有麦克风输入及声音输出端子
语音合成模块		支持任意中、英文本实时转换成语音，能对一些诸如时间、日期号码、温度等的特殊文字进行特别处理； 具备丰富的接口与上位机连接，包括串口、IIC 及 SPI； 可以通过发送命令方式控制文本播放、暂停播放、状态查询等； 语音输出可以根据个人喜好随意切换为男声、女声及童声

续表

模块名称	模块实例	功 能
D 类 功放板		体积极小(约 6 mm × 6 mm)、耗电小、功率为 2 × 3 W，能达到较好的声音效果； 接口简单：5 V 电压输入、立体声输入及立体声喇叭输出
扬声器		100 Ω、0.25 W，超小、超薄设计
DC-DC 转换		由于锂电池输出电压为 7.4 V，需要直流-直流转换模块； 可根据需要调整输出电压； 效率高，输出损耗小，可提高机器人的电池巡航能力
麦克风 放大模块		具备 20 dB 固定增益的麦克风信号放大能力； 具有一定的噪音抑制能力； 较低的谐波失真：THD+N = 0.015%
网络 摄像头		摄像头通过 USB 与树莓派连接传输影像，其传输率取决于摄像头的 USB 版本与树莓派的 USB 版本。 USB 的理论传输速度为： USB2.0 低速版：1.5 Mb/s； USB2.0 全速版：12 Mb/s； USB2.0 高速版：480 Mb/s； USB3.0：5 Gb/s
数字舵机 LDX-218		双轴； 极限扭矩 15 kg/cm； 角度范围 180°； 用于机器人关节
数字舵机 LDX-227		双轴； 极限扭矩 15 kg/cm； 角度范围 270°； 用于机器人关节

1.3　机器人的处理器(树莓派)简介及选型

树莓派由英国的慈善组织“树莓派基金会”开发，英国剑桥大学 Eben Upton 为项目负责人。2012 年 3 月，Eben 正式发售了世界上最小的 PC，因为其仅为信用卡大小，故又称其为卡片式电脑，它具有一般台式电脑的所有基本功能，这就是树莓派。这一基金会以提升儿童计算机科学及相关学科的教育为目的，以让计算机变得更加简单有趣为宗旨，激发儿童学习计算机的兴趣。基金会期望这一款卡片式电脑无论是在发展中国家还是在发达国家都有更多的使用者，并为它发挥不同的创意，以及应用到更多领域。

树莓派是一款基于精简指令集芯片(Advanced RISC Machine，ARM)的微型电脑主板。主板上集成的资源包括：外接 TF/SD 卡硬盘；不同树莓派硬件版本的卡片主板上有 1/2/4 个 USB 接口和一个 10 M/100 M/1000 Mb/s 以太网接口；新的版本还包括 WiFi 及蓝牙无线连接模块；可连接键盘、鼠标和网线；有些主板拥有视频模拟信号输出接口和 HDMI 高清视频输出接口。以上部件全部整合在一张仅比信用卡稍大的主板上，具备 PC 的基本功能，只需连接显示器、键盘和鼠标，就能运行类似 Linux 的操作系统。还可以登录图形界面，方便执行如电子表格、文字处理、游戏、高清视频播放等诸多功能。

如图 1-6 所示为树莓派的接口及其在制作智能机器人中接口的使用情况。树莓派的使用一般有两种情形：第一种是系统整合及调试阶段，即脱离机器人外壳的调试，可以将树莓派作为计算机，连接电源、键盘、鼠标及显示器；第二种是将所有模块安装在机器人外壳上进行系统调试，这种情况下只能选择无线联网方式。进行系统调试时树莓派端不需要外接显示器、鼠标和键盘，只需由机器人锂电池给树莓派提供电源，采用 PC 端远程登录方式就可进行系统调试。

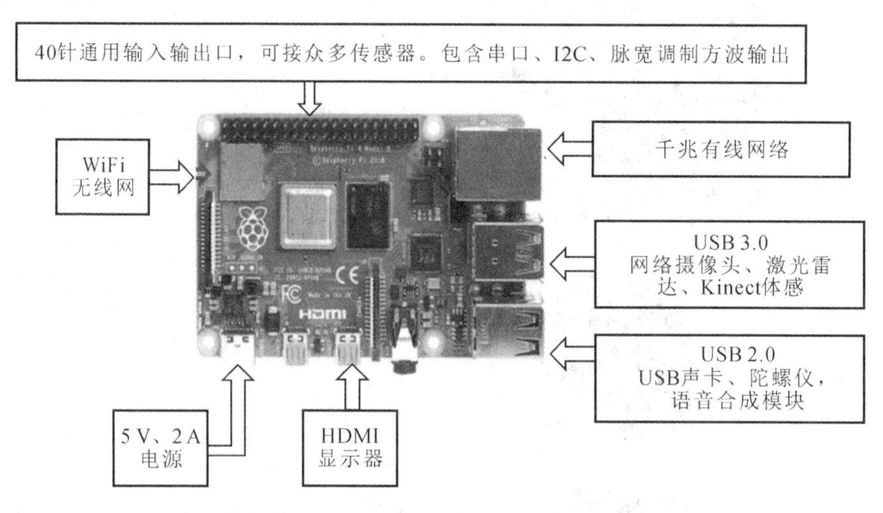

图 1-6　树莓派的接口及其在智能机器人中的使用情况

传统的开发板，一般要装入一个到多个实验箱，体积庞大，需采用专用的传感器模块，一般要依赖实验室等环境才能在上面做实验。由于树莓派的便携性、通用性及廉价性，不少大学生都能自行购买并打造属于自己的便携开发环境。只要有不错的创意想法，他们就可以在宿舍、图书馆甚至咖啡厅进行项目开发，而不用专程跑到实验室，可做到真正意义上的“口袋实验室”。迄今为止，相当多的不错的创意源源不断地被创造出来，而且这些项目有很强的可重复性。这样，新手就可以通过模仿实现这些现成的项目，以达到快速学习的目的。表 1-3 列举了一些使用树莓派实现的有趣而且实用的项目。

表 1-3　基于树莓派创作的有趣项目

项目	描　述
路由器/旁路由器	一般的家用级路由器价钱在 50～500 元之间，价钱贵一点的路由器硬件性能更好些，功能稍强些。使用树莓派制作的路由器，其性能一般比上述路由器的性能会好很多，并且拥有更多的功能，例如流量监控、负载平衡、内网穿透、高性能 NAS 盘、去广告等
无损音乐播放器	对于高保真音乐爱好者来说，购买高保真音响系统是一笔不少的费用。可以使用树莓派制作一款高保真的无损音乐播放系统，通过树莓派的通用输入/输出口(General Purpose Input/Output，GPIO)输出高质量的数字信号到相应的音乐解码器，从而获得高保真音响效果
婴儿监控系统	此系统属于智能摄像头，可以通过增添视频处理的例程达到监控婴儿的目的。例如：踢被子、翻爬婴儿床栏及哭闹等。通过自动监控这些事件，给父母手机发送警报信息可让父母及时进行相关处理
延时照相机	延时相机的设计用于拍摄例如种子发芽、大厦拔地而起、潮涨潮退等持续时间长的事件。通过一段时间的拍摄，可以形成一部记录此类事件的影片，具有震撼效果
并行计算	通过级联几百张树莓派，组成一部强大的、拥有并行计算能力的“超级计算机集群”
气象站	树莓派可作为各种传感器的采集记录器。由于树莓派支持挺大容量的硬盘①，因此可以提供很大的存储空间用于收集气象数据。通过网络连接可以随时下载获取 TF 卡里面的气象信息，并进行数据分析和处理
家用电视机顶盒	与市面上购买的电视机顶盒功能相似，通过安装专门的系统，可让树莓派变成一个性能强悍的机顶盒

自从第一台树莓派微型卡片电脑问世以来，树莓派的发展一共经历了十多个版本。由于我们比较关心树莓派的 CPU、内存、USB 个数及版本、有无 WiFi 和有线网络等，因此根据不同树莓派版本，我们总结了不同版本树莓派的特性参数和 PCB 布局，为下一步智能机器人树莓派选型做准备，其特性参数如表 1-4 所示，PCB 布局如表 1-5 所示。

表 1-4　树莓派不同版本参数列表

型号 参数	1A	1A+	1B	1B+	2B	3B	3B+	4B
SOC	BCM2835				BCM2836	BCM2837	BCM2837 (B0)	BCM2711
CPU	ARM 11 700 MHz				ARM Cortex-A7 900 MHz 四核心	ARM Cortex-A53 1.2 GHz 64 位 四核心	ARM Cortex-v53 1.4 GHz 64 位 四核心	ARM Cortex-v72 1.5 GHz 64 位 四核心

① 经过测试可支持 512 G 的 TF 卡。

续表

<table>
<tr><th>型号
参数</th><th>1A</th><th>1A+</th><th>1B</th><th>1B+</th><th>2B</th><th>3B</th><th>3B+</th><th>4B</th></tr>
<tr><td>内存</td><td colspan="2">256 MB</td><td colspan="2">512 MB</td><td colspan="3">1 GB
LPDDR2</td><td>1/2/4 GB
LPDDR4</td></tr>
<tr><td>USB</td><td colspan="2">1 个
USB 2.0</td><td>2 个
USB 2.0</td><td colspan="4">4 个
USB 2.0</td><td>USB 2.0
USB 3.0
各两个</td></tr>
<tr><td>GPIO 口</td><td>26 针</td><td>40 针</td><td>26 针</td><td colspan="5">40 针</td></tr>
<tr><td>硬盘
存储</td><td>SD/MMC
SDI
卡槽</td><td>Micro-SD
卡槽</td><td>SD/MMC
SDI
卡槽</td><td colspan="5">Micro-SD
卡槽</td></tr>
<tr><td>网络
接口</td><td colspan="2">无</td><td colspan="3">10 Mb/s、100 Mb/s 有线</td><td>10M/100 Mb/s
有线
802.11n 无线
蓝牙 4.1
BLE(Bluetooth
Low Energy)</td><td>1000 Mb/s
有线
802.11ac 无
线，2.4 Gb/s
5 Gb/s 双频
蓝牙 4.2 BLE</td><td>1000 Mb/s
有线
802.11ac
无线，2.4
Gb/s
5 Gb/s 双频
蓝牙 5.0
BLE</td></tr>
<tr><td>额定
功率</td><td>300 mA</td><td>200 mA</td><td>700 mA</td><td>600 mA</td><td colspan="2">800 mA</td><td></td><td></td></tr>
</table>

表 1-5　各个版本树莓派的 PCB 布局

版本	图　片	备　注
1A		一个 USB 接口；40 针 GPIO；无网络接口
1A+		一个 USB 接口；40 针 GPIO；无网络接口

续表

版本	图　片	备　注
1B		早期版本，两个USB接口；100 Mb/s网线接口；采用26针输出GPIO口；还有老式电视机的RCA视频输出口
1B+		从此版本起，接口的数量及编排基本上固定下来，不同的是接口的速度。这个版本有4个USB 2.0接口；100 Mb/s网口；40针GPIO口
2B		4个USB 2.0接口；100 Mb/s网口；40针GPIO口
3B	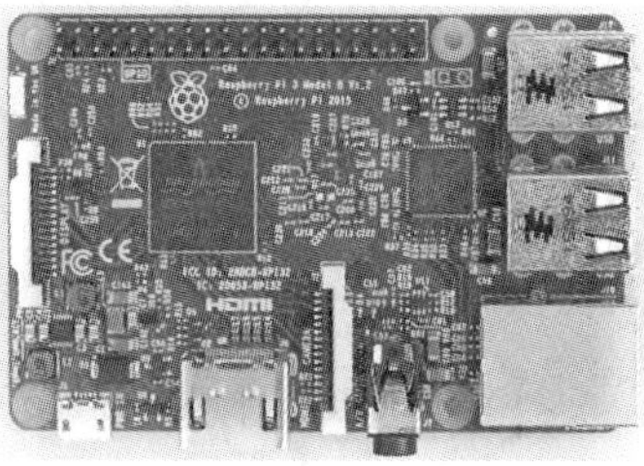	4个USB 2.0接口；1000 Mb/s网口；支持WiFi和蓝牙功能；40针GPIO口
3B+		4个USB 2.0接口；1000 Mb/s网口；支持WiFi和蓝牙功能；40针GPIO口
4B		两个USB 2.0接口；两个USB 3.0接口；1000 Mb/s网口；支持WiFi和蓝牙功能；40针GPIO口

根据表 1-4 及表 1-5 所示的各版本树莓派参数，再结合我们需要制作的智能机器人的功能，树莓派硬件选型可以归纳为以下 4 点：

(1) 由于声卡、网络摄像头以及语音合成模块等需要连接 USB 接口，所以所选树莓派版本最好有两个以上 USB 接口。另外，摄像头传递的是彩色图像数据，其数据量较大，因此最好选择 USB 3.0 版本①。

(2) 由于 CPU 需要收集传感器传送来的数据，而且还需要进行离线视频识别及在线语音识别，需要一定的计算能力，因此应选择多核的以及主频尽量高的树莓派版本。

(3) 智能机器人需要进行在线语音处理和在线编程调试，需要与 PC 进行无线连接，所以最好选择带有无线网卡的树莓派版本。

(4) 由于需要连接多种传感器，因此树莓派的 GPIO 口应尽可能多。

综上所述，3B、3B+以及 4B 树莓派是比较适合本智能机器人的设计开发的。对于像 3B 树莓派没有内置 WiFi 模块的，可以通过如图 1-7 所示的兼容 Linux 的 USB 无线网卡来解决。

另外，考虑到机器人内部空间狭小，应尽可能选择迷你型的 USB 无线网卡。由于 USB 无线网卡的型号品种繁多，存在 Linux 能否兼容的问题。如果无线网卡不能兼容，配置上就比较困难，需要寻找并编译、安装兼容的开源驱动程序。

图 1-7　兼容 Linux 的 USB 无线网卡

1.4　机器人四肢的形成及动作的产生

本小节主要阐述智能机器人四肢的形成及动作的产生。从硬件角度上看，机器人动作实际上是多个相关联的舵机表现出来的综合运动。这些相关联的一组舵机类似机械臂的“肢节链”(Kinematics Articular Model)结构，其控制示意图如图 1-8 所示。

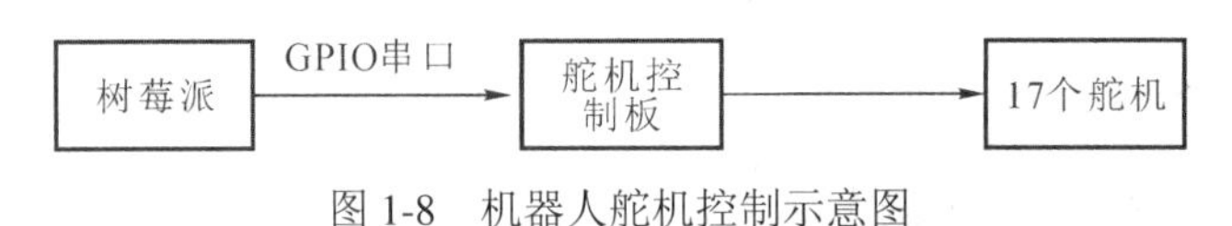

图 1-8　机器人舵机控制示意图

如图 1-8 所示，树莓派通过串口发送命令，如“向前走”，舵机控制板根据事先设定的一组参数控制相应的舵机运动，最终产生向前走的动作。在下文中，舵机控制板可作为一种“执行器”，负责解释上位机发送过来的命令并控制舵机转动。这是一个开环控制，即树莓派只发送命令，而不接收舵机控制板的反馈信号。

舵机的工作原理为：通过舵机控制模块控制舵机转动的角度；接着通过控制某条肢节链里各个舵机的转动角度，使得此肢节链形成一个姿态；最后让机器人每条肢节链都形成

① USB 2.0 的理论最高数据传输速度是 480 Mb/s，而 USB 3.0 的理论最高传输速度高达 5 Gb/s，因此理论上说，USB 3.0 的最高传输速度是 USB 2.0 的 10 倍以上。这仅是 USB 接口的理论速度，实际这个速度还要受到其他因素的限制。

一个固定的姿态，最终形成机器人一个固定的姿态。这些舵机的转动角度可以保存到一个文件中，并赋予一个直观的名字，如“举起右手”。机器人的动作形成，例如从姿态 1 到姿态 2 的变化过程实际上是两个姿态对应舵机转动角度之间的数学插值运算。

1.4.1　舵机及机器臂

舵机是一种特别的电动机，它能够实时反馈电动机转动的位置或角度，适用于那些角度需要不断变化的控制系统。舵机在现在流行的遥控玩具，如遥控汽车、飞机、潜艇模型、遥控机器人以及自动对焦镜头中已经得到了普遍应用。智能机器人的肢节链里都安装有舵机，通过配置各个舵机的旋转角度，从而实现机器人各种各样的姿态。舵机的内部结构如图 1-9(a)所示。

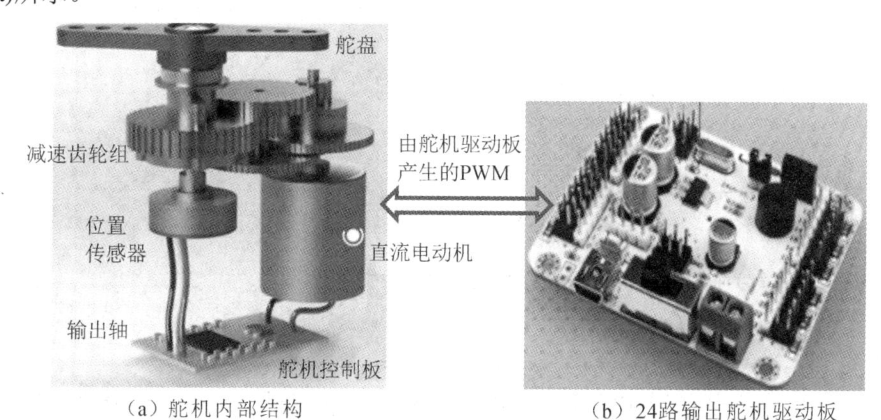

图 1-9　舵机的内部结构图及驱动板

舵机内部结构一般包括 5 个部分：直流电动机、位置传感器、减速齿轮组、舵盘以及舵机控制板。直流电动机就是使用直流电源驱动的电动机；位置传感器一般使用的是电位器；舵盘实际是舵机的输出端，用于连接机器人的支架。图 1-9(b)是舵机驱动板，一般由单片机控制，可产生多路 PWM 信号，每路信号都带有电流放大电路，用于驱动舵机。舵机对外接口一般有三根线，它们分别连接 Vcc、Gnd 以及 PWM 控制信号。

舵机控制板主要对直流电动机提供闭环控制，产生更为精确的输出结果，并执行自适应调节。舵机的闭环负反馈系统如图 1-10 所示。

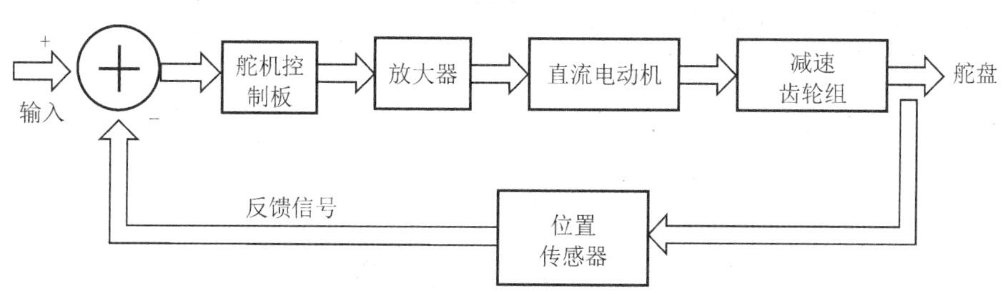

图 1-10　舵机的闭环负反馈系统

图 1-10 中最左边的输入为 PWM 信号，舵机控制板通过 PWM 的占空比控制直流电动机转角的大小(方波的一个周期内占空比越大，则电动机转的角度越大)；接着直流电动机带动一系列减速齿轮组减速后传动至舵盘。从图 1-9(a)中可以看出，舵机的输出轴与位置

传感器是相连的。舵盘转动的同时，带动位置传感器，使得位置传感器输出一个反馈电压信号到舵机控制板。舵机控制板则根据舵机所在位置决定电机转动的方向和速度，从而控制机器人姿态更加精准地达到目标后停止。

舵机的 PWM 协议都是相同的，一般都是一周期为 20 ms 的方波。舵机需要控制的角度与方波的高电平占空比可以参考表 1-6 所示内容。表中方波旁边的数字指的是高电平的脉冲宽度。

表 1-6　PWM 占空比与舵机输出轴转角

输入信号高电平脉冲宽度	舵机输出轴转角
0.5 ms	−90°
1 ms	−45°
1.5 ms	−0°
2 ms	45°
2.5 ms	90°

如图 1-11(a)所示是通过用螺丝把舵盘固定在铝合金型材上将两个舵机连接起来的示意图。舵盘是一个会转动且拥有一个自由度的关节，而铝合金型材连接固定的另一端则不能动，这样就在两个能动的关节之间形成了像人类手臂中骨头一样的刚体。如图 1-11(b)所示为使用铝合金型材连接 5 个舵机组成的一条机器人腿。

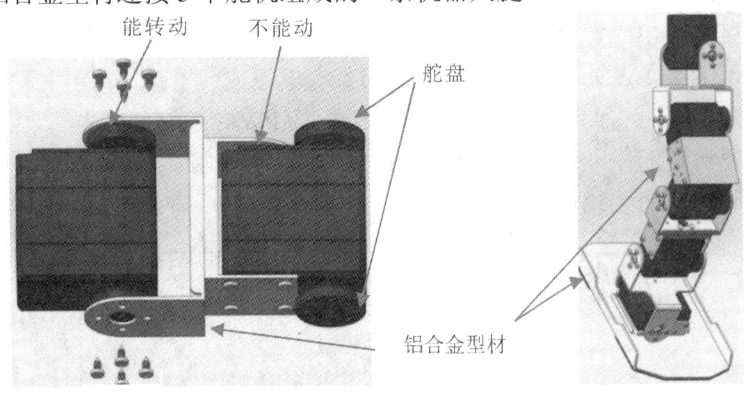

（a）用铝合金型材连接两个舵机示意图　　（b）用铝合金型材连接舵机的方式组成的机器人腿

图 1-11　机器人腿的组成

1.4.2　肢节链模型及机器人姿态

本小节将使用数学模型对智能机器人单个姿态的形成以及在相邻两个姿态产生连续动作进行理论上的介绍。为了不失一般性，这里选择了只有两个关节的机器人手臂进行阐述。

如图 1-12 所示为机器人手臂，图中的每个舵机都沿着一根轴旋转，分别为归一化后的向量 $\boldsymbol{\omega}_1$ 和 $\boldsymbol{\omega}_2$。这里假设用到的向量都为列向量，而 $\boldsymbol{\omega}_1^{\mathrm{T}}$ 则为转置运算，列向量经转置运算可得到横向量。为了方便数学表达，我们给每个关节都定义了一个局部坐标系，坐标系原点在手臂宽度一半的地方，Z 坐标轴垂直于水平面并指向上面。其中为了更有效地表示旋转，我们选择使用四元组(Quaternion)。四元组是一个有四个元素的向量，例如要表示第一根轴旋转了 θ_1，可以用以下的四元组来表示：

$$\boldsymbol{q}_1 = \left(\cos\left(\frac{\theta_1}{2}\right),\ \sin\left(\frac{\theta_1}{2}\right),\ \boldsymbol{\omega}_1^{\mathrm{T}}\right)^{\mathrm{T}} \tag{1-1}$$

同理可以得到

$$\boldsymbol{q}_2 = \left(\cos\left(\frac{\theta_2}{2}\right),\ \sin\left(\frac{\theta_2}{2}\right),\ \boldsymbol{\omega}_2^{\mathrm{T}}\right)^{\mathrm{T}} \tag{1-2}$$

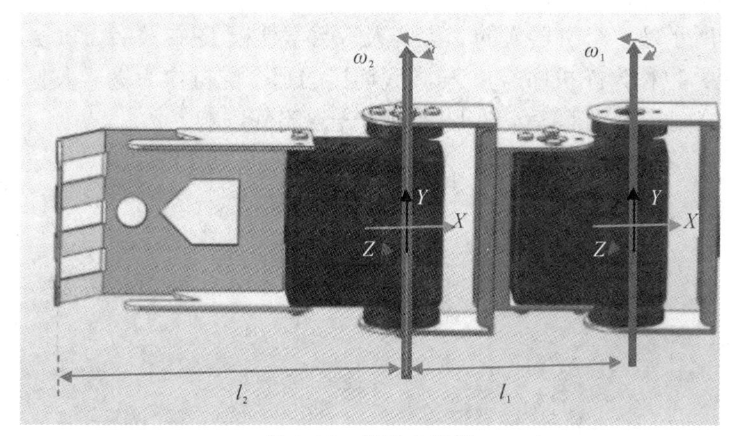

图 1-12　机器人手臂

根据图 1-12，将上臂相对于局部坐标系表达为一个向量，为

$$v_1 = (-l_1,\ 0,\ 0)^{\mathrm{T}} \tag{1-3}$$

同理，下臂在相应的局部坐标系中可表达为

$$v_2 = (-l_2,\ 0,\ 0)^{\mathrm{T}} \tag{1-4}$$

下面将描述手臂一个关节旋转后，如何计算新的机器人手臂位置的问题，或者称作“肢节链更新”，可以分为两个步骤进行。

(1) 根据四元组对向量旋转公式，向量 $\boldsymbol{v}_1$ 经过四元组 $\boldsymbol{q}_1$ 旋转后，得到新的向量 $\boldsymbol{v}'_1$，即

$$\boldsymbol{v}'_1 = \boldsymbol{q}_1 \cdot \boldsymbol{v}_1 \cdot \boldsymbol{q}_1^{\mathrm{H}} \tag{1-5}$$

这里 $\boldsymbol{v}'_1$ 表示原向量 $\boldsymbol{v}_1$ 经过旋转后得到的新的向量。$()^{\mathrm{H}}$ 符号代表共轭向量，则有

$$\boldsymbol{q}_1^{\mathrm{H}} = \left(\cos\left(\frac{\theta_1}{2}\right), -\sin\left(\frac{\theta_1}{2}\right),\ \boldsymbol{\omega}_1^{\mathrm{T}}\right)^{\mathrm{T}} \tag{1-6}$$

从几何上看，$\boldsymbol{q}_1^{\mathrm{H}}$ 的方向是 $\boldsymbol{q}_1$ 的旋转轴 $\boldsymbol{\omega}_1$ 的相反方向。

(2) 上臂第一个关节的运动已经完成，表达为上臂的向量从 $\boldsymbol{v}_1$ 运动到新的向量 $\boldsymbol{v}'_1$。由

于上臂与下臂紧紧固定在一起，因此上臂的运动势必影响到下臂。上臂对下臂的影响包括两个方面：

① 关节 $\boldsymbol{q}_2$ 的转动轴指向的方向被改变了；

② 下臂末端将被带到一个新的位置。

在关节 $\boldsymbol{q}_1$ 旋转的影响下，更新第二个关节 $\boldsymbol{q}_2$，即

$$\boldsymbol{q}'_2 = \boldsymbol{q}_1 \cdot \boldsymbol{q}_2 \tag{1-7}$$

由于上臂的运动，下臂末端将挪动到新的位置，即

$$\boldsymbol{v}'_2 = \boldsymbol{v}'_1 + \boldsymbol{q}'_2 \cdot \boldsymbol{v}_2 \cdot \boldsymbol{q}'^{\mathrm{H}}_2 \tag{1-8}$$

同理，如果将旋转施加到关节 $\boldsymbol{q}_2$ 的话，一般来说需要重复上述两个步骤。只是关节 $\boldsymbol{q}_2$ 后面没有 $\boldsymbol{q}_3$，所以不需要执行第二步。上述就是两个关节的机器人手臂运动的数学表达。需要的参数是两个旋转角度 θ_1 和 θ_2，只需要给定这两个参数，就可定义这条手臂的一个姿态。如果构成机器人手臂的舵机增多，则对应更多的关节、自由度，但其计算手臂姿态的方法与上面一致。

如图 1-13 所示是整个机器人的“火柴人”数学建模(图中数字为机器人关节序号，一般都安装有舵机，也称为舵机序号)。与脚底连接的那个舵机作为机器人整体的旋转，为了稍微简化一下数学表达，在随后建立肢节链时先忽略其影响。

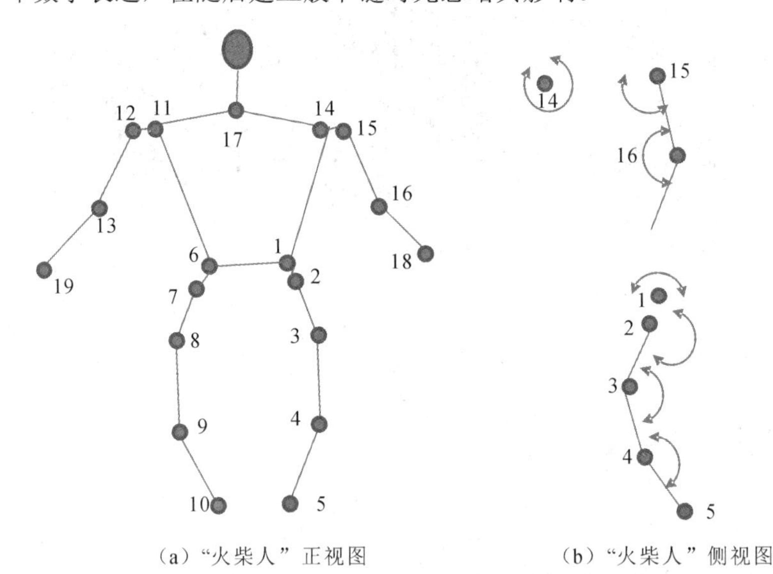

（a）“火柴人”正视图　　（b）“火柴人”侧视图

图 1-13　机器人“火柴人”的数学建模

如图 1-13(a)所示的机器人“火柴人”正视图可以看作是将一个三维的“火柴人”投影到二维的平面上。机器人关节与关节间可以想象为人体骨骼一样的刚体。这个图可以看作是机器人的初始姿态，即所有舵机复位后的初始角度。这个初始姿态很关键，因为以后所有输入各个舵机旋转角度值后机器人的最终姿态都是参考这个初始姿态计算出来的。图 1-13(b)所示为“火柴人”侧视图，目的是说明其舵机的旋转方向。舵机 1 与舵机 6 的主要作用是让机器人两条腿在沿着垂直于水平面方向的轴进行旋转时，脚可以像挂钟摆臂一样左右摆动。舵机 7 与舵机 2 有两个作用：一是让腿可以向前抬起来；二是让上半身前后整体摆动，如鞠躬或后仰。这些动作需要两个舵机协调地转动才能完成。舵机 3、舵机 8、舵

机 4、舵机 9 的作用是让脚能够伸直及弯曲。舵机 5 与舵机 10 的作用比较特别，因为它们与脚掌大片的铝合金片连接在一起支撑整个身体，所以这两个舵机的转动会带动整个身体前倾或者后仰①，这两个舵机作为机器人全身的转动处理，其作用效果可以先不算在肢节链里。舵机 14 是让整条手臂能沿从图 1-13(a)中的舵机 14 到舵机 15 方向的轴旋转，舵机 11 与舵机 14 的作用相似。舵机 12 与舵机 15 的作用是让上臂沿与水平面垂直的轴旋转，也就是让上臂与身体能开能合。舵机 13 与舵机 16 的作用比较简单，就是让上臂与下臂能张合。舵机 17 作用更简单，只负责左右转动头部。序号为 5、10、18、19 的关节仅作为肢节链的末端，可以不用安装舵机，关节 18 与 19 处也可以安装特定用途的末端执行器(End-Effector)。清楚了各个舵机的作用后，接着就可以将一组具有逻辑关系的舵机定义为肢节链了，如表 1-7 所示。

表 1-7　将一组具有逻辑联系的舵机定义为肢节链

肢节链序号	名称	包含关节序号(顺序相关)
1	右腿	1、2、3、4、5
2	左腿	6、7、8、9、10
3	右臂	2(或 7)、14、15、16、18
4	左臂	7(或 2)、11、12、13、19
5	头部	2(或 7)、17

下面介绍整个机器人姿态更新，即从机器人的初始姿态开始，通过各个舵机的旋转得到机器人的新姿态。肢节链是由一系列有逻辑联系的关节(舵机)序号组成的。实际计算时，需要知道这些关节对应的舵机初始的转动轴状态以及转动角度，用于构成此舵机对应的四元组，然后根据本章第 1.4.2 节内容介绍的两个步骤计算出肢节链更新姿态。以计算第 1 条肢节链更新为例：从四元组关节 1 开始，先更新与关节 1 连接的刚体②，接着更新四元组 2，再更新与关节 2 相连接的刚体，以此类推，直至更新与关节 4 相连接的刚体，这样就完成了这条肢节链姿态的更新。更新整个机器人的姿态需要从第 1 条肢节链更新到第 5 条肢节链，于是机器人姿态就变为一个新的姿态。

接着介绍机器人动作的形成。四元组 1 至四元组 17 需要 17 个舵机转动的参数(假设关节序号 5、10 全局转动的舵机也给定了参数，就算参数被忽略掉)，这 17 个参数形成了机器人的一个姿态。例如机器人举起一个手臂来打招呼，可以定义为 4 个姿态：① 举起手臂；② 手臂往左偏；③ 手臂在中间位置；④ 手臂往右偏。

以上是基于初始状态，通过 17 个转动参数计算的 4 个新的机器人姿态。最后需要让动作连贯起来，还需要进行角度的插值操作。插值是让两个离散的数值之间找到一组数值，让这两个离散的点之间的路径上还有其他离散的点。因为都是离散的点，插值前的点很稀疏，如果机器人以这种方式动起来的话，会给人卡顿的感觉。但经过角度的插值后，机器人的动作就会连续很多。此外，对于机器人打招呼动作，还需要在第一遍 4 个姿态做完后再回到姿态 1，然后再回到姿态 2；重复这 4 个姿态就可以让手臂左右摆动起来。

---

① 也需有个度，要不重心就偏得厉害，导致机器人跌倒。可以通过陀螺仪的数据来控制。

② 关节 2 与关节 1 形成的向量始于关节 1，方向指向关节 2。

以上叙述的是机器人一个动作形成的详细过程，其中各个步骤对应的17组数据可以写成文档，同时给文档命名为“单手打招呼”等相应的文件名，当日后添加识别处理功能后，需要动作配合时，可以根据识别的内容调用不同的文件“播放”相应的动作。这里用到播放这个词，是因为这个过程很像播放数字音乐。

练习题

【判断题】

(1) 从外形上看，机器人必须有头、手、脚以及躯干等。　(　　)

(2) 本书制作的智能机器人上位机是舵机控制板，下位机是树莓派。　(　　)

(3) 语音合成模块的功能为可以将文本转为语音并输出。　(　　)

(4) 树莓派的选型根据外接传感器的接口类型、传感器产生的数据量大小、树莓派处理器计算能力以及树莓派有无网络接口等因素进行选择。　(　　)

(5) 树莓派可以处理所有来自智能机器人不同类型传感器的信息。　(　　)

【填空题】

(1) 本书制作的智能机器人主要通过__________、____________两个模块进行听觉仿真。

(2) 本书制作的智能机器人主要通过__________、____________、__________三个模块进行文字转为语音模仿“真人发声”的。

(3) 组成舵机的闭环负反馈系统模块主要包括__________、____________、__________、__________及____________五个部分。

(4) 列举用树莓派制作的项目：____________、____________、__________、__________及____________。

【简答题】

(1) 根据美国机器人工业协会的标准，机器人定义是什么？

(2) 什么是机器人的自由度？

(3) 有哪三种特点的机器人统称为智能机器人？

(4) 简述一下没有屏幕、鼠标及键盘的树莓派卡片式电脑有哪些接口，以及如何进行一般操作。

(5) 舵机与电机有什么区别？简述舵机的组成及工作原理。

(6) 请描述如何通过PWM信号控制舵机转动的角度。

(7) 请描述两个关节的机器人手臂的运动原理。

(8) 描述组成机器人“火柴人”的5条肢节链是如何从初始状态通过一组旋转角度共同定义机器人新的姿态的。

(9) 描述机器人的某种特定动作(例如挥手)是如何通过多组旋转角度定义的。

第 2 章　智能机器人的软件

智能机器人的开发，既需要硬件的支持，也需要强大软件环境的支持。如果将硬件比作人的躯体，那么软件就如人的灵魂。本书所选择的软件基本都便于初学者开发智能机器人使用。

智能机器人的开发一般来说涉及三个操作系统：树莓派端的 Linux、ROS 以及远程 PC 系统。这三个操作系统间的关系如图 2-1 所示。Linux 系统是基于计算机硬件的操作系统，而它提供了很多底层系统级的支持，如文件系统、多任务、支持大量外设、联网服务、多种编程环境以及丰富的开源程序库和丰富的开源软件，甚至连 Linux 的内核都可以根据应用的需要进行定制。ROS 则属于 Linux 的一个应用软件。远程 PC 系统与树莓派里的系统相似，不同的是操作系统除了可以选择 Linux 外，还可以选择 Windows，或苹果操作系统。

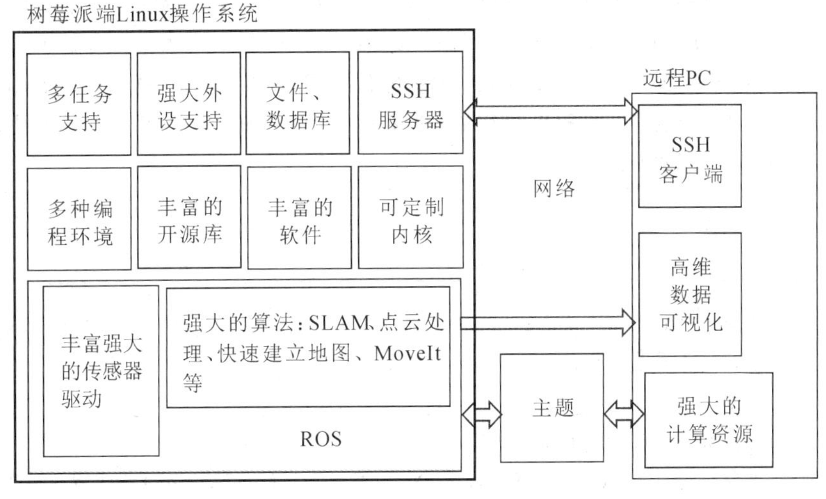

图 2-1　开发环境中的三个操作系统间关系

相对于 Linux 来说，ROS 只能算是 Linux 里的一个应用。不过 ROS 也被称作操作系统，原因是它像 Linux 一样，给用户提供底层的支持。ROS 提供的底层支持有丰富的传感器驱动开源资源和根据不同传感器特点而开发的算法资源，还提供了与远程主机共享消息及数据的通信机制，为抽象高维数据提供可视化的手段等。所以 Linux 系统有了 ROS 后，增强了 Linux 的开发环境，让 Linux 的开发环境更适合开发智能机器人。

本章先介绍开发智能机器人的基本软件平台，主要包括树莓派版本的 Linux、远程登录树莓派字符界面及图形界面的方法；然后介绍 ROS；最后介绍 Python 程序开发语言以及 Python 语言基本库。

教 学 导 航

<table>
<tr><td rowspan="4">教</td><td>知识
重点</td><td>了解开发环境中 Linux 及 ROS 操作系统的关系及作用；
了解 Linux 操作系统的结构；
了解软、硬件设计开发中的“去耦合”重要性；
了解机器人操作系统 ROS 的架构、与开发机器人相关的目录结构特点；
了解使用 ROS 开发机器人相关项目给程序员带来的便利；
了解 ROS 的 Node 设计的去耦合性；
了解智能机器人通过 ROS 实现主、从设计的目的；
了解 Python 代码执行过程及 Python 编程语言的 6 大特点</td></tr>
<tr><td>知识
难点</td><td>了解软、硬件设计开发中的“去耦合”重要性；
了解使用 ROS 开发机器人相关项目给程序员带来的便利；
了解 ROS 的 Node 设计的去耦合性；
了解智能机器人通过 ROS 实现主、从设计的目的</td></tr>
<tr><td>推荐
教学
方法</td><td>本章内容主要是介绍搭建开发环境，老师在带领学生按步骤搭建 Linux、ROS、Python 及相关库等环境时，同时要介绍这些软件资源。搭建这个开发环境有以下两点建议：
(1) 由于很多软件资源库在国外服务器上，有时候联网速度相当慢，有条件的学校应建立一个内部软件资源库，可以让学生在 Linux 系统下安装软件从而有更好的体验；
(2) 目前，性能最高的树莓派为 4B 版本，只支持 Debian 的官方版本 buster，并且安装 ROS 耗时比较长，建议此部分留作课外实践或者实训时练习。另外，在安装 Linux 系统时可以使用已制作好的 ROS 树莓派系统镜像，例如 Ubiquity Robotics，用的就是 Ubuntu16.02 的树莓派版本 Linux 系统</td></tr>
<tr><td>建议
学时</td><td>6 学时</td></tr>
<tr><td rowspan="3">学</td><td>推荐
学习
方法</td><td>按照本书的步骤一步步地搭建软件开发环境。碰到版本更新后不兼容的情况时，学会上网查找问题及解决问题</td></tr>
<tr><td>必须
掌握
的基
本技
能</td><td>学会安装树莓派的 Linux 系统；
学会在装有 Windows 或 Linux 的 PC 上通过工具软件远程登录树莓派字符界面和树莓派图形界面；
学会使用源码编译安装 ROS 系统；
远程登录执行长时间运行的指令①时，学会使用 Screen 命令防止连接失效；
学会使用“scp”命令在两个 Linux 系统间直接拷贝文件及目录</td></tr>
<tr><td>技能
目标</td><td>学会搭建智能机器人的软件环境，包括安装 Linux 系统和 ROS 环境，以及搭建 Python，用于人工智能环境</td></tr>
</table>

① 例如系统更新、下载以及编译源代码等。

2.1　Linux 操作系统介绍

操作系统作为“裸机”的第一层软件外壳，其重要性不言而喻。裸机指的是计算机的硬件，例如主板、CPU、内存、显卡、网卡、显示器、键盘及鼠标等。没有操作系统，这些硬件基本上很难发挥作用，在屏幕输出“Hello World”都相当困难，更不要想使用计算机进行智能算法开发了。正因为这样，Linux 成为计算机首要安装的软件，其系统结构示意图如图 2-2 所示。

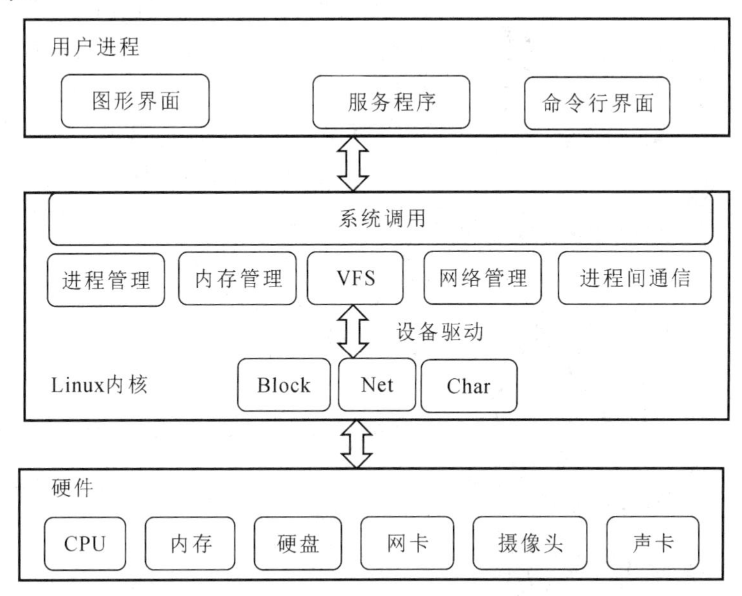

图 2-2　Linux 系统结构示意图

从图 2-2 中可以看出，Linux 操作系统有明显的分层结构：硬件层(底层)、内核层以及用户进程层(高层)。高层不直接使用底层资源，而是通过中间内核层的系统调用进行，具体调用方式有：内存资源通过内存管理进行合理安排使用；CPU 运算资源通过进程管理进行高效组织；硬盘、网卡、摄像头和声卡等通过内核里的虚拟文件系统(Virtual File System，VFS)抽象这些决然不同的硬件设备的细节，给用户提供统一的接口，这些设备被最终抽象成为一个文件，用户只需简单执行命令打开文件，进行读、写文件，关闭文件即可完成对设备的操作；用户进程通过系统调用底层的资源。Linux 系统还可提供友好的图形及字符两种界面，便于用户操作计算机。

2.2　树莓派支持的操作系统

从树莓派的网站上可以了解到树莓派卡片式电脑支持相当数量的系统，这些系统大部分与 Linux 有关系。表 2-1 列出了树莓派支持的系统，我们只选择部分树莓派支持的系统进行介绍。

表 2-1　树莓派支持的系统列表

系统名字	系统图标	介　绍
Raspbian		有两种版本的 TF 卡系统镜像，一种是有图形界面的，文件比较大；另一种是字符界面的。智能机器人开发选择的就是字符界面版本的系统。Raspbian 是从 Debian(Linux 的一个分支)移植过来专门用在树莓派嵌入式系统的操作系统
Ubuntu		有三个版本，前两个版本与 Raspbian 相同，另一个版本为服务器版本。Ubuntu 与 Debian 是 Linux 的两个重要分支，两者也有一定血缘关系。Debian 分为稳定、不稳定以及测试三个版本。稳定版本的 Debian 相对保守，开发周期长，一般用于服务器；其他两个版本则构成 Ubuntu，更适合主流非技术用户使用，可以运行当今比较流行的软件。Ubuntu 也是进行智能机器人开发一个不错的系统
OSMC		主要应用于家庭娱乐，例如现在的电视技术主流是 4 K 高清甚至更高。此系统能让树莓派支持此类高清片源的播放
LibreELEC		此系统类似与电视机顶盒的功能，可让家用电视变成网络播放终端，即之前提到的 XMBC
RISC OS		RISC OS 是最初由英国剑桥的 Acorn Computers 有限公司于 1987 年设计的一种计算机操作系统。RISC OS 被特别设计在 ARM 芯片上运行，它的名字来自所支持的精简指令集 RISC 硬件架构的 CPU。RISC OS 具有快速、紧凑、高效的特点，并由一群忠诚的开发人员及用户所开发和测试
Windows 10 IoT Core		Windows 10 IoT Core 是 Windows 10 的精简版，是专门为使用树莓派系统进行设计的。Windows 10 IoT Core 的一个重要特性是允许用户访问.Net framework 来使用物联网应用程序

除了表 2-1 列出的树莓派官方建议的系统外，树莓派还支持部分非官方的系统，例如提供强大网络支持的 OpenWRT，以及崇尚极简主义的 Archlinux、FreeBSD、Pidora① 与 CentOS 等，这里就不一一赘述。值得一提的是更换树莓派的操作系统相当简单，无需像台式机一样需要重新安装新的系统，直接更换 TF 卡即可完成，前提是 TF 卡里的操作系统是不同的。

2.3 树莓派远程连接

树莓派作为智能机器人的中央控制器，负责收集并处理传感器的数据，以及将复杂计算的数据传递给远程 PC 处理等任务。使用远程 PC 对树莓派进行控制，可以采用如图 2-3 所示的连接方式。

图 2-3　使用远程 PC 控制移动端的树莓派

如图 2-3 所示的连接方式工作过程为：无线路由器通过拨号等方式连接因特网；工作端 PC 连接无线路由器；树莓派经过配置后，通过 WiFi 以固定 IP 地址的方式与无线路由器连接。此连接方式有 3 个有利于开发机器人的特点：(1) PC 端可以在局域网内方便地连接到移动的树莓派端；(2) PC 端可以上网查资料；(3) 树莓派端也可以上网，方便下载安装软件。

下面将一一介绍在 PC 端远程登录树莓派的方法，包括利用在 PC 端安装的软件以及在树莓派端安装的软件。远程登录一般分为两种类型：一种是登录字符终端，另一种是登录桌面终端。一般来说，刚从 Windows 环境转到 Linux 环境，登录桌面终端会比较容易适应。不过使用 Linux 开发嵌入式硬件系统，还是建议使用字符开发环境，因为嵌入式开发中，很多时候开发项目用到的 Linux 是不带图形窗口界面的②。例如前面提到的使用树莓派创意设计中的无线路由器使用的 OpenWRT 也是 Linux 的一个分支。OpenWRT 操作系统可以精简的非常小，约 1 MB 的硬盘空间都可以安装，当然不会有图形界面，只能用类似于 VI 编辑软件编写程序。

---

① 基于 Fedora、RedHat 发展的树莓派版本。

② Linux 系统里称为 X Window。

2.3.1　在 Windows 环境下使用 SSH 客户端连接字符终端

Windows 系统是一个流行的工作、学习及娱乐的平台，很多人的电脑就只安装 Windows 系统。一般来说，在 Windows 系统中使用 SSH 客户端连接字符终端，需要使用类似 Putty 这种远程登录的应用软件来登录到树莓派的字符界面。Putty 的界面如图 2-4 所示。

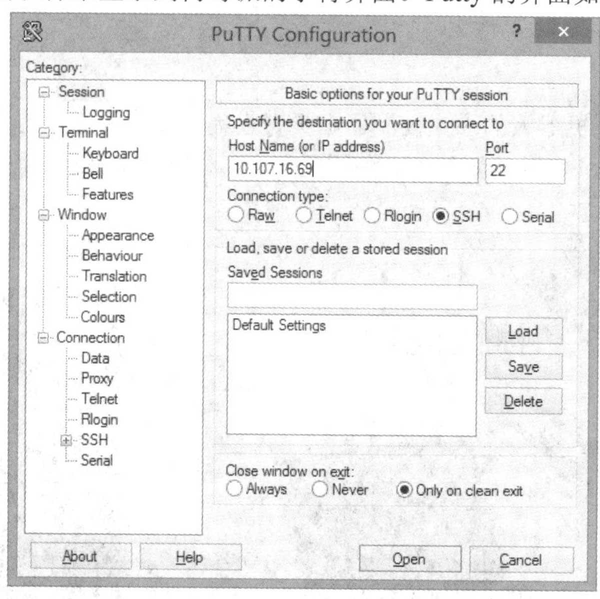

图 2-4　远程登录 SSH 客户端软件 Putty 的界面

使用时，只需要在 Host Name (or IP address) 栏中正确填写树莓派无线网卡的 IP 地址，其他地方保持其默认值，就可以登录树莓派系统。其先决条件是树莓派端要预先安装 SSH 服务器，并输入以下命令：

```
sudo apt-get install openssh-server
```

如图 2-5 所示是在 Windows 下使用 Putty 成功登录到树莓派的字符界面。

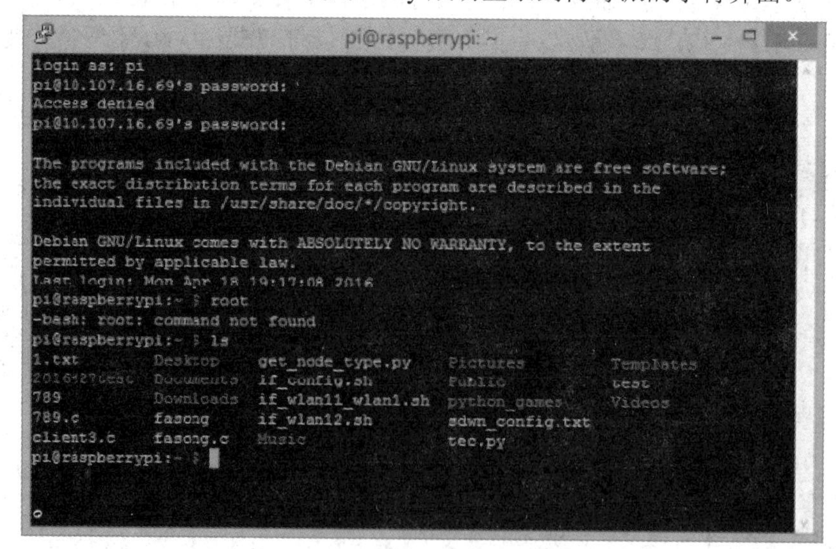

图 2-5　使用 Putty 登录到树莓派字符界面

如果使用的是 Windows 10 或以上版本的操作系统，可以在运行窗口里直接使用 SSH 远程登录命令连接树莓派，而不用再安装 Putty 软件，如图 2-6 所示。

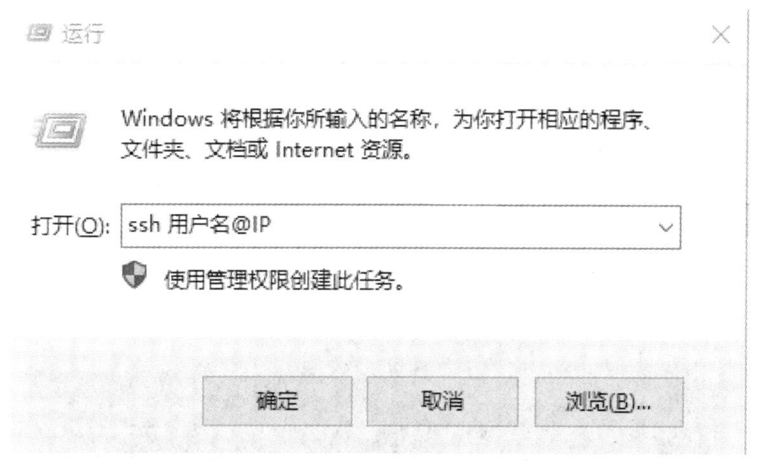

图 2-6　在运行窗口输入 ssh 命令远程登录树莓派

【任务 2-1】 假设有两个树莓派都通过路由器接入局域网，树莓派 A 的 home 目录下有目录名为 program 里有近期开发的源代码，而树莓派 B 刚好需要用到此目录的所有代码，如何快速将树莓派 A 的指定目录传送到树莓派 B 的 home 目录里？

【实现】

使用 Linux 命令“scp”，其命令格式为

```
scp [-1246BCpqrv] [-c cipher] [-F ssh_config] [-i identity_file] [-l limit] [-o ssh_option] [-P port] [-S program] [[user@]host1:]file1 ... [[user@]host2:]file2
```

在这个任务里，先登录到树莓派 B 的字符界面，我们简单使用以下的格式：

```
scp -r 树莓派 A 用户名@树莓派 A 的 IP:/home/pi/program /home/pi/
```

这里的“-r”是递归参数，即计算机执行上述命令时将遍历目录里面的所有文件及目录。

2.3.2　在 Linux 环境下使用 SSH 命令连接字符终端

在安装了 Linux 的 PC 环境下远程登录树莓派很方便，只需使用如下命令：

```
ssh 用户名@IP　如：ssh pi@10.0.0.69
```

即可远程连接到树莓派的字符终端。命令与 Windows 10 的命令行模式相同。

2.3.3　在 Windows 环境下连接树莓派桌面终端

如果 PC 需要远程登录树莓派的桌面终端，则需要在树莓派端安装 xrdp 服务程序，输入以下命令即可。

```
sudo apt-get install xrdp
```

安装完毕后，就可以在 Windows 环境下打开远程桌面连接程序(如图 2-7 所示)，然后输入树莓派的 IP 地址就可连接到树莓派桌面终端了。

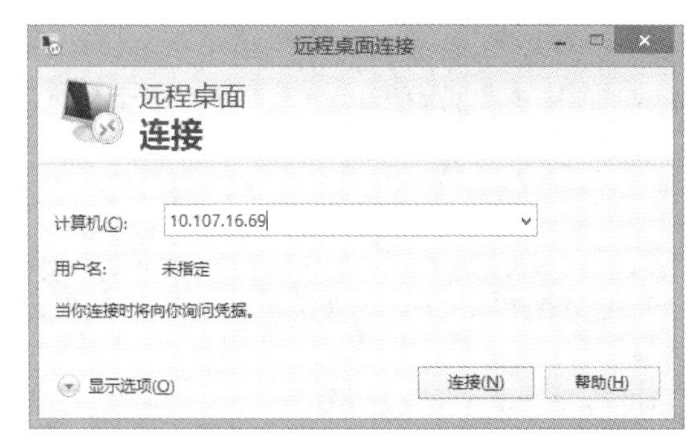

图 2-7　Windows 的远程桌面连接应用程序

接着在如图 2-8 所示的对话框中输入树莓派的用户名及密码。

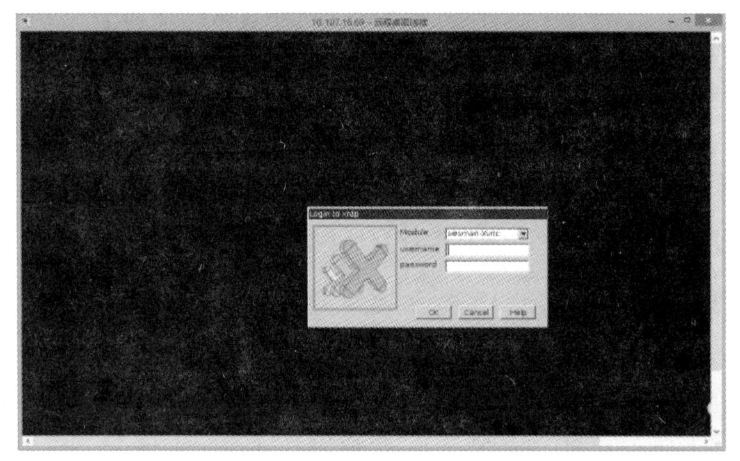

图 2-8　远程桌面登录时用户名及密码验证对话框

登录后就会在 Windows 窗口里显示远程树莓派的桌面了，并可进行操作。

2.3.4　在 Linux 环境下使用 VNC Viewer 连接树莓派桌面终端

VNC Viewer 这款软件允许 PC 远程登录树莓派的桌面终端，且有 Windows 与 Linux 两种版本。执行 VNC Viewer 软件后，在如图 2-9 所示对话框中只需填写 VNC Server 的 IP 地址及端口信息即可。

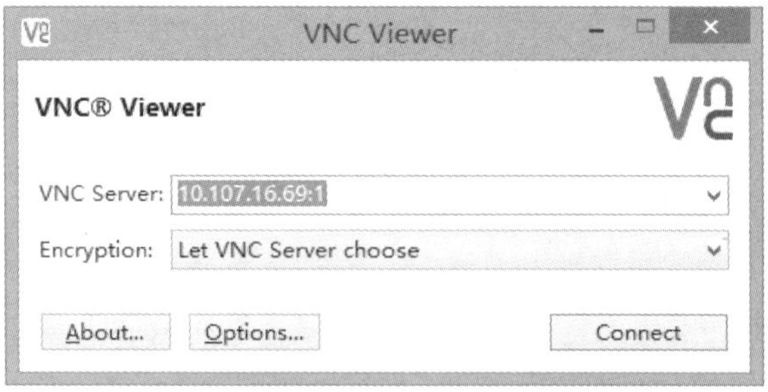

图 2-9　远程界面登录软件 VNC Viewer

使用 VNC Viewer 登录前，需要先在树莓派端安装 VNC Server 软件，可输入以下命令进行安装。

```
sudo apt-get install tightvncserver
```

2.4　机器人操作系统 ROS

ROS 的首要目标是提供一套统一的开源程序框架，用以在多样化的现实世界与仿真环境中实现对机器人的控制。ROS 之所以称为操作系统，是因为它提供了类似操作系统的服务，包括硬件抽象、底层设备控制、进程间消息传递、包管理以及常用函数的实现，同时也提供用于获取、编译、编写和跨计算机平台运行代码所需的工具与库函数。ROS 让开发者将更多的精力放在构建智能机器人的功能上，而不是硬件间的连接及通信上，而且可以极大简化各种繁杂多样的机器人平台下的复杂任务创建与稳定机器人行为控制。

ROS 的前身是斯坦福大学人工智能实验室为了支持智能机器人 STAIR 而建立的一个项目。ROS 正式诞生在该实验室与机器人技术公司 Willow Garage 合作的个人机器人项目中，2008 年后全权由 Willow Garage 维护，2013 年后移交给开源机器人基金会管理维护。2010 年，Willow Garage 正式以开放源码的形式发布了 ROS 框架，并很快在机器人研究领域掀起了 ROS 开发与应用的热潮。在短短几年的时间里，ROS 得到了广泛的应用，各大平台几乎都支持 ROS 框架，包括树莓派软件平台。

ROS 很显著的一个目的是让所有工作在人工智能机器人领域的程序员无需一遍遍地重复做某种系统功能，而将主要精力集中在功能的开发上。例如在开发智能机器人视觉功能时，网络摄像头安装在移动的机器人身上，机器人通过 WiFi 与 PC 联网。如果没有使用 ROS，一般需要编程获取机器人视频图像序列，再在机器人端建立一个发送图像序列的服务程序；同时还要在 PC 端建立一个客户端接收图像序列程序并显示在 PC 端的显示器上。而这样的工作是每位程序员都需要自己独立完成的，发送、接收的稳定性和实时性等都与程序员的编程功力有莫大的关系。而且这样编写的程序还不能通用，因为程序员 A 编写的服务器端程序发送的图像数据有可能不能被程序员 B 编写的客户端程序所接受，除非他们之间有约定统一的传输协议。如果程序员都在 ROS 的编程框架下完成开发机器人视觉功能，可以参考如图 2-10 所示的示意图。

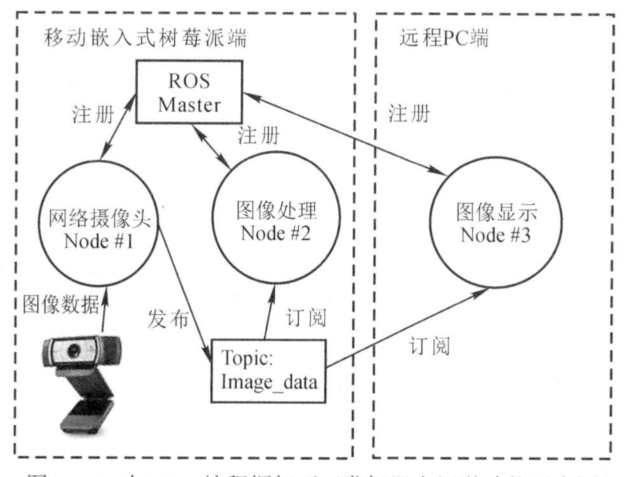

图 2-10　在 ROS 编程框架下开发机器人视觉功能示意图

在图 2-10 中，主要有一个 Master 以及三个 Node，这三个 Node 需要在 Master 上注册，注册后的 Node 就能够彼此通信。可以将 Master 想象为一个表格，如果 Node #1 需要与 Node #3 进行通信，可以通过 Master 表格里的注册信息找到这两个 Node 的网络参数信息。这种方式简化了通常的网络通信需要知道对方的 IP 地址及端口号[①]。想象一下，如果整个系统有几百个 Node，以 Node 名称进行通信方式显得比较简单、高效，不容易出错。

Node #1 与物理摄像头建立了连接，可从摄像头获取到图像序列数据，并向 Image_data 主题(Topic)主动发布图像数据。ROS 通过类似主题的方式来让 Node 与 Node 之间进行通信。图像显示 Node #3 建立在远程 PC 端，此 Node 可订阅 Image_data 这个主题，并将获取到的图像数据在远程 PC 端的显示器进行显示。Node #1 还可以被动地发送图像信息到相应的主题，例如，Node #3 客户端向 Node #1 提出需要图像请求，Node #1 才将数据发送到 Image_data 这个主题。由于 ROS 操作系统内部实现了这样的信息传递架构，因此就很容易建立类似 Node #2 图像处理来获取类似人脸识别等的智能算法。

从图 2-10 可以看出，Node 与 Node 之间是独立的，意味着如果机器人视觉系统的整体功能已经设计好了，不同的 Node 可以让不同的程序员去独立完成。最后将所有的程序块综合到一起进行联调，能有效地发挥团队合作能力。这正是我们建立软、硬件模型时所提倡的“去耦合性”。硬件间耦合性强弱对比如图 2-11 所示(对比晶体管调幅收音机与计算机主机的耦合性强弱)。

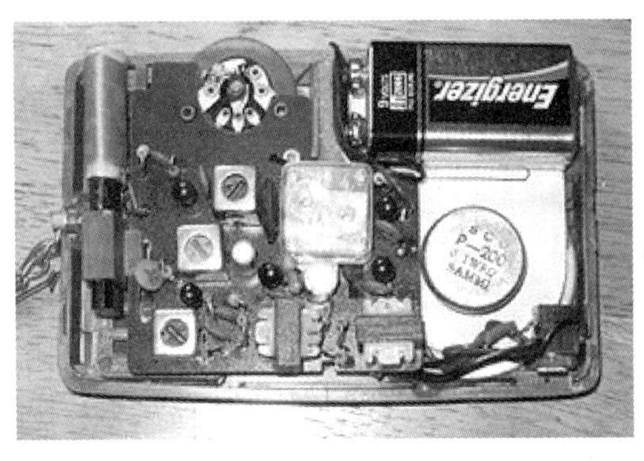

（a）晶体管调幅收音机　　（b）计算机主机

图 2-11　硬件间耦合性强弱对比

晶体管调幅收音机是一个典型的以耦合方式进行工作的机器，其工作过程为：天线接收到空中的电磁波后耦合给变频电路，经中频放大、检波和第一个晶体管对信号初步放大；接着此信号传递给后续多个晶体管进行多次放大，最后推动扬声器发声。由于晶体管调幅收音机各个部分电路存在着强耦合性，所以调节起来就很费劲。相比起收音机，计算机的硬件组装起来就轻松多了，不同的接口如 PCI、PCI-E 与 SATA 等，其形状、长度、颜色等都不同，只要根据接口特征连接一般都不会插错，拼装好后就能正常工作。

一般来说，ROS 具有以下 4 个特征。

(1) 能快速建立节点间通信通道：ROS 提供了一种发布—订阅式的通信框架，用以简单、快速地构建分布式计算系统。

---

① 例如 192.128.0.198：8010。

(2) 提供了大量工具组合：ROS 提供的大量工具组合可用于配置、启动、自检、调试、可视化、登录、测试及终止分布式计算系统。

(3) 具有强大的库：ROS 提供了广泛的库，可实现机器人机动性、操作控制、感知功能。这对制作一个功能比较强的智能机器人非常有帮助。例如机器人系统中要加入一个像激光雷达这样复杂的传感器，既要获取传感器产生的大量三维数据，又要处理数据，还需要传输这些数据及显示等，有了强大的库就可轻松解决这些问题。

(4) 具有生态系统：ROS 的支持与发展依托着一个强大的社区。其官方网站尤其关注兼容性和支持文档，提供了一套“一站式”的方案，使得用户得以搜索并学习来自全球开发者数以千计的 ROS 程序包。

使用 ROS 编程并不复杂，只需要明白 ROS 的编程模式即可。下面将介绍与编程相关的 ROS 文件系统，ROS 的目录结构如图 2-12 所示。ROS 的文件系统类似于 Linux 文件系统，有自己的层次结构，可方便整合多种编程语言①和有效地组织资源完成整个设计任务。

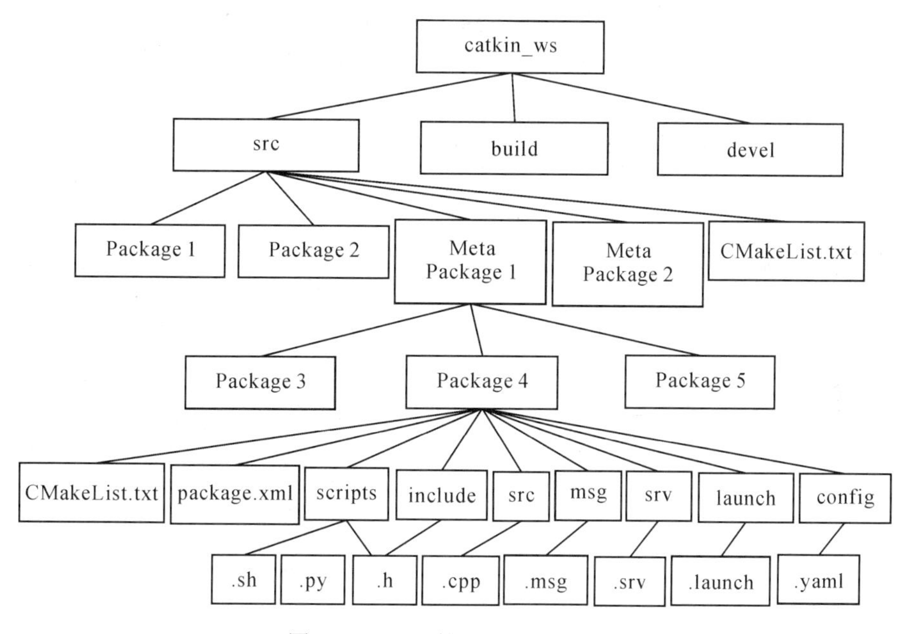

图 2-12　ROS 的目录结构示意图

以下是对 ROS 目录结构的说明。

(1) catkin_ws：是工作空间名字，可以自行取名。

(2) src：工作空间目录下必须建立一个源文件目录，并以 src 为目录名。

(3) build：编译空间，保存 CMake 和 catkin 产生的功能包和项目，以及一些缓存信息、配置和其他中间文件。

(4) devel：开发空间，保存一些生成的目标文件、环境变量，如头文件、动态链接库、静态链接库和可执行文件等，这些都是编译后的程序，无需安装就能使用。

下面是 src 目录下面的文件、目录类型说明。

---

① 例如编程语言 C++、脚本语言 Python、shell 脚本等。

(1) Meta Package：元功能包，是同一目的功能包的集合。该功能包本身是一个“虚包”，需要依赖若干个功能包，其 txt 文件中只声明了其为元功能包，编译过程不会生成任何东西。

(2) Package4：功能包，是构成 ROS 编程的基本单元。一个 Package 可以包含多个可执行文件(节点)。ROS 应用程序是以功能包为单位开发的，功能包包括至少一个以上的节点或拥有用于运行其他功能包节点的配置文件，还包含功能包所需的所有文件，如依赖库、数据集和配置文件等。ROS 判断功能包为一个 Package 的标准是检测 Package 中是否含有有效的 CMakeList.txt 及 package.xml 这两个文件。这两个文件有一定的编写规范，具体可参考 ROS package 编写规范①。

(3) scripts：存放 shell 脚本或者 Python 脚本代码。

(4) include：存放 C++头文件。

(5) src：存放 C++代码。

(6) msg：消息类型。消息是 ROS 节点之间发布或订阅的通信消息，可以使用 ROS 系统提供的消息类型，也可以使用 .msg 文件在功能包的 msg 文件夹下自定义需要的消息类型。

(7) srv：服务类型。服务类型定义了 ROS 服务器/客户端通信模型下的请求与应答数据类型。与 .msg 相似，可以使用 ROS 系统提供的服务类型，也可以使用 .srv 文件在功能包的 srv 文件夹下自定义需要的服务类型。

(8) launch：存放 launch 文件②。launch 文件可帮助一次运行多个可执行文件。

(9) config：这是 ROS 包中保存的所有需要使用的配置文件。

2.4.1 ROS 系统安装

ROS 发行版是一个版本标识的 ROS 包集合，与 Linux 发行版(如 Ubuntu)类似。ROS 发行版的目的是让开发者可以基于一个相对稳定的代码库来工作，直到有新版本出现。一旦有新版本的发行版发布，官方就会限制对其的改动，而仅提供对核心包进行错误修复和非破坏性的增强服务。ROS 已经发布了多个版本，ROS 最新发布的一些版本如表 2-2 所示。

表 2-2 ROS 不同版本发布时间及有效时间

ROS 版本	发布时间	有效时间
ROS Noetic Ninjemys	2020 年 5 月	2025 年 5 月
ROS Melodic Morenia	2018 年 5 月	2023 年 5 月
ROS Lunar Loggerhead	2017 年 5 月	2019 年 5 月
ROS Kinetic Kame	2016 年 5 月	2021 年 4 月
ROS Jade Turtle	2015 年 5 月	2017 年 5 月
ROS Indigo Igloo	2014 年 7 月	2019 年 4 月
ROS Hydro Medusa	2013 年 9 月	2015 年 5 月

① 可以参考网站 http://wiki.ros.org/ROS/Tutorials/CreatingPackage。

② .launch 或者.xml。

根据表 2-2 所列内容可以发现，ROS 基本上每年发布一个新版本。关于 ROS 版本发布的更多内容，例如发行版的介绍、发布的计划等，可以访问 ROS 官方网站主页进行了解。下面介绍采用编译源代码安装 ROS Kinetic Kame 版本，如果想要尝试最新的 ROS 功能则可以安装使用最新的发行版 ROS Noetic Ninjemys。

安装 ROS Kinetic Kame 一共有 10 个步骤，具体步骤如下：

(1) 设置 sources.list。

设置计算机可接受来自 packages.ros.org 网站的软件，为 Linux 的包管理器增加软件库。命令如下：

```
sudo sh -c 'echo "deb http://packages.ros.org/ros/ubuntu $(lsb_release -sc) main" > /etc/apt/ sources.list.d
/ros-latest.list'
```

这一步会根据 Linux 发行版本的不同，可添加不同的软件库。Ubuntu 的版本通过命令中的语句“lsb_release -sc”获得。一旦给 Linux 的包管理器添加了正确的软件库，操作系统就会知道去哪里下载程序，并根据命令自动安装软件。

(2) 设置密钥。

这一步是为了确认源代码是否正确，并且在未经所有者授权的情况下，不得修改任何程序代码。通常情况下，当添加完软件库时，已经添加了软件库的密钥，并将其添加到操作系统的可信任列表中了。设置密钥的命令如下：

```
sudo apt-key adv --keyserver hkp://ha.pool.sks-keyservers.net:80 --recv-key C1CF6E31E6BADE
8868B172B4F42ED6FBAB17C654
```

如果在连接密钥服务器时遇到问题，可以尝试修改上面的命令，用“hkp://pgp.mit.edu:80”或“hkp://keyserver.ubuntu.com:80”来替换“hkp://ha:poot.sks-keyservers.net:80”。

(3) 安装 ROS 支持库，以及编译安装 libboost1.58 库和 Assimp 依赖库。

安装 ROS 支持库命令为：

```
sudo apt-get install -y python-rosdep python-rosinstall-generator python-wstool python-rosinstall
build-essential cmake libyaml-cpp-dev
```

由于 ROS Kinetic 中大部分包使用的 boost 版本为 1.58，如果使用“apt-get”命令进行安装，在链接 ROS 核心库 librosconsole 时会发生错误，故需要从源码安装 libboost1.58。首先下载并解压代码命令如下：

```
wget -O boost_1_58_0.tar.bz2
http://sourceforge.net/projects/boost/files/boost/ 1.58.0/boost_1_58_0 .tar.bz2/download
tar --bzip2 -xvf boost_1_58_0.tar.bz2
```

接着编译 libboost1.58 并进行安装，命令如下：

```
cd boost_1_58_0
./bootstrap.sh --with-libraries=all --with-toolset=gcc
./b2 toolset=gcc
sudo ./b2 install --prefix=/usr
sudo ldconfig
```

最后添加路径。由于 libboost 默认将动态链接库装在 /usr/lib 路径下，而系统的查找路径在 /usr/lib/arm-linux-gnueabihf 下，故需要将新的路径写入 /etc/ld.so.conf.d 目录下的配置文件中。添加路径命令如下：

```
cd /etc/ld.so.conf.d && sudo touch mylib.conf && echo '/usr/lib' | sudo tee mylib.conf
sudo ldconfig
```

编译 ROS 的 collada_urdf 包时，需要 Assimp 的依赖库。首先要下载并解压源代码，命令如下：

```
wget http://sourceforge.net/projects/assimp/files/assimp-3.1/assimp-3.1.1_no_test_models.zip /download
-O assimp-3.1.1_no_test_models.zip
unzip assimp-3.1.1_no_test_models.zip
```

接着是编译并进行安装，命令如下：

```
cd assimp-3.1.1
cmake .
make
sudo make install
```

(4) 初始化 ROS。

在使用 ROS 之前，需要先初始化 rosdep。初始化 rosdep 可以本地编译源码和需要运行的 ROS 核心组件，即可实现简单安装系统依赖库。初始化命令如下：

```
sudo rosdep init
rosdep update
```

运行 sudo rosdep init 命令时，有可能会遇到类似“ERROR: cannot download default sources list…”“ERROR: unable to process source [https://raw.githubusercontent.com/ros/rosdistro/master/rosdep/osx-homebrew.yaml]:”等错误信息。原因是网络地址不可达，其解决方法是需要添加路由信息。打开 hosts 文件添加路由信息，可执行下面命令：

```
sudo echo 151.101.84.133  raw.githubusercontent.com >> /etc/hosts
```

然后再运行 sudo rosdep init 命令，最后根据提示，运行“rosdep update”命令。

(5) 创建编译 ROS 源码的 catkin 工作空间。

```
mkdir -p  ~/ROS_catkin_ws
cd  ~/ ROS_catkin_ws
```

(6) 下载 ROS 包源代码。

如果远程登录树莓派进行 ROS 包源代码下载，电脑的屏保、省电模式设置都会使 Putty 这类 SSH 工具处于断线(inactive)状态，中途掉线而没完成最终的下载任务。这时，可以执行命令“sudo apt install screen”保持 Putty 的连接，然后执行 Screen 命令即可避免以上下载中途掉线的问题。这个技巧在下面编译连接 ROS 时也可以用到。简单来说，Screen 是一个可以在多个进程之间多路复用的物理终端窗口管理器。Screen 中有会话的概念，用户可以在一个 Screen 会话中创建多个 Screen 窗口，在每一个 Screen 窗口中就像操作一个真实的 Telnet/SSH 连接窗口一样。例如，中午出去吃午饭回来，执行命令“screen-ls”，将会列出 Screen 里运行的所有进程，如图 2-13 所示。

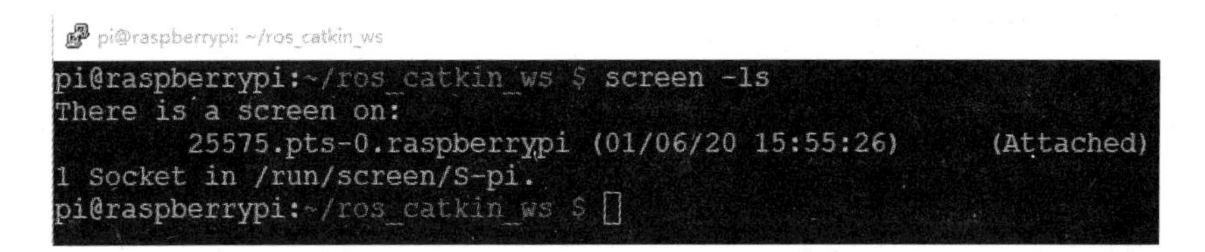

图 2-13　Screen 里所有的进程

在列出的所有进程里就可以找到之前执行的任务。执行命令"screen -r 25575"即可以恢复之前任务的命令行窗口。此时如果想退出 Screen 的话，可以在命令行直接输入"exit"。另外，也可以使用下面的命令退出 Screen 窗口。

```
screen -S 25575.pts-0.raspberrypi -X quit
```

解决了掉线问题之后，就可以开始下面比较耗时的下载操作了。

① 下载 ROS 精简版代码。ROS 精简版包括 ROS 基本包以及编译和节点间通信等约 20 个核心包，但不包含可视化工具。下载命令如下：

```
rosinstall_generator ros_comm --rosdistro kinetic --deps --wet-only --tar > kinetic-ros_comm-wet.rosinstall
wstool init src kinetic-ros_comm-wet.rosinstall
```

② 下载 ROS Destop 版本。ROS Destop 包含约 190 个包，含 rqt 开发包、rviz 可视化工具以及 OpenCV3 等，且编译过程较为漫长。由于其依赖的环境较为复杂以及各个包开发维护等都存在时间差，导致一些基础包接口名字更改了，但其他依赖包却没有改过来，所以编译容易出错。推荐先安装精简版，遇到需要用的包可再单独安装。下载命令如下：

```
rosinstall_generator desktop --rosdistro kinetic --deps --wet-only --tar > kinetic-desktop-wet.rosinstall
wstool init src kinetic-desktop-wet.rosinstall
```

③ 下载 ROS Desktop-Full 版本。ROS Desktop-Full 包括 ROS 基本库，rqt, rviz, robot-generic libraries, 2D/3D simulators, navigation and 2D/3D perception 等 ROS 全包，以及 gazebo 模拟等。不过此版本不适合相对于台式电脑来说硬件资源较弱的树莓派卡片电脑。下载命令如下：

```
rosinstall_generator desktop_full --rosdistro kinetic --deps --wet-only --tar > kinetic-desktop-full-wet.rosinstall
wstool init -j8 src kinetic-desktop-full-wet.rosinstall
```

如果使用 wstool 工具下载 ROS 包源代码时，由于网络原因终止了下载。可以使用下面命令

wstool update -j4 -t src

恢复下载。

(7) 使用 rosdep 安装所需依赖库。

使用 rosdep 安装所需依赖库命令如下：

```
cd ~/ROS_catkin_ws
rosdep install -y --from-paths src --ignore-src --rosdistro kinetic -r --os=debian:buster
```

(8) 编译工作空间。

编译工作空间命令如下：

```
sudo mkdir -p /opt/ros/kinetic
sudo ./src/catkin/bin/catkin_make_isolated --install
-DCMAKE_BUILD_TYPE=Release --install-space / opt/ros/kinetic -j2
```

树莓派 4 的内存为 1G 或 2G，在编译时可能造成内存耗尽，此时命令可以使用参数“-j2”进行编译。编译过程中，有可能会遇到某个 ROS 包出错，例如包与包之间不兼容、多核并行编译出问题、内存不足等。如果使用以上命令编译的话，需要重新一个个进行编译，耗费时间。所以经过修改后，可以执行下面命令

sudo ./src/catkin/bin/catkin_make_isolated --pkg ROS 包名

单独对此包进行测试。

(9) 添加环境变量。

开启了一个终端后，输入下面命令就可导入 ROS 的环境变量。

```
source /opt/ros/kinetic/setup.bash
```

但是如果终端会话结束，这些环境变量就消失了。如果每次启动一个新的终端时，ROS 环境变量都能自动地添加进 bash 会话是非常方便的，这可以通过如下命令来实现：

```
echo source /opt/ros/kinetic/setup.bash >>  ~/.bashrc
source  ~/.bashrc
```

(10) 测试。

完成以上 ROS 系统的安装之后，就可以对安装好的 ROS 系统进行简单的测试。可以通过“roscore”命令来进行。

【任务 2-2】 在 ROS 环境下，用键盘实时控制小乌龟运动。

【实现】

在一个字符终端执行命令“roscore”，重新打开一个新的终端，运行如下命令就可以运行小乌龟运动模拟程序了：

```
rosrun turtlesim turtlesim_node
```

如果想通过键盘控制小乌龟，可以再打开一个新的终端，然后运行命令：

```
rosrun turtlesim turtle_teleop_key
```

此时就可以通过键盘的前、后、左、右键来控制小乌龟的运动了。

【任务 2-3】 为了能通过编程控制 ROS 的小乌龟的运动，可通过发送信息的方式与 ROS 进行通信，从而控制小乌龟的运动。

【实现】

先执行下面命令，列举出当前小乌龟运动模拟程序运行时 ROS 系统内的所有主题，如图 2-14 所示。

```
rostopic list
```

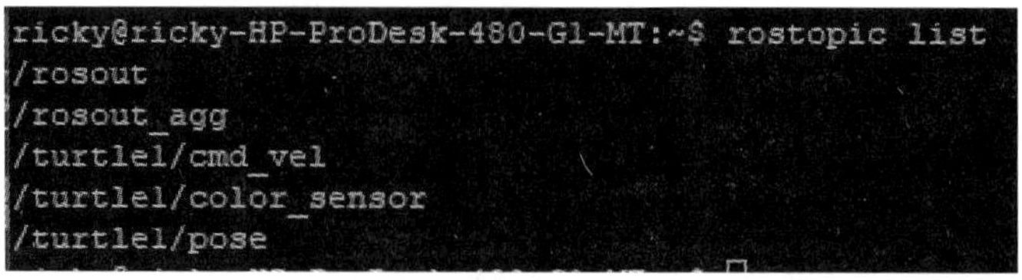

```
ricky@ricky-HP-ProDesk-480-G1-MT:~$ rostopic list
/rosout
/rosout_agg
/turtle1/cmd_vel
/turtle1/color_sensor
/turtle1/pose
```

图 2-14 运行小乌龟运动模拟程序后 ROS 系统内所有的主题

从图 2-14 中可以看到，共有 5 个主题，其中/turtle1/cmd_vel 是控制小乌龟运动的主题。通过 rostopic pub 命令可给指定的主题发布消息，命令如下：

```
rostopic pub /turtle1/cmd_vel geometry_msgs/Twist
 "linear:
  x: 0.0
  y: 0.0
  z: 0.0
 angular:
  x: 0.0
  y: 0.0
  z: 0.0"
```

此命令参数中，/turtle1/cmd_vel 为主题，此主题要符合对应的数据类型。而参数 geometry_msgs/Twist 是此主题的数据类型，包括小乌龟运动的线(linear)速度和角(angular)速度。其线速度中，x 为前后方向的线速度，y 为左右方向的线速度，z 为上下方向的线速度；角速度中，x 是沿 X 轴转动的角速度，y 是沿 Y 轴转动的角速度，z 是沿 Z 轴转动的角速度。

例如：

“linear: x: 0.0 y: 1.0 z: 0.0　angular: x: 0.0 y: 0.0 z: 0.0”表示小乌龟沿 Y 轴做直线运动。

“linear: x: 0.0 y: 0.0 z: 0.0　angular: x: 0.0 y: 0.0 z: 1.0” 表示小乌龟沿 Z 轴原地转动。

“linear: x: 1.0 y: 0.0 z: 0.0　angular: x: 0.0 y: 0.0 z: 1.0” 表示小乌龟沿 Z 轴转动的同时又沿 X 轴做直线运动，速度合成后，轨迹是一个圆。

2.4.2　基于 ROS 的智能机器人系统架构

在 ROS 系统里，信息的传递机制一般有两种：

(1) 基于话题的通信机制。多对多，即每个节点既可以作发布者，也可以作订阅者。

(2) 基于服务的通信机制。一对一，即一个发布信息，而另一个则为订阅者。

这个信息传递机制一共有三个角色：Master、Publisher(发布者)以及 Subscriber(订阅者)。其中 Master 的作用就是一个管理者，没有它的话，Publisher 以及 Subscriber 将无法找到彼此，更无法交换信息或者调用服务，整个系统将会瘫痪。可见 Master 在 ROS 系统里的重要性。PC 相对于树莓派来说，其计算能力相对比较强，通过添加图形图像加速卡增强其并行计算能力，且可通过增加内存和高性能的硬盘提高其性能以及增强其数据存储能力；另外，还可通过多张千兆网卡让其能连接多台计算机以扩展计算性能等。树莓派的优点是轻巧方便，适于作嵌入式主机，但不能通过较简单改变硬件的方法改善其运算性能。所以树莓派在对待类似温湿度传感器、红外线测距传感器、陀螺仪等产生数据量相对比较少的设备时，树莓派还可以实时将数据处理并通过 ROS 发布和处理结果消息。但对于类似视频数据处理、语音数据处理以及三维点云计算等每秒需要处理大量数据的情况下，已不能胜任工作，而是需要用到更强大运算性能的 PC 才能更好地保证数据能得到实时的处理。这时树莓派的作用是收集数据并通过 ROS 发布。具体的配置方法为：首先将树莓派配置为

Master，并运行“roscore”命令；然后将其他 PC 配置为从节点。树莓派作为 Master 负责管理信息连接关系。PC 作为从节点，在有大量运算任务或者高维数据可视化时，可以随意添加进智能机器人的软件体系中。如果配置 PC 端为 Master，启动机器人时，需要先启动 PC，会使操控机器人的体验感不佳。PC 和树莓派配置关系如图 2-15 所示。

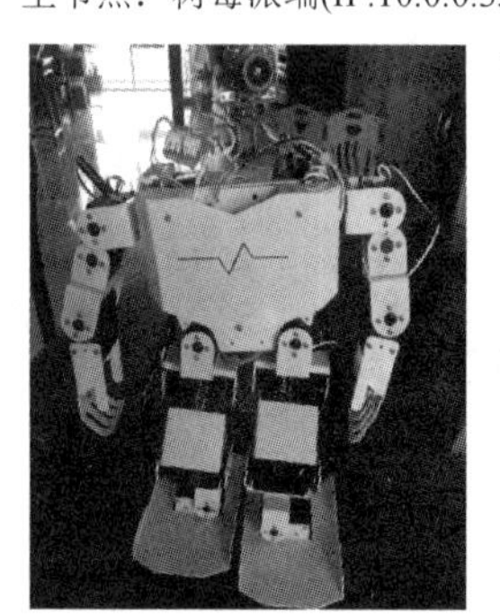

图 2-15　PC 和树莓派配置关系

修改远程 PC 端的“~/.bashrc”文件，在文件最后添加如下两行代码：

export ROS_MASTER_URI=http://10.0.0.33:11311

export ROS_HOSTNAME=10.0.0.11

存盘退出后，执行“source ~/.bashrc”命令激活修改的内容。接下来修改树莓派端“~/.bashrc”文件，在文件最后添加如下两行代码：

export ROS_MASTER_URI=http://10.0.0.33:11311

export ROS_HOSTNAME=10.0.0.33

同样存盘退出后，执行“source ~/.bashrc”命令激活修改的内容，同时执行“roscore”命令。在 ROS 的架构下，智能机器人数据收集及处理示意图如图 2-16 所示。

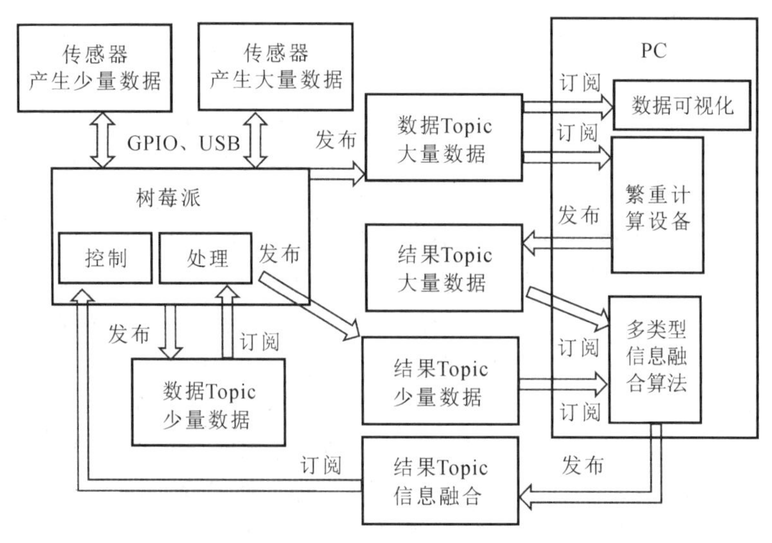

图 2-16　智能机器人数据收集及处理示意图

机器人操作系统 ROS 就像黏合剂，将传感器、树莓派、PC 以及网络等资源有序地整合到一起，使得信息在整个系统中流动，而且对用户基本上是透明的。例如在连接摄像头的树莓派端获取的视频在 PC 端显示及处理时，用户不用去了解视频数据如何打包和压缩，以及如何通过网络传输、解压缩和如何处理网络传输掉包等问题。图 2-16 可以从以下五个方面进行说明：

(1) 数据的产生：主要根据传感器产生数据量大小分为两种类型。

(2) 数据的处理：树莓派可以直接处理一定时间内少量的数据，发布的计算结果作为融合算法的输入；而 PC 更擅长处理数据量大的数据，例如激光测距雷达、麦克风音频识别以及摄像头人脸识别等，其运算结果也作为融合算法的输入。

(3) 数据的可视化：对于少量的数据，其可视化一般是指观察随时间变化的图形，或者统计后的图形等。主要的可视化对象是数据量大的数据以及维度高的数据。

(4) 结果的处理：对于数据量大以及数据量小的处理结果，统统汇集到多类型信息融合算法中进行进一步加工、综合，挖掘出数据背后更深层次的信息。

(5) 产生控制信息。融合算法的输出为一系列机器人控制命令，例如闪灯，控制舵机组以及发出声音等。

除了上述 ROS 给智能机器人开发带来的便利以外，还有 ROS 的生态环境比较成熟，很多常用的传感器驱动、数据处理，甚至具体的应用等基本上都能在 ROS 社区里获得源码，真正做到了“站在巨人的肩膀上”做开发。从图 2-16 可以发现基于 ROS 的开发很容易建立起复杂的机器人传感器网络，只要开发相应的传感器驱动以及发布传感器数据，新的传感器就能添加进机器人系统，相当方便，而且还大大削弱了代码间的耦合性。

2.5 Python 编程语言及其在人工智能中的应用

Python 是一个具有解释性、编译性、互动性以及面向对象的脚本编程语言，其代码的执行过程如图 2-17 所示。解释性是指开发过程中不涉及编译，可以直接由源代码运行程序。实际上 Python 解释器是由编译器和 Python 虚拟机(Python Virtual Machine，PVM)两部分组成的，编译器将源代码转换为字节码 pyc，然后把编译好的字节码转发到 PVM 中进行执行，这就是编译性。互动性类似微软的 BASIC 语言或者 Matlab 语言，编辑完一行代码后回车即可得到执行结果，如果代码有错，即返回错误信息。

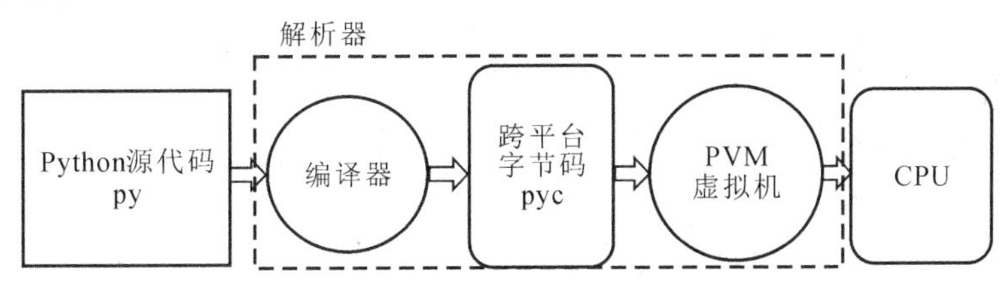

图 2-17　Python 代码的执行过程

Python 源代码经过编译器后生成的 pyc 文件是一种跨平台的中间代码，如果开发的是商业软件，绝对不希望把源码泄漏出去，所以需要编译为字节码 pyc 后就安全多了。

之所以选择 Python 作为人工智能开发的语言，是由于 Python 语言具有以下 6 个特点：

(1) 易于学习。Python 语言的关键字相对其他语言较少，结构简单，以及语法定义明确，学习起来更加简单。

(2) 易于阅读及维护。Python 代码定义清晰，有广泛的标准库。Python 的最大的优势之一是有丰富的跨平台库，在 UNIX、Windows 和 Macintosh 系统都可兼容。

(3) 互动模式。互动模式可使从终端输入的执行代码直接执行，并支持互动测试和调试代码。

(4) 可移植。由于 Python 本身具有开放源代码的特性，因此 Python 已经被移植到许多平台，包括树莓派。

(5) 可扩展。如果需要编写一段运行速度很快的关键程序，可以先用 C 语言或 C++语言完成此段程序，然后在 Python 程序中调用即可。

(6) 方便安装及使用。Anaconda 打包集合就包括了 Conda、Python 包，还有经常用到众多的 packages 及科学工具等，因此 Python 安装和使用很方便。

下面介绍部分比较常用在人工智能领域的科学计算库，包括 Numpy、Scipy、Pandas、Matplotlib。Numpy 库是构建科学计算代码集的最基础的库，提供了张量的计算。将向量视为一阶张量，将标量视为零阶张量，那么矩阵就是二阶张量。依次类推，可以将任意一张彩色图片表示成一个三阶张量，三个维度分别是图像的高度、宽度和色彩数据。Scipy 库是一个针对工程和科学的库。主要功能建立在 Numpy 基础之上，因此它使用了大量的 Numpy 数组结构。Scipy 库通过其特定的子模块提供高效的数学运算功能，例如数值积分、优化等。Pandas 数据分析库(Python Data Analysis Library)是基于 Numpy 的一种工具，该工具是为了解决数据分析任务而创建的。Pandas 库纳入了一些标准的数据模型，提供了高效地操作大型数据集所需的工具。Pandas 库还提供了大量能使我们能快速便捷地处理数据的函数和方法，它是使 Python 成为强大而高效的数据分析环境的重要因素之一。Matplotlib 库是一个数据可视化图表的库，也是一个非常强大的 Python 画图工具，可解决数据的呈现问题，提供绘制线图、散点图、等高线图、条形图、柱状图、3D 图形，甚至还提供动画图形等。

练 习 题

【填空题】

(1) 使用远程 Linux 操作系统的 PC，可以通过____________、____________两种方法远程登录树莓派。

(2) 使用远程 Windows 操作系统的 PC，可以通过____________、____________两种方法远程登录树莓派。

(3) ROS 的通信机制一般包括____________、____________两种。

(4) Python 源代码程序执行过程一般经过____________转变成为跨平台的字节码，再通过__________解析为适合本地 CPU 执行的命令。

(5) Python 是一个具有__________、__________、__________及__________的编程语言。

【简答题】

(1) 请解释开发智能机器人为何需要 Linux 操作系统及 ROS 机器人操作系统两种操作系统，并描述各自在开发智能机器人中的作用。

(2) 简单描述一下 Linux 的系统架构。

(3) 树莓派支持的操作系统有哪些？它们各自的特点是什么？

(4) 举例说明硬件设计时去耦合性的作用。

(5) 描述程序员团队合作开发智能机器人时，ROS 给程序员提供了哪些便利。

【实践题】

(1) 在 Linux 间传递文件可以使用“scp”命令。请使用该指令，将树莓派 A 的文件 readme.txt 传到树莓派 B 的用户目录。

(2) 如果从 Windows 环境下传递文件到树莓派，该如何操作？(提示：上网查找类似于 WinSCP 的软件。)

(3) 尝试用树莓派或者 PC 下载 ROS 源代码，然后进行编译并安装 ROS。

第 3 章　智能机器人传感器导论

现代化的生产活动中，尤其是近期比较流行的物联网技术，传感器都充当着非常重要的作用，被广泛地用在电量的测量、重量的测量、流量的测量和温度以及气体等的测量。而且随着机器人研究热度不断升温，人们加大了对智能机器人的研究与追求。智能机器人之所以能够做到智能，是因为其能对自身内部及外部环境进行感知及做出反应。其中对内部及外部环境的感知是通过形形色色的内部传感器及外部传感器来实现的。因此衡量智能机器人的智能化程度的一个重要的标准就是传感器的应用程度。

教 学 导 航

教	知识重点	了解传感器的定义及作用； 了解组成传感器的四个部件； 了解智能机器人的内部传感器及外部传感器作用； 了解智能机器人的内部及外部传感器定义； 了解透射式旋转光电编码器工作原理； 了解陀螺仪工作原理、基本组成及性质； 了解科里奥利力产生的原理； 了解基于微型机电系统制造的陀螺仪读出质量块位移的方法
	知识难点	了解组成传感器的四个部件； 了解陀螺仪工作原理、基本组成及性质； 了解科里奥利力产生的原理； 了解基于微型机电系统制造的陀螺仪读出质量块位移的方法
	推荐教学方法	本章以讲授理论为主，结合动手能力为辅的方式进行教学。尤其是根据物理力学知识及微电子学知识对陀螺仪的工作原理进行了讲解。由于采用 Linux+ROS 的组合，在不涉及编程的前提下，只通过系统配置即可以让学生体验到陀螺仪的效果。这也是一般 ROS 添加新的传感器设备驱动的方法，因此需要将步骤讲解清晰、透彻 有教学条件的老师可以选择一款兼容 ROS 的陀螺仪，一般要比普通陀螺仪市场价贵 4～5 倍左右。根据学生的实际情况以及教学需要，还可以引导学生根据不兼容 ROS 的陀螺仪模块的数据表，修改驱动程序让其兼容 ROS
	建议学时	6～8 学时

续表

学	推荐学习方法	主要通过听老师讲解传感器的基本概念、结构及应用，以及编码器和陀螺仪的原理为主。同时会在ROS系统里添加陀螺仪，从而理解ROS系统中添加新传感器设备驱动的一般方法。有能力的学生，可尝试通过修改传感器驱动源代码的方法让驱动兼容更多的同类型设备
	必须掌握的基本技能	根据对传感器的理解，能为特定的应用选择适当的传感器； 会查找某种传感器的资料，能看懂专业英语文献数据表； 学会在Linux环境下接入串口转USB设备，并进行简单的测试； 学会在Linux环境下使用串口工具Minicom对串口设备的参数进行设置； 学会正确连接MPU6050陀螺仪模块； 会使用Minicom从陀螺仪模块接收数据； 会在ROS环境下添加并编译新设备驱动，并掌握简单的排错(debugging)方法； 会简单修改设备驱动相关配置，使其适应当前接入的新设备； 会使用ROS的基本命令查看新设备发布的主题信息； 会使用rviz数据可视化工具，在三维仿真环境下观察陀螺仪的动态特性
	技能目标	(1) 本章梳理了繁杂的传感器类别，聚焦于仿人型智能机器人使用的传感器类别。目的让学生在类似机器人项目应用中对传感器的认识能从抽象到具体，并能迅速找到需要的传感器类型和相关的开发资料； (2) 会基于ROS 环境下载新设备驱动，并会编译和修改配置

3.1　传感器的定义与作用

人通过感觉器官来感知多姿多彩的自然界，而人的感觉器官常常被等同于眼、耳、鼻、舌、皮肤等五种感觉器官。这五种感觉器官主要感知的是光、机械、温度和湿度等物理量，鼻和舌兼具感知化学量(如酸等)的功能。

自然界中绝大多数物理量和化学量的变化都是连续的，因而称之为模拟量。而当今的计算机能够处理、存储、识别的却是数字量，而且在计算机的信息处理的大部分过程中，信息都是以电信号为载体的。因此，就需要传感器来进行转化。通俗地说，传感器就是感知外界信号并按某种规律将这些信号转换成相应有用的电信号的元件或者装置。而这些转换后的模拟电信号通常十分微弱，因此需要通过放大器放大后，再经模/数转换器转换成数字信号，从而被计算机所识别和处理。

传感器对于物联网之所以重要，是因为它在信息空间与自然界之间搭建了一个桥梁。既然人对自然界的日常感受大都以物体的物理属性为主，那么，在庞大的传感器家族中，物理量传感器的种类和数量要远远超过化学量、生物量等非物理量传感器。传感器可以测量的量有：两个物体之间的距离、光照的有无、声音的有无、声音频率及强度、光的颜色、物体的姿态以及物体在空间的位置或者温湿度。其输出量若是某种物理量，则便于传输、转换、处理、显示等。输出量可以是光、电、气等量，主要是一种电信号。传感器输出量与输入量之间存在一定对应关系，并有一定的精确度。

智能机器人获取外界的信息主要是靠不同的传感器，与人获取信息途径非常相似。人通过眼、耳、鼻、舌、身体触觉等感觉器官接收外界的信息，然后经过大脑加工整理，控制肢体做出相应的行为。如图 3-1 所示为人与仿生机器人对比示意图。

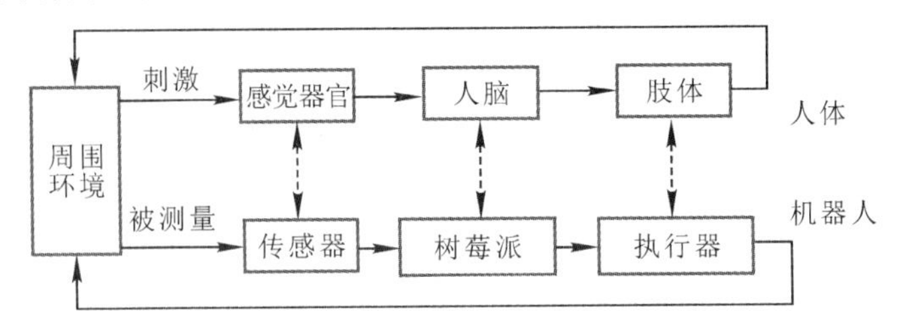

图 3-1　人与仿生机器人对比示意图

在智能机器人系统中，通常由传感器来仿真人的感觉器官，用计算机取代人类大脑去处理来自传感器的信号，并控制执行器与周围环境互动。本书设计的智能机器人一共有两种执行器：舵机控制板以及语音合成模块。舵机控制板接收来自树莓派的命令，有序地控制舵机组协调地工作，并产生相应的动作，如向前迈开步子走动；语音合成模块将文本信息以人类语言的方式播放出来，可让机器人更好地与人类互动。

3.2　传感器的组成与分类

根据传感器的定义，实际上传感器是一种功能模块，实现非电信号到可用电信号的转换。传感器的组成主要包括敏感元件、转换元件、测量电路以及电源四个部分，如图 3-2 所示。

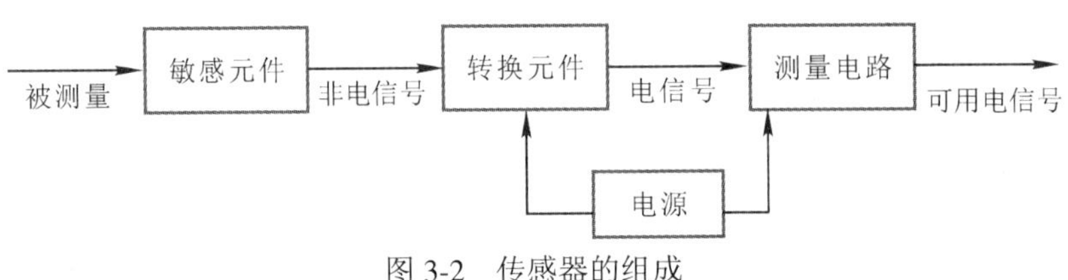

图 3-2　传感器的组成

下面就这四个部分一一进行说明。敏感元件的作用是直接感受被测量，输出量与被测量成某种关系。转换元件又称为变换器，其的作用是将敏感元件感受到的与被测量成确定关系的非电量转换为电信号。测量电路把转换元件输出的电信号变换为便于记录、显示、处理和控制的可用电信号，其又称作信号调理电路，常见的有电桥、放大器、振荡器、阻抗变换器、脉宽调节电路等。基本上大部分的传感器都是先输出信号，然后测量反馈信号进行测量的。

传感器的种类繁多，因此其分类方法也很多。例如可按输出量是模拟量、数字量(包括二进制)或者以某种接口[①]输出类型进行分类，还可以按照输入量、工作方式、能量关系、基本效应[②]、有源或无源等进行分类。这里只讨论专门针对智能机器人传感器的分类方法。传感器完成的任务不同，则其类型与规格也不相同。根据传感器位于机器人体内或体外，

---

① 串口、I2C 或者 SPI 等。

② 物理型、化学型和生物型。

一般可以将机器人传感器分为内部传感器(proprioceptors/internal sensors)与外部传感器(exteroceptors/external sensors)两大类。

内部传感器用于测量机器人的内部参数，而外部传感器则测量机器人的外部环境参数。内部传感器的作用是对机器人的运动学和力学的相关参数进行测量，让机器人按设计的位置、速度及轨迹工作。内部传感器包括位置传感器、速度传感器和加速度传感器以及角速度传感器等，常用于智能机器人的传感器如表 3-1 所示。

表 3-1　用于智能机器人的内部传感器

传感器	功　能	涉及的运动学参数或者动态参数
电位器	得到当前电动机的转动位置	位置
编码器	将位置与角度转换为数字	位置、角度
GPS 模块	全球定位	获取机器人的位置
陀螺仪	速度、加速度	角速度、角加速度

广义上说，智能机器人的外部传感器相当于人的感觉器官，用于测量机器人所处的外部环境参数。例如接近觉传感器感受外界物体，并将其正对面物体的距离给反馈给机器人；再例如人类的嗅觉仿真是将一组感受不同气体的传感器组成一个整列传感器完成的；还有人类皮肤对按压感的仿真是用一组随着压力变化其电阻阻值随着变化的传感器来模拟的。所有这些都为了一个目的，就是实现机器人可与外界环境进行交互。常用于智能机器人的外部传感器如表 3-2 所示。

表 3-2　用于智能机器人的外部传感器

<table>
<tr><th>外部传感器</th><th>功　能</th><th>应用例子</th></tr>
<tr><td rowspan="6">触觉</td><td>接触觉传感器</td><td>按钮、微动开关、电容触摸式传感器、导电橡胶式开关、含碳海绵式开关、碳素纤维式开关</td></tr>
<tr><td>接近觉传感器</td><td>红外传感器、超声波传感器、光敏电阻传感器、镭射感测器、编码器、激光测距传感器</td></tr>
<tr><td>压觉传感器
压力传感器</td><td>电阻式、电容式、电感式</td></tr>
<tr><td>滑觉传感器</td><td>无方向性、单方向性和全方向性</td></tr>
<tr><td>拉伸觉传感器</td><td>测量手指拉伸、弯曲</td></tr>
<tr><td>温湿度传感器</td><td>测量温度及湿度</td></tr>
<tr><td>嗅觉</td><td>仿生嗅觉传感器</td><td>烟雾传感器、酒精传感器</td></tr>
<tr><td rowspan="2">听觉</td><td>麦克风</td><td>电容式、动圈式及铝带式</td></tr>
<tr><td>麦克风阵列</td><td>麦克风阵列</td></tr>
<tr><td rowspan="2">视觉</td><td>普通图像传感器</td><td>CCD、CMOS</td></tr>
<tr><td>智能图像传感器</td><td>双目相机、微软 Kinect 体感设备、激光雷达</td></tr>
</table>

3.3　机器人内部传感器

智能机器人内部传感器的主要作用是感知位置、速度、加速度以及角速度等量，即采集来自机器人内部的信息。本节将介绍两种常见的机器人内部传感器：编码器和陀螺仪。

3.3.1　编码器

获取机器人运动的信息是实现对机器人位置和速度进行控制的有效手段，需要使用传感器来实现，而编码器则是常用的方式。编码器的作用是获取舵机转动角度及转动圈数。常见的编码器有增量式编码器和绝对式编码器。这里只介绍绝对式编码器的工作原理，透射式旋转光电编码器就是一种绝对式编码器。

如图 3-3 所示为透射式旋转光电编码器示意图。其光电转换原理为：被测量轴与同心的码盘精密相连，在码盘上刻制了按一定编码规律的透光、遮光的组合；码盘的一侧是发光 LED，另一侧则为感光传感器；当码盘旋转时，LED 发出的光线时而穿过码盘，时而被遮挡，感光传感器则感应产生相应的高、低电平信号；这些信号通过处理后，可算出位置与速度信息。感光传感器根据检测角度位置的方式分为绝对编码器和增量型编码器两种。

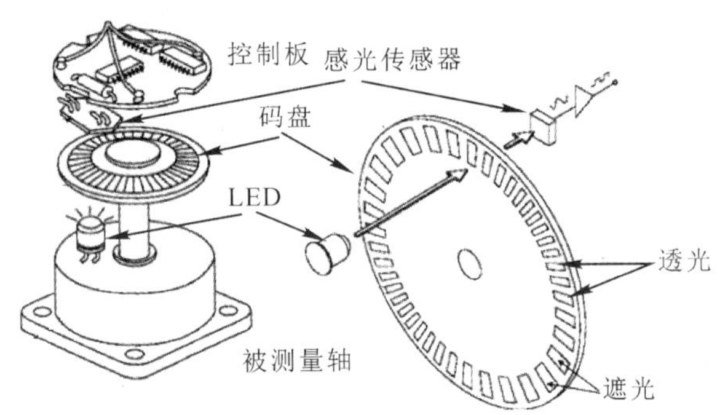

图 3-3　透射式旋转光电编码器示意图

绝对编码器能记忆转动轴的绝对位置，在机器人系统中被广泛应用。当编码器安装位置确定后，绝对的参考点位置就确定了。一般情况下，需要使用内置电池的方案来记忆这个绝对参考位置。绝对编码器一般由多个同心码道[①]构成，可按照这些码道沿径向顺序读取二进制数值。每个码道上的值按照是否遮光和透光分别代表二进制的 0 与 1。与码道个数相同的光电器件分别与各自的码道对准并沿码盘径向排列，通过这些感光器件的检测就可以产生绝对位置的二进制编码。绝对编码器对转动轴的每一个位置均产生唯一一个二维编码，因而可以确定绝对位置。绝对编码器的分辨率是由二进制编码的位数决定的，也就是码道的个数。例如 10 位的编码，其分辨率[②]为 $360°/2^{10}=21'6''$。如图 3-4 所示为旋转式绝对编码器码盘的工作原理示意图。

---

① Track，圆圈状，类似磁盘里的磁道。

② 1° 等于 60′，1′等于 60″。

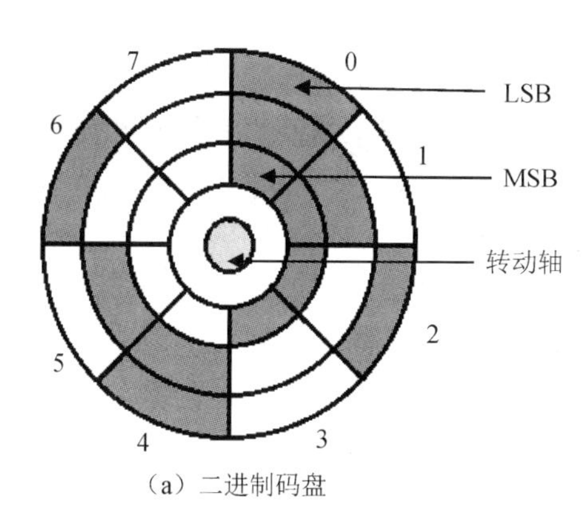

（a）二进制码盘

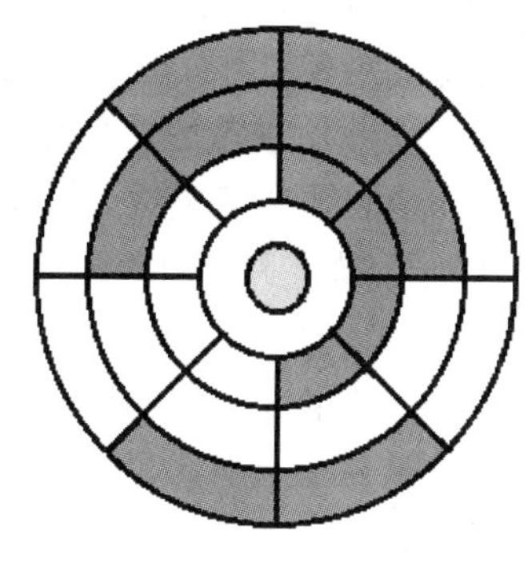
（b）格雷码盘

图 3-4　旋转式绝对编码器码盘工作原理示意图

如图 3-4(a)所示是一个三位二进制码盘，从 000，001，010，…，111 进行编码。采用此码盘的优点是可以直接换算为绝对位置，缺点是相邻码之间转换，数字量会需要突然变换多位。虽然自然二进制码可以直接由数/模转换器转换成模拟信号，但在某些情况，例如从十进制的 3(对应二进制 011)转换为 4(对应二进制 100)时二进制码每一位都要变，会使数字电路产生很大的尖峰电流脉冲。如图 3-4(b)所示为格雷码盘，格雷码属于可靠性编码，是一种将错误能降到最低的编码方式。格雷码没有二进制码同时多位一起变化的缺点，它在相邻位间转换时，只有一位产生变化，因此大大地减少了由一个状态转换到下一个状态时逻辑的混淆。由于这种编码相邻的两个码组之间只有一位不同，例如应用于方向的转角位移量转换成数字量时，当方向的转角位移量发生微小变化可能引起数字量发生变化时，格雷码仅改变一位，这样与其他编码同时改变两位或多位的情况相比更为可靠，即可减少出错的可能性。

3.3.2　陀螺仪

1850 年法国的物理学家福柯(J.Foucault)在研究地球自转时，发现高速转动中的转子(rotor)。由于惯性的作用，其旋转轴永远指向某一固定方向，后来使用陀螺仪来命名具有这种特性的仪器。

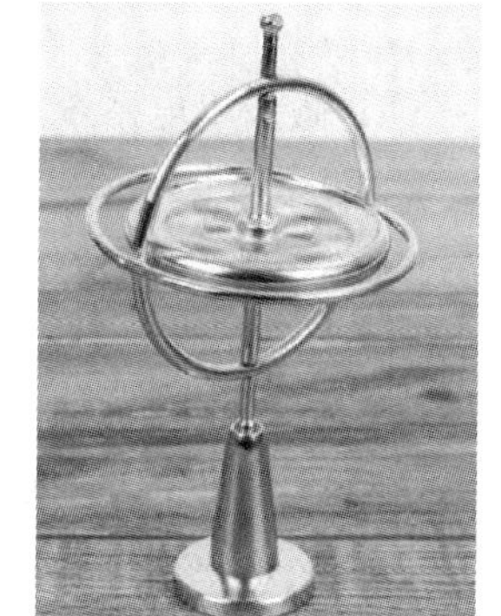
图 3-5　陀螺仪

陀螺仪主要是由一个轴心及旋转的轮子构成。陀螺仪一旦开始旋转，由于旋转轮子的角动量，陀螺仪具有抗拒轴方向改变趋势。因此它主要是一个不停转动的物体，它的转轴指向不随承载它的支架的旋转而变化，如图 3-5 所示。

陀螺仪的基本部件包括陀螺转子、内外框架[①]以及其他附件[②]三部分。用绳子缠绕在陀螺仪旋转轴上，用力一拉，它便快速旋转起来，而且能旋转很久。陀螺仪有以下两个非常重要的基本特性，这两种特性都是建立在角动量守恒的原则下的。

① 或称内、外环，它是使陀螺自转轴获得所需角转动自由度的结构。

② 是指力矩马达、信号传感器等。

(1) 定轴性。当陀螺转子以高速旋转时，在没有任何外力矩作用在陀螺仪上时，陀螺仪的自转轴在惯性空间中的指向保持稳定不变，即指向一个固定的方向；同时反抗任何改变转子轴向的力量。这种物理现象称为陀螺仪的定轴性或稳定性。其稳定性会随以下的物理量改变：转子的转动惯量愈大，稳定性愈好；转子角速度愈大，稳定性愈好。所谓的“转动惯量”，是一个描述刚体在转动中的惯性大小的物理量。当以相同的力矩分别作用于两个绕定轴转动的不同刚体时，它们所获得的角速度一般是不一样的，转动惯量大的刚体所获得的角速度小，也就是保持原有转动状态的惯性大；反之，转动惯量小的刚体所获得的角速度大，也就是保持原有转动状态的惯性小。

(2) 进动性。当转子高速旋转时，若外力矩作用于外环轴时，陀螺仪将绕内环轴转动；若外力矩作用于内环轴时，陀螺仪将绕外环轴转动。其转动角速度方向与外力矩作用方向互相垂直。这种特性，叫作陀螺仪的进动性。

陀螺仪是一种能够确定运动物体姿态的设备。所谓“姿态”指的是假设陀螺仪被放置在一个三维坐标系中，如图 3-6 所示，它关于 X 轴的转角称为翻滚角(roll)；关于 Y 轴的转角称为俯仰角(pitch)；关于 Z 轴的转角称为偏航角(或偏摆角，yaw)。这三个角度一起定义了物体的姿态，因此陀螺仪是一种获取运动物体姿态数据的设备。

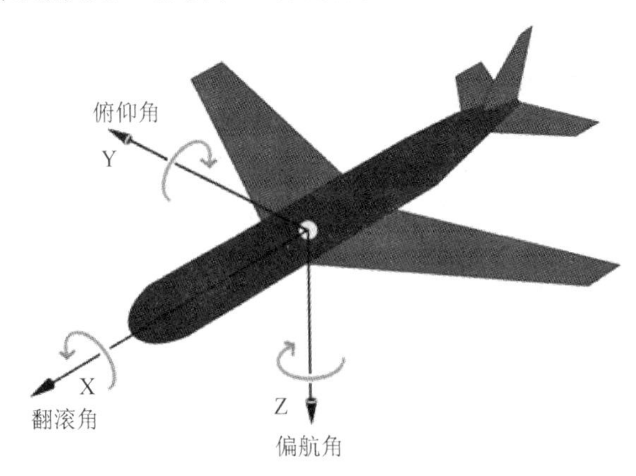

图 3-6　三维坐标系中的陀螺仪姿态定义

1. 微型机电系统技术

微型机电系统(Micro-Electro-Mechanical Systems，MEMS)是指集机械元素、微型传感器、微型执行器以及信号处理和控制电路、接口电路和电源于一体的机电系统。

使用 MEMS 技术制作的惯性测量单元(Inertial Measurement Unit，IMU)通常是指由 3 个加速度计和 3 个陀螺仪组成的组合单元。其 3 个加速度计安装在互相垂直的测量轴上，同理，其 3 个陀螺仪也安装在互相垂直的测量轴上。IMU 可以测量加速度、旋转、倾角、撞击以及振动等物理量。例如加速度测量可以测量速度及位移；旋转测量可以应用于无人驾驶汽车转动的角度测量；倾角测量可以测量大楼在大风中摆动的程度；撞击测量可以监控物流行业一些高级易碎品在运输途中有无被抛、被撞等；振动测量可以应用于无损检测。

下面来介绍如何在指甲般大小的芯片里制作 MEMS 陀螺仪。MEMS 陀螺仪利用一个质量块在平面来回振动的方法获得类似陀螺旋转的效果，如图 3-7 所示。

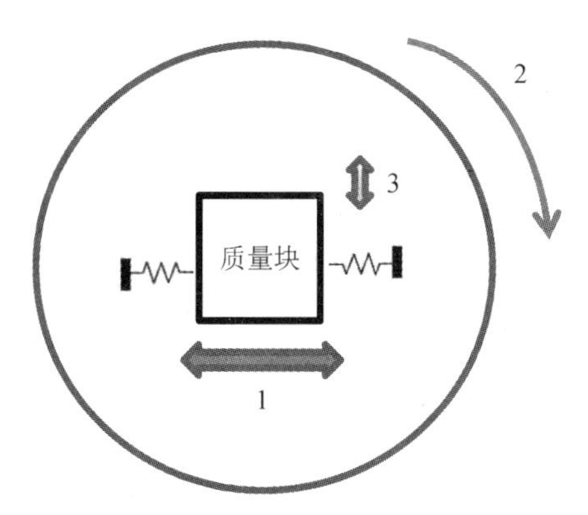

图 3-7　MEMS 陀螺仪示意图

当一个质量块作周期性运动时(振动或转动)，在其正交平面内旋转物体，也会在与物体周期运动的垂直方向上产生科里奥利力。如图 3-7 所示：在标记“1”处，让一质量块作快速的水平方向的振动；在标记“2”处，当用户对陀螺仪施加旋转①力时，会产生标记“3”处垂直方向的科里奥利力②。根据力学原理可知，水平位移与垂直位移的大小直接关系到陀螺仪的加速度与角速度。如图 3-8 所示描绘了 MEMS 陀螺仪读取这些加速度及角速度大小的原理。

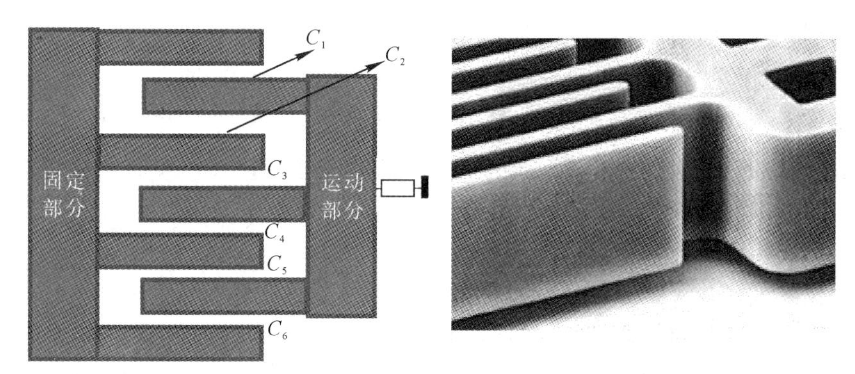

（a）质量块被加工成为梳子状　（b）放大后MEMS芯片里的“梳子”

图 3-8　MEMS 陀螺仪读取加速度及角速度原理示意图

从图 3-8(a)中可以清晰的看到，MEMS 陀螺仪内部的质量块被加工成为两个相对的“梳子”形状，其中一个固定，另一个可以水平或垂直运动。图 3-8(b)是陀螺仪内部在电子显微镜下的放大图片。从图 3-8(a)中可以看到空隙间形成了两个电容 C_1 与 C_2，随着运动部分质量块的移位，C_1 与 C_2 的关系是一个增大，另一个减小，或者相反。同理，其他空隙也能形成电容 C_3 与 C_4 以及 C_5 与 C_6。这些电容 C_1、C_3 与 C_5 并联；C_2、C_4 与 C_6 并联。其并联的目的是增大电容的容量，从而让感应的输出信号增大。其位移量的读出是通过电容容量改变的方法获得的，电容容量的计算公式为

---

① 这里用户施加了让陀螺仪旋转的力，可能使陀螺仪产生抖动。一些廉价的陀螺仪无法较好区分这两种力。

② 科里奥利力(Coriolis force)简称为科氏力，是对旋转体系中进行直线运动的质点由于惯性相对于旋转体系产生的直线运动的偏移的一种描述。科里奥利力来自于物体运动所具有的惯性。

$$C = \frac{\varepsilon S}{4\pi kd}$$

其中，符号 C 为电容容量；ε 为介电常数；S 为两个极板正对的面积；k 为静电力常数；d 为极板间的距离。在图 3-8(a)中，能变的只有 S 以及 d 这两个参数。水平方向的移位，让 S 大小发生变化；垂直方向的移位让 d 大小发生变化。这些变化都能导致电容容量 C 的变化，通过测量 C 变化的大小即可以得到陀螺仪的加速度及角速度等。MEMS 技术工作原理示意图如图 3-9 所示。

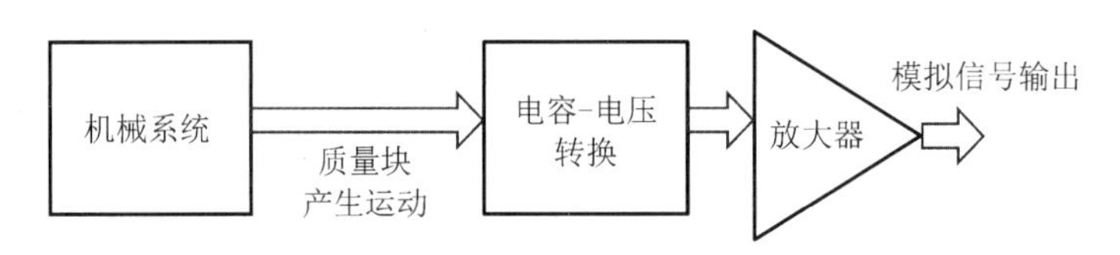

图 3-9　MEMS 技术的工作原理示意图

从图 3-9 中可以看出，MEMS 技术核心就是将机械系统内置到芯片里。外界对芯片产生的运动，通过电容容量变化使电容输出电压发生变化，再通过放大器放大此电压的变化，并转换为可读的模拟信号输出。

2. 陀螺仪传感器的应用

在日常生活中，我们对陀螺仪传感器的应用一点都不陌生。很多智能穿戴设备中都有陀螺仪传感器的身影，例如智能手机、智能腕表以及游戏手柄等。陀螺仪传感器还被广泛应用于船舶、飞机的自动控制系统、导航系统、航海导航，以及环境监测和智能家居行业。下面介绍陀螺仪传感器的三个应用案例。

(1) 陀螺仪传感器应用在智能手机里，让手机成为一个姿态感应器，能迅速地获取手机当前的姿态数据，用于控制游戏、指南针等手机应用。

(2) 在扫地机器人领域，一般的导航技术会使扫地机器人随机重复打扫同一块地方。由于创新使用了陀螺仪导航技术，可让扫地机器人从多次扫地过程中形成一张完整的家居清洁规划图，让导航更精确。这样的扫地机器人不仅能更加灵敏地感应到方向、速度及地板坡度的变化，而且还能配合创新的智能网格算法在提高扫地覆盖率的同时减少重复率。

(3) 在人形智能机器人的应用里，可以放置在需要获取姿态信息的地方。例如放置于上半身体内，获取上半身的姿态数据用于动态调节机器人的重心以防止摔倒。

【任务 3-1】　使用串口转 USB 模块将 MPU6050 陀螺仪模块连接进树莓派，并使用串口设置工具 Minicom 将相应的串口参数设置为：波特率为 115 200；硬件流控为 Yes；软件流控为 No；一个起始位、8 个数据位和一个停止位(8N1)，并使用 Minicom 检测陀螺仪模块是否连接正确。

【实现】

首先，对 MPU6050 陀螺仪模块与串口转 USB 模块进行连接。串口转 USB 模块调试线和 MPU6050 陀螺仪模块接口示意图如图 3-10 所示。

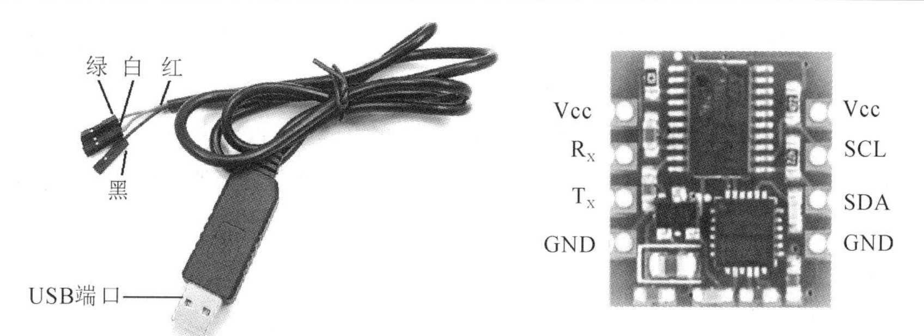

图 3-10　串口转 USB 模块调试线和 MPU6050 陀螺仪模块接口示意图

一般来说，串口转 USB 模块调试线有四根：红色为 5 V 线；黑色为接地线；白色为接收 R_x 线；绿色为发送 T_x 线。这些调试线与 MPU6050 陀螺仪模块接口连接如下：(1) 红线连接 Vcc；(2) 黑线连接 GND；(3) 白线连接 T_X；(4) 绿线连接 R_X。

其次，将串口转 USB 模块调试线 USB 端口插入树莓派后，在 Putty 远程字符终端里输入 dmesg 命令，如果结果中有以下的信息，说明此调试线能成功地被树莓派所识别，并在 /dev 路径里已建立了此调试线的设备描述文件 ttyUSB0。描述文件内容如下：

```
[19514.293471] usb 3-8: USB disconnect, device number 7
[19514.293854] pl2303 ttyUSB0: pl2303 converter now disconnected from ttyUSB0
[19514.293898] pl2303 3-8:1.0: device disconnected
[24297.797901] usb 3-8: new full-speed USB device number 8 using xhci_hcd
[24297.946626] usb 3-8: New USB device found, idVendor=067b, idProduct=2303
[24297.946631] usb 3-8: New USB device strings: Mfr=1, Product=2, SerialNumber=0
[24297.946634] usb 3-8: Product: USB-Serial Controller
[24297.946637] usb 3-8: Manufacturer: Prolific Technology Inc.
[24297.947315] pl2303 3-8:1.0: pl2303 converter detected
[24297.948005] usb 3-8: pl2303 converter now attached to ttyUSB0
```

最后，修改此设备的权限，执行命令“sudo chmod 777 /dev/ttyUSB0”让所有用户都能对其读、写及执行。如果树莓派里没有 Minicom 串口设置软件的话，先使用命令“sudo apt install minicom”安装此软件，再执行“sudo minicom -s -D /dev/ttyUSB0”对串口调试线的串口参数进行设置，具体如图 3-11 所示。

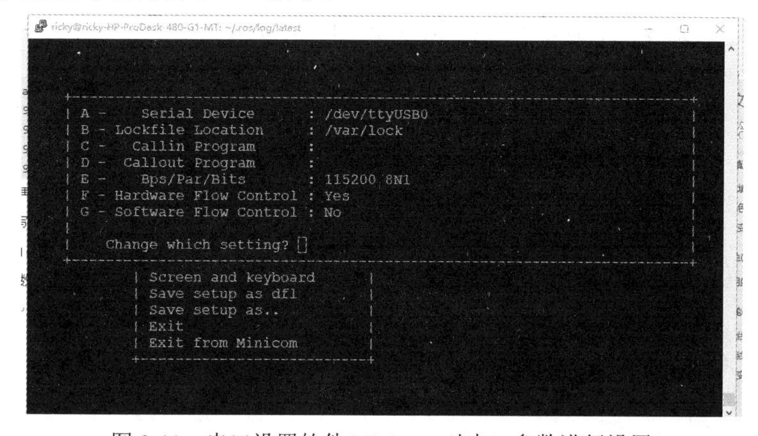

图 3-11　串口设置软件 Minicom 对串口参数进行设置

从图 3-11 中可知，如果要设置端口波特率，需要按“E”键，在光标所在位置进行参数的更改，或者进入另一个界面进行参数选择。所有参数按照需要设置完毕后，保存并退出参数设置界面。要测试陀螺仪模块连接是否正常，可以执行“minicom -H -D /dev/ttyUSB0 -C MPU6050.txt”命令，将陀螺仪模块通过串口输出的十六进制(参数—H)数据写入文件 MPU6050.txt 中。按下“z”键，接着按下“q”键，再按回车选择“yes”选项，可以退出数据设置界面。打开 MPU6050.txt 文件，如果里面的数据符合陀螺仪模块输出数据格式，则说明上面的配置正确。

【任务 3-2】 在 ROS 的编程框架里，使用 MPU6050 陀螺仪模块和 rviz 数据可视化应用获取实时的陀螺仪姿态。

【实现】

在 ROS 的编程框架里，加入 MPU6050(MPU6050 属于 IMU 的一种)陀螺仪模块后，系统架构示意图如图 3-12 所示。

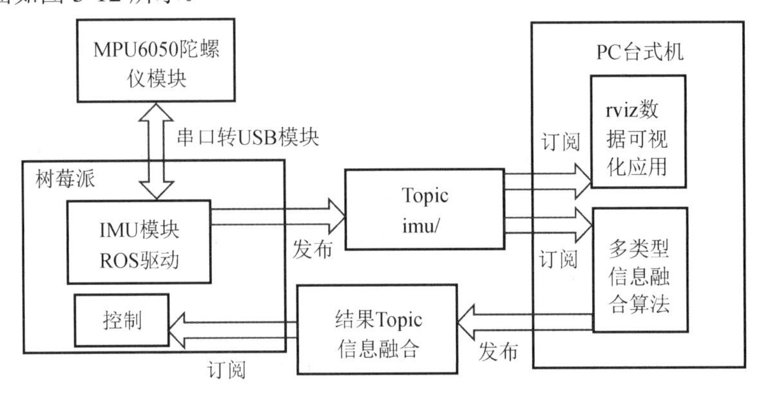

图 3-12　在智能机器人架构图里的 IMU 模块示意图

MPU6050 模块通过串口转 USB 模块与树莓派相连接，其数据通过 IMU 模块 ROS 驱动读出并发布在“/Imu”的主题里。订阅此主题的是 rviz 数据可视化应用。rviz 数据可视化应用可将姿态数据通过三维物体实时显示出来。此主题还被多类型信息融合算法所订阅，可与其他传感器的信号融合到一起，挖掘出更有用的数据背后的信息用于控制机器人的行动。

另外还需要安装 IMU 模块的 ROS 驱动，一共涉及两个驱动程序：第一个为基础的 IMU 驱动；第二个是基于第一个驱动的专门 MPU6050 模块驱动。

(1) 先将这两个驱动下载到“~/catkin_ws/src”里，执行下面命令：

```
cd ~/ catkin_ws/src
git clone https://github.com/ccny-ros-pkg/imu_tools.git
git clone https://github.com/fsteinhardt/mpu6050_serial_to_imu.git
```

(2) 安装依赖库，命令为：

```
rosdep install imu_tools
```

(3) 编译这两个驱动，命令为：

```
cd ~/catkin_src
catkin_make
```

编译完成后，需要将默认的串口改为本机器的串口“ttyUSB0”，具体执行命令“nano-

/catkin_ws/src/mpu6050_serial_to_imu/launch/demo.launch”，将文件里面默认的“ttyACM0”改为“ttyUSB0”。存盘退出后，在树莓派图形界面里打开一个字符界面并执行命令“roscore”，再打开另一个字符界面执行命令“roslaunch mpu6050_serial_to_imu demo.launch”，将出现如图 3-13 所示的结果。

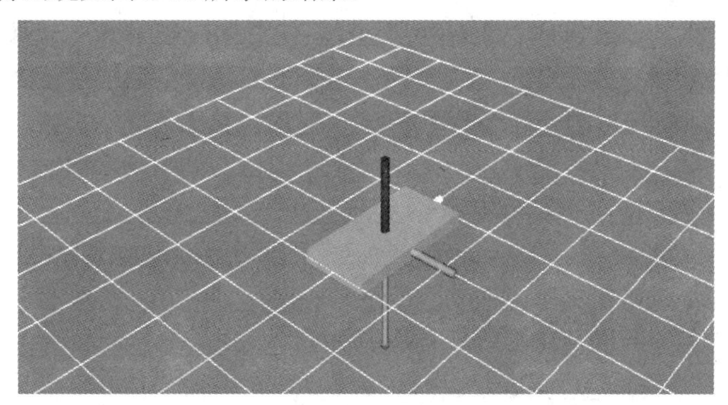

图 3-13　陀螺仪在 rviz 数据可视化应用界面显示结果

一般来说，如果陀螺仪模块兼容 ROS，转动陀螺仪模块时，在 rivz 数据可视化应用界面里的物体会相应地转动。如果陀螺仪模块不完全兼容 ROS，则需要对源代码“~/catkin_ws/src/mpu6050_serial_to_imu/src/mpu6050_serial_to_imu_node.cpp”进行修改。例如模块的串口数据输出协议与 ROS 串口数据输出协议不一致，则需要根据陀螺仪模块的串口输出协议更改源代码相应部分内容。

如果使用的 MPU6050 模块兼容 ROS，输入命令“rostopic list”，即可以列出当前 ROS 的所有发出的主题，如下所列：

```
/clickedpoint
/imu/data
/imu/temperature
/initialpose
/movebasesimple/goal
/rosout
/rosoutagg
/tf
/tf_static
```

在当前 MPU6050 模块发出的所有主题中，我们比较关心的是“/imu/data”这个主题，可以使用命令“rostopic echo/imu/data”来订阅此主题的实时发布内容。

练　习　题

【判断题】

(1) 机器人的内部传感器用于测量机器人的内部参数，而外部传感器则测量机器人的外部环境参数。　(　　)

(2) 陀螺仪的“姿态”在三维坐标系中定义中：关于 X 轴的转角称为翻滚角(roll)；关于 Y 轴的转角称为俯仰角(pitch)；关于 Z 轴的转角称为偏航角(yaw)。　(　　)

(3) 使用 MEMS 技术制作的惯性测量单元 IMU 通常由 3 个加速度计和 3 个陀螺仪组成。　(　　)

(4) MEMS 技术的一般原理是通过外部运动，使得 MEMS 内部的机械系统产生相应的运动，从而使得电容容量的变化引起电容两端电压的变化，最后通过放大输出。　(　　)

(5) 使用编码器能测量车轮走过的距离。　(　　)

【填空题】

(1) 传感器的内部结构一般由电源、__________、____________、____________四个部分构成。

(2) 智能机器人一般可分为____________、__________两类传感器。

(3) 智能机器人的内部传感器的职能是感知____________、______________、____________、___________等量。

(4) 陀螺仪有两个建立在角动量守恒的原则下的基本特性，这两种特性是__________和__________。

(5) 微型机电系统 MEMS 是指____于一体的完整微型机电系统。

【简答题】

(1) 一般人脑从感觉器官获取外界环境信息，作出决策后控制肢体动作。请复述智能机器人是如何通过仿真人类进行工作的。

(2) 描述透射式旋转光电编码器的工作原理。

(3) 简述二进制码盘与格雷码盘各自编码的特点，并比较应用中哪种性能更优。

(4) 简述 MEMS 陀螺仪里的科里奥利力是如何产生的。

(5) 简述 MEMS 陀螺仪运动部分的梳子状质量块的位移是如何转换成为读出的。

第 4 章　触　　觉

触觉是接触觉、压觉、滑动觉、温湿度觉等刺激的总称。智能触觉传感器成为智能机器人里的一个专门的分支并被广泛研究。智能触觉传感器应具备以下三点基本功能：接触觉与接近觉；压觉、滑动觉和拉伸觉；温湿度觉。

智能触觉传感器除上述基本功能外，由于智能机器人的全部肢体需要大面积覆盖具有大量触摸传感器的仿生皮肤，因此，智能触摸传感器还需要符合小型化、低功耗，以及便于形成传感器矩阵的要求。

教 学 导 航

教	知识重点	了解电容触摸传感器的传感原理； 了解三角测距法测距原理、飞行时间法中的脉冲测距原理； 了解超声波传感器测距协议原理的时序图； 了解 FSR402 电阻式压力传感器的传感原理； 了解 FSR402 压力传感器与模拟数字转换器的连接； 了解 DHT11 型温、湿度传感器的传感原理； 了解负温度系数的热敏半导体工作原理； 了解单总线树莓派与 DHT11 通信时序协议
	知识难点	了解电容触摸传感器的传感原理； 了解三角测距法测距原理、飞行时间法中的脉冲测距原理； 了解超声波传感器测距协议波形图； 了解单总线树莓派与 DHT11 通信时序协议
	推荐教学方法	本章的理论与实践比例各占一半。建议采用讲授的方式进行，辅助以一定的动手实验。例如对使用超声波传感器测距进行编程，某种意义上讲也是对其协议波形图的理解而编写的程序，需要能看懂时序图。再如理解 DHT11 型温湿度传感器工作也需要锻炼看懂时序图的能力
	建议学时	8～10 学时

续表

<table>
<tr><td rowspan="3">学</td><td>推荐学习方法</td><td>认真理解传感器的工作原理；编程时能看懂时序图。理解三种测距法中的两种：三角测距法测距原理和飞行时间法中的脉冲测距法</td></tr>
<tr><td>必须掌握的基本技能</td><td>能熟练地将开关量的传感器接入树莓派并获得正确的结果；
能看懂树莓派 GPIO 口的各种复用功能，并能熟练配置 GPIO 口，使之成为输入、输出口；
能看懂超声波传感器测距时序图，并能在项目中使用；
能熟练在项目中使用模拟-数字模块；
能熟练使用模拟-数字模块获取压力传感器的压力大小变化数值；
能熟练在项目中使用温湿度传感器 DHT11；
能读懂 DHT11 型温湿度传感器温湿度转换时序图</td></tr>
<tr><td>技能目标</td><td>主要学会如何通过 Python 编程实现机器人触觉信号的获取。这些类型信息很丰富，本章选取以下典型从触觉信息获取进行介绍：机器人与外界物体未接触前的距离获取以及接触后微动开关产生的开关量信号获取；机器人压在地面上的压力大小获取；机器人周围温湿度的获取等</td></tr>
</table>

4.1　接触觉传感器

这节将介绍按钮、微动开关以及电容式触摸传感器，它们有一个共同点，就是输出是开关量：低电平“0”或高电平“1”。

4.1.1　按钮与微动开关

按钮与微动开关是日常最常见到，也是最简单的接触觉传感器，其外形如图 4-1 所示。

（a）按钮　　（b）微动开关

图 4-1　按钮与微动开关外形

图 4-1(a)中的按钮应用很广，很多家用电器、仪器设备等都能见到其身影，这里可以用作机器人的电源开关或某种模块的激活按钮等。图 4-1(b)中的微动开关可以安装在机器人脚尖处，当机器人的脚踢到物体时可传递信号给机器人。

4.1.2　电容式触摸传感器

如图 4-2 所示是一款电容式触摸传感器模块及触控芯片，这类传感器具有比较复杂的电子电路。

（a）电容式触摸传感器模块

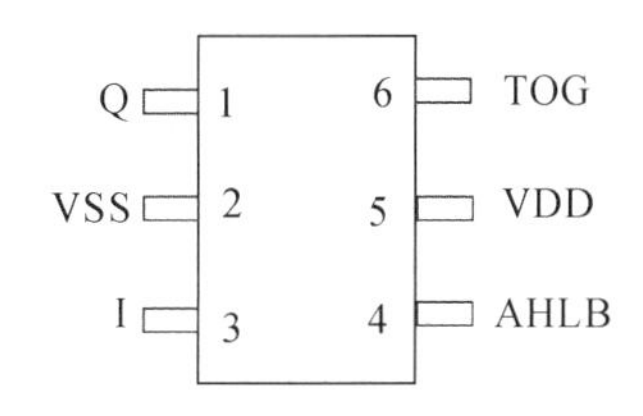

（b）TTP 223B触控芯片

图 4-2 电容式触摸传感器模块及触控芯片

电容式触摸传感器模块主要依靠芯片 TTP223B 工作，它的协议很简单：当存在接触时输出引脚电平改变。图 4-2(b)展示了芯片各个引脚的功能。引脚 1 是开关量输出端；引脚 2 接负电压或者接地；引脚 3 为输入端，即图 4-2(a)中多个同心圆处，由金属丝绕成螺旋状；引脚 4 为选择输出高电平或者低电平端；引脚 5 为芯片的电源接入端；引脚 6 为改变输出高低电平的逻辑端。一般引脚 5 与地线间应接一个 104 瓷片电容以过滤电源中的高频杂波，让芯片工作更加稳定。同时引脚 3 与地线间需要接一个 0～50 pF 的小电容用于调节开关的灵敏度(选择更小的电容值可让开关更加灵敏)。

电容式触摸传感器模块是一款基于电容感应的触摸开关，当人体直接触碰到传感器上的螺旋状金属丝时，由于人体存在电场，人体手指和螺旋状工作面之间会形成一个耦合电容，从而被感应到。 电容式感应触摸开关可以隔着 20 mm 厚度左右的绝缘材料(玻璃、塑料等)外壳并准确无误地侦测到手指的有效触摸。

4.1.3 树莓派与开关量传感器的连接

树莓派的 GPIO 端口的定义如图 4-3 所示。一般来说，前 14 个端口就能满足大多数的应用，这些端口归纳起来有下面 5 种作用：

端口号	功能	功能	端口号
01	3.3V DC Power	DC Power 5V	02
03	GPIO02 (SDA1 , I²C)	DC Power 5V	04
05	GPIO03 (SCL1 , I²C)	Ground	06
07	GPIO04 (GPIO_GCLK)	(TXD0) GPIO14	08
09	Ground	(RXD0) GPIO15	10
11	GPIO17 (GPIO_GEN0)	(GPIO_GEN1) GPIO18	12
13	GPIO27 (GPIO_GEN2)	Ground	14
15	GPIO22 (GPIO_GEN3)	(GPIO_GEN4) GPIO23	16
17	3.3V DC Power	(GPIO_GEN5) GPIO24	18
19	GPIO10 (SPI_MOSI)	Ground	20
21	GPIO09 (SPI_MISO)	(GPIO_GEN6) GPIO25	22
23	GPIO11 (SPI_CLK)	(SPI_CE0_N) GPIO08	24
25	Ground	(SPI_CE1_N) GPIO07	26
27	ID_SD (I²C ID EEPROM)	(I²C ID EEPROM) ID_SC	28
29	GPIO05	Ground	30
31	GPIO06	GPIO12	32
33	GPIO13	Ground	34
35	GPIO19	GPIO16	36
37	GPIO26	GPIO20	38
39	Ground	GPIO21	40

图 4-3 树莓派 GPIO 端口各引脚电信号定义图

(1) 提供 3.3 V 或者 5 V 的直流电源；

(2) 提供接地点；

(3) 提供 I2C 端口；

(4) 提供串口；

(5) 由于大部分端口都有复用功能，所以可同时提供普通的输入、输出端口。

【任务 4-1】 将按钮、微动开关或者电容式触摸传感器接入树莓派，通过编程，获得按钮按下与否的状态并输出至显示屏。

【实现】

本任务是通过树莓派的 GPIO 端口获取开关量信号。一般的 GPIO 端口都可以通过编程的方式，方便用户使用。例如控制开关 S_1 及 S_2 的开与闭合，让芯片内部形成上拉电阻和下拉电阻，如图 4-4。在按钮按下瞬间，如果不考虑按钮振动产生的震荡波形，理想状况下是一个方波，具有上升沿及下降沿。此方波通过树莓派 GPIO 端口的上拉电阻或下拉电阻可在树莓派内部产生相应的开关量信号。

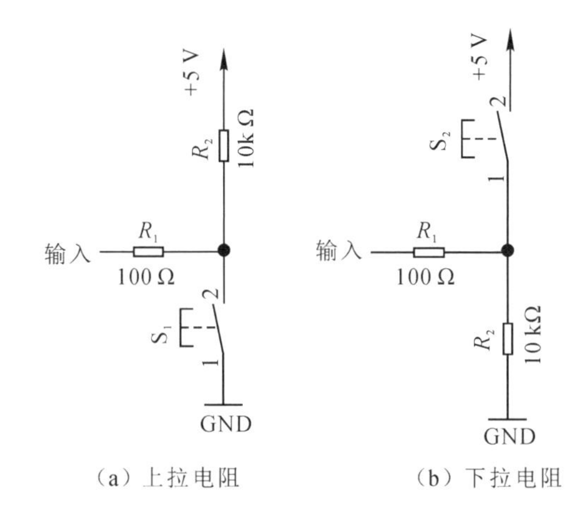

图 4-4　树莓派内部可编程配置 GPIO 端口的上拉电阻和下拉电阻示意图

根据上述内容，本任务可使用树莓派 GPIO 的一个普通输入输出端口(例如第 7 引脚)并设置为下拉电阻的形式。相应按钮动作事件采用中断方式：按钮按下后，其波形的上升沿将触发一个中断去执行一个设置好的回调函数，从而处理此按钮按下事件。按钮具有两个引脚，其中一个引脚连接树莓派 GPIO 端口第 7 引脚；另一个引脚接第 2 引脚。如果是电容式触摸传感器，则具有 Sig、Vcc、GND 三个引脚，需将 Sig 连接到树莓派的 GPIO 第 7 引脚，Vcc 接第 2 引脚以及 GND 接第 6 引脚。

任务实现程序如下：

```
01  #encoding: utf-8
02  import RPi.GPIO as GPIO
03  import time
04
05  gpio_pin = 7
06
07  GPIO.setmode( GPIO.BOARD )
```

```
08  GPIO.setup( gpio_pin, GPIO.IN, pull_up_down=GPIO.PUD_DOWN )
09
10  GPIO.add_event_detect( gpio_pin, GPIO.RISING )
11  GPIO.add_event_callback( gpio_pin, action_cb )
12
13  def action_cb( pin ):
14      print '按钮已按下'
15
16  try:
17      print '树莓派开关量信号测试。'
18      while True:
19          time.sleep( 0.5 )
20  except KeyboardInterrupt:
21      GPIO.cleanup()
```

程序解析如下：

行 1　允许 Python 源程序中可以使用中文。

行 2　使用 Python 库方便操作树莓派的 GPIO 输入输出端口。

行 3　使用 time 库里的延时功能。

行 5　定义树莓派 GPIO 第 7 引脚作为传感器的接收端口。

行 7　在 Python 源程序里树莓派的 GPIO 库有两种模式：BCM 和 BOARD。具体区别在于 GPIO 引脚的序号在库里的定义不同。

行 8　将树莓派 GPIO 第 7 引脚的属性定义为输入端口及下拉电阻。

行 10　至行 11　定义回调函数“action_cb()”，简单执行打印信息。

行 13　至行 14　使用 GPIO 库的侦测功能，若树莓派 GPIO 第 7 引脚波形为上升沿时，将触发回调函数“action_cb()”。

行 16 至行 21　执行以下内容：先打印开始提示信息，然后无限休眠；当遇到用户强行中断程序运行(例如按下“Ctrl+C”)，或者回调函数运行过程中出现异常时即退出；退出前对树莓派 GPIO 库留下的运行垃圾进行清除。

4.2　接近觉传感器

接近觉传感器是一种不需要任何物理接触就能侦测到一定范围内有无物体的传感器。这种类型传感器的传感原理为：发送器发送电磁辐射以建立一个电磁场，接收器接收并分析返回的电磁信号。现在已开发出许多采用不同技术的接近觉传感器，仅仅一小部分适合用于开发机器人，它们分别为：

(1) 红外线传感器。其利用红外二极管发射出红外光线，如果此红外光线遇到障碍物，光线会反射回来，并被红外接收管接收。根据光线的传播速度就可以计算出障碍物到接收端之间的距离。

(2) 超声波传感器。超声波传感器产生出高频的声波，声波遇到障碍物会反射回来，接收端接收此返回声波。已知声音在空气中的速度为 344 m/s，根据一去一回的声波，则可以算出其与障碍物的距离。

(3) 光敏电阻。虽然光敏电阻属于光传感器，但是它依然能用作接近觉传感器。当一个物体被移动并接近光敏电阻时，进入光敏电阻的光通量就会改变，进而引起光敏电阻阻抗的改变，然而，此阻抗值是可以被检测出来的，由此可计算出物体移动距离。

(4) 镭射感测器。镭射感测器将镭射光线射向被测物体，经物体反射回的光线被获取，经过相关分析计算，就可得到被测物体距离。此类传感器很适合于远距离的测量。

(5) 编码器。编码器可将机器人舵机里的轴或轮的角位置转换成模拟或者数字信号。最流行的编码器例如光学编码器，它包括转盘、光源和光探测器(通常是红外发射器和红外接收器)。转盘上涂有透明和不透明图案(或仅黑白图案)，当盘与舵机轮一起旋转时，发出的光会中断，从而产生信号并输出。根据中断的次数和舵机轮的直径就可以计算出机器人行驶的距离。

(6) 激光测距传感器。其通过旋转一束激光扫描线可以对 360° 范围内物体表面上的点进行测距。这些点可形成三维空间里的点，进而通过计算可将相关的点组成物体的面，最终得到计算机 3D 场景测量表达形式。

以上接近觉传感器的测距方法可分为三种，如图 4-5 所示。

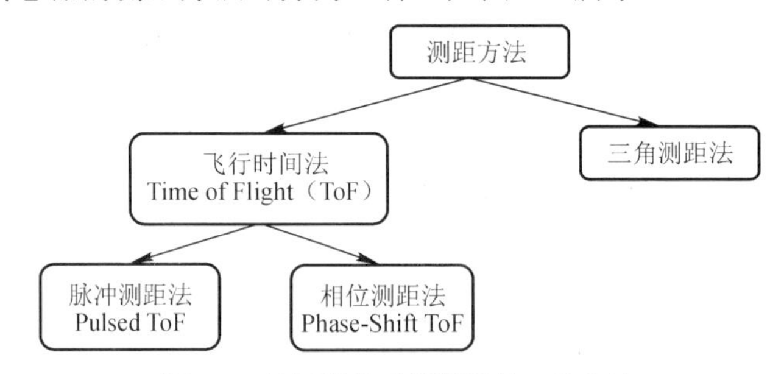

图 4-5　接近觉传感器测距的三种方法

一般来讲，脉冲测距法适合于长距离测距，而三角测距法适合短距离测距。表 4-1 列出了三种测距方法特点的对比。

表 4-1　三种测距方法特点的对比

参数＼方法	脉冲测距法	相位测距法	三角测距法
测量范围	远	中	近
精确度	中	高	高
CCD 尺寸	小	小	大
输出电路复杂度	大	大	小
环境光抗扰	高	中	低

4.2.1　红外线传感器

红外传感器(infra-red sensor)是一种以红外线为介质来完成测量功能的传感器。红外线又称红外光，它具有散射、反射、干涉、折射、吸收等性质，红外线传感器测量距离时不与被测物体直接接触，因而不存在摩擦，并且有灵敏度高、反应快等优点。

红外传感器的红外发射器按照一定的角度发射红外光束，当遇到物体以后，光束会反射回来。红外传感器基本上应用三角测距法测距，三角测距法测距原理如图4-6所示。

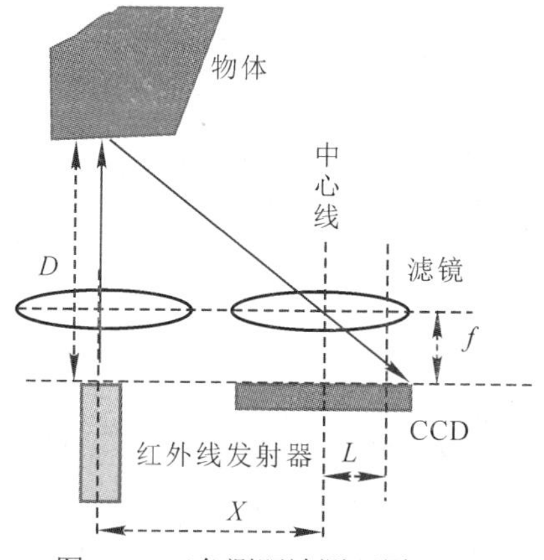

图4-6 三角测距法测距原理

红外线发射器发射一束红外光，碰到物体后通过滤镜中心被CCD所捕获，落在CCD的光点距离CCD中心点的偏移值为L。利用三角关系，已知偏移值L，红外线发射器与CCD的中心距离X，以及滤镜的焦距f，传感器到物体的距离D可以通过几何关系计算出来，即

$$D=\frac{L+X}{L}f \tag{4-1}$$

当D的距离足够近的时候，图4-6中的L值会相当大，如果超过CCD的探测范围，传感器反而“看不到了”。当物体距离D很大时，L值就会很小，测量精度就会变差。因此，常见的红外传感器测量距离都比较近。另外，对于透明的或者近似黑体的物体，红外传感器是无法检测距离的。

如图4-7所示传感器是一款东芝GP2Y0A21YK0F红外测距传感器，其有效测距范围为10～80 cm。

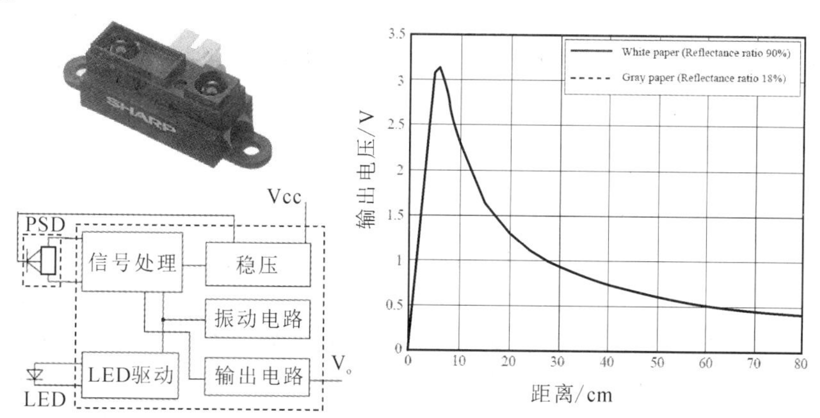

图4-7 东芝GP2Y0A21YK0F红外测距传感器

此款传感器主要由位置敏感探测器(Position Sensitive Detector，PSD)、红外发射二极管(Infrared Emitting Diode，IRED)及信号处理电路三部分组成。从图4-7中曲线可以看出，电压输出与距离成反比，而且是非线性关系。在距离约6 cm的地方输出电压达到最大值，约3.1 V。

随着距离增大到 80 cm，电压呈非线性下降，直到约 0.4 V。这个区间的曲线存在非线性，可以采用查表法来进行距离与输出电压的映射，也可以通过拟合算法来进行映射。距离 0～6 cm 区间的曲线一般弃之不用，因为其输出电压数值会与 6～80 cm 区间的电压产生歧义。

4.2.2 超声波测距传感器

超声波在工业生产中通常被用于清洗、探伤、流量等方面；日常生活中超声波测距传感器广泛用于倒车雷达和扫地机器人等。超声波测距传感器工作原理如图 4-8 所示

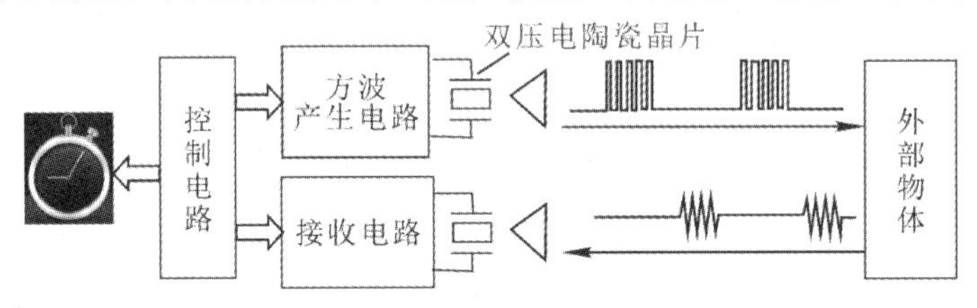

图 4-8　超声波测距传感器工作原理

要理解超声波测距传感器的工作原理，就要理解双压电陶瓷晶片的工作原理。双压电陶瓷晶片多为圆形板，其板厚度与超声波频率成反比。双压电陶瓷晶片两面镀有银层，用来作为电极。双压电陶瓷晶片有以下两个显著的特点：

(1) 当电压作用于双压电陶瓷晶片时，双压电陶瓷晶片就会随电压和频率的变化产生机械变形。

(2) 当振动双压电陶瓷晶片时，双压电陶瓷晶片则会产生一个电信号。

利用双压电陶瓷晶片这两个特点，就可以分别制作超声波传感器的发射器与接收器了。当给双压电陶瓷晶片元件[①]施加一个电信号时，就会因其弯曲振动而发射出超声波；相反，当向双压电陶瓷晶片元件施加超声振动时，就会产生一个电信号。图 4-8 中双压电陶瓷晶片右边那个小三角形表示锥形振子，形状为圆锥体。锥形振子具有较强的方向性，能有效地发送超声波及接收超声波。在接收超声波时，超声波的振动集中于振子的中心，能产生高效率的高频电压。

如图 4-8 所示，超声波发射器发射出一串超声波脉冲，同时开始计时；超声波在空气中传播，碰到被测物体时立即返回，超声波接收器收到反射波后立即停止计时。根据时间差值 Δt 即可算出距离 d 为

$$d=c\times\frac{\Delta t}{2}$$

式中，超声波在空气中的传播速度 c =340 m/s。波从发射点发射出到被测物体反射回发射点用了两倍的传播时间，所以上式中要除以 2。这种测距的方法就是上面提到的脉冲飞行时间法。

超声波传感器的谐振频率一般为 23 kHz、40 kHz、75 kHz、200 kHz 等。谐振频率越高的超声波在空气中传播时衰减会越大，则传播的距离越短。另一方面，谐振频率越高，分辨率越高，虽然距离变短了，但测量的精度提高了。所以选择超声波传感器进行短距离测量时一般选择频率高的传感器，远距离测量则选择频率低的传感器。

---

① 由两片压电陶瓷或一片压电陶瓷和一个金属片构成的振动器。

【任务 4-2】　HC-SR04 超声波测距模块(如图 4-9 所示)可提供 2～400 cm 的非接触式距离感测功能，测距精度可高达 3 mm。

图 4-9　HC-SR04 超声波传感器模块

模块一共有四根引线：高电平 Vcc、触发端口 Trig、输出回响端口 Echo 以及地 GND。使用超声波传感器模块获取被测物体距离，同时将距离输出到显示屏，并设计简易的测试环境对测量的距离结果进行评估。

【实现】　将源程序命名为“ex02_dist_hcsr04.py”。

HC-SR04 超声波测距模块包括超声波发射器、接收器和控制电路。如图 4-10 所示，先采用 Trig 端口触发测距，至少需要给 10 μs 的高电平触发信号；然后模块内部会自动产生并发送 8 个 40 kHz 的方波，并自动检测是否有信号返回；如果有信号返回，通过输出回响端口 Echo 输出一个高电平，高电平持续的时间就是超声波从发射到返回的时间。

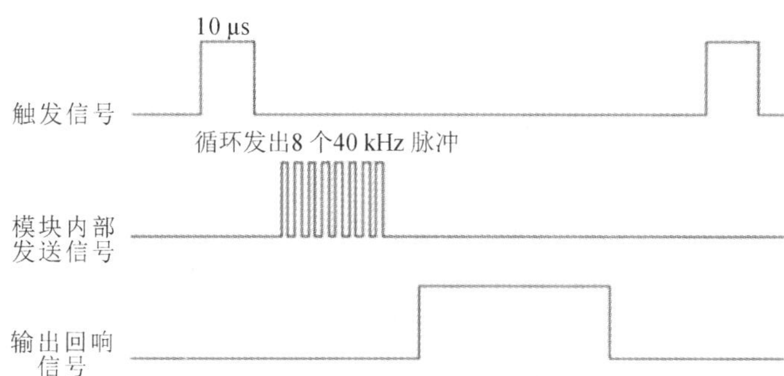

图 4-10　HC-SR04 超声波测距模块测距波形图

任务实现程序如下：

```
01  #encoding: utf-8
02  import time
03  import RPi.GPIO as GPIO
04
05  TRIG = 11
06  ECHO = 12
07  speedSound = 34000
08
```

```
09  GPIO.setmode( GPIO.BOARD )
10  GPIO.setup( TRIG, GPIO.OUT )
11  GPIO.setup( ECHO, GPIO.IN )
12
13  GPIO.output( TRIG, False )
14  time.sleep(0.5)
15  GPIO.output( TRIG, True )
16  time.sleep(0.00001)
17  GPIO.output(TRIG, False)
18
19  start = time.time()
20  while GPIO.input( ECHO ) == 0:
21      start = time.time()
22  while GPIO.input( ECHO ) == 1:
23    stop = time.time()
24
25  elapsed = stop-start
26  distance = elapsed * speedSound
27  distance = distance / 2
28
29  print("距离(cm) : %f" % distance)
30  GPIO.cleanup()
```

程序解析如下：

行 1　允许 Python 源程序中出现中文。

行 2　使用 time 时间库，用于定时和计时。

行 3　使用设置并操作树莓派 GPIO 口的库。

行 5　定义树莓派 GPIO 引脚第 11 脚为连接 HC-SR04 的 Trig 触发端口。

行 6　定义树莓派 GPIO 引脚第 12 脚为连接 HC-SR04 的 Echo 输出回响端口。

行 7　定义声音的传播速度为 34 000 cm/s。

行 9　设置树莓派 GPIO 引脚序号编号为 BOARD 的方式。

行 10　设置树莓派端的 Trig 为输出类型，根据协议输出 10 μs 方波。

行 11　设置树莓派端的 Echo 为输入类型。

行 13 至行 17　产生一个方波，开始为低电平持续 0.5 s、然后为高电平持续 10 μs、最后又回到低电平。

行 19 至行 23　检测树莓派 Echo 端口是否有高电平输出，若出现则开始计时，直至变为低电平，同时计时结束。

行 25 至行 27　计算时间差及 HC-SR04 模块测量的被测物体的距离。

行 29　输出测量距离值。

行 30　释放 GPIO 控制库资源。

测试方法如图4-11所示，超声波传感器放在0 cm处，然后在A4纸上画上刻度：将物体置于3 cm、6 cm、9 cm、12 cm以及15 cm各个刻度处进行测量，结果如表4-2所示。

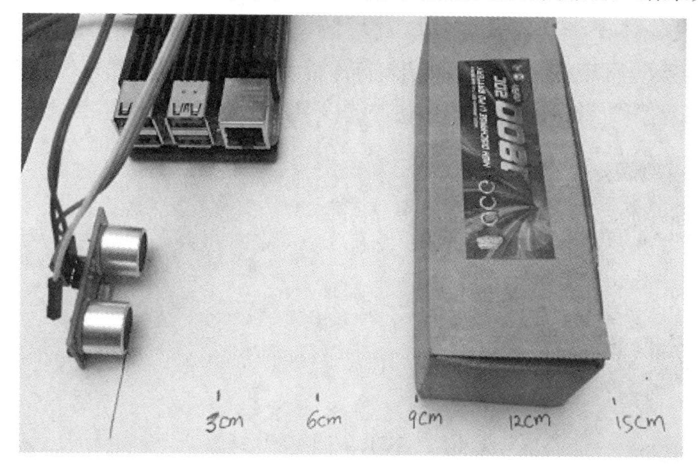

图4-11　测试方法示意图

表4-2　多次测距及统计数据

实验次数＼真实距离	3/cm	6/cm	9/cm	12/cm	15/cm
次数1	3.3	6	9.2	12.1	14.8
次数2	3.3	5.9	8.9	12.1	14.9
次数3	3.3	6.1	8.8	12.1	15
次数4	3.3	5.9	8.8	12	14.8
次数5	3.4	6.1	8.8	12.1	14.9
绝对误差的均值	0.32	0.08	0.18	0.08	0.12
误差的标准差	0.0447	0.0447	0.0447	0.0447	0.0837

4.3　压觉、滑动觉及拉伸觉

4.3.1　压觉传感器介绍

压觉传感器又称为压力传感器，一般安装在机器人手指上，用于感知被接触物体压力值大小，可分为单一输出值压觉传感器和多输出值分布式压觉传感器。随着机器人抓取技术的发展，压觉传感器已经得到了快速发展，现在的机器人能够做一些精细的动作，例如能够执行抓取玻璃杯或鸡蛋等任务。一般是利用材料物理性原理去开发压觉传感器。例如碳素纤维就是其中的一种，当其受到压力作用时，纤维片阻抗会发生变化，从而达到测量压力的目的。这种纤维片具有重量小、丝细、机械强度高等特点。另一种典型材料是导电硅橡胶，利用其受压后阻抗随压力变化而变化，以达到测量压力的目的。导电硅橡胶具有柔性好、有利于机械手抓握等优点，但灵敏度低、机械滞后性大。

本书的机器人用的压力传感器型号为FSR402。此款力敏电阻器(Force Sensing Resistor，FSR)是著名的Interlink Electronics公司生产的一款聚合物厚膜(Polymer Thick Film，PTF)装置，具有重量轻、体积小、灵敏度高以及超薄型等特点，如图4-12所示。具体地说，此FSR402压力传感器既有电阻式压力传感器的特点，又具备类似电容式触摸传感器的特点，需要类似人类手指在上面按压才能产生电阻的变化。

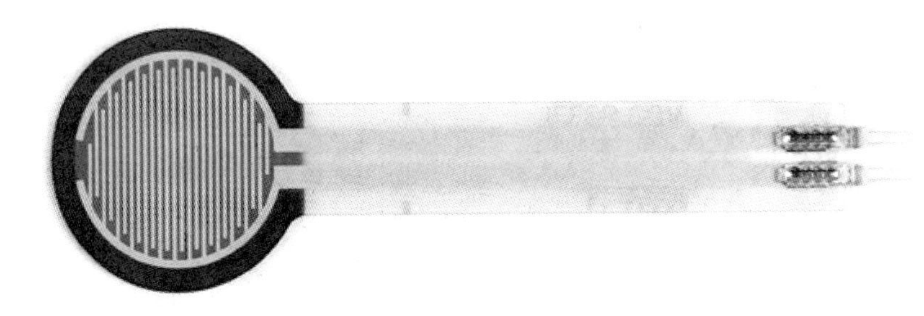

图4-12　FSR402压力传感器

FSR传感原理是将施加在其薄膜区域的压力变化转换成电阻值的变化。在传感器允许的称重范围内(0.1～10 kg)，一般规律是压力越大，电阻越低。因为FSR需要类似人手指触摸才能产生感应，所以在智能机器人项目中，可以用于人机互动的应用。例如机器人与人握手时感应握手压力，或者安装在机器人头部感应人手按压力的大小等。但不可用于机械手末端，用以感测有无夹持物品或者感测机器人足下有无地面压力等。FSR压力检测不是非常精确，因此不建议使用需要精确检测压力的场合。下面分四个步骤介绍通过模拟-数字转换器将FSR及树莓派连接起来，并采集与压力相关的数据。

(1) FSR及其外围电路。

一般来说，FSR的电阻变化是个模拟量，需要使用如图4-13(a)所示的外围电路将其转换成为电压的模拟量。

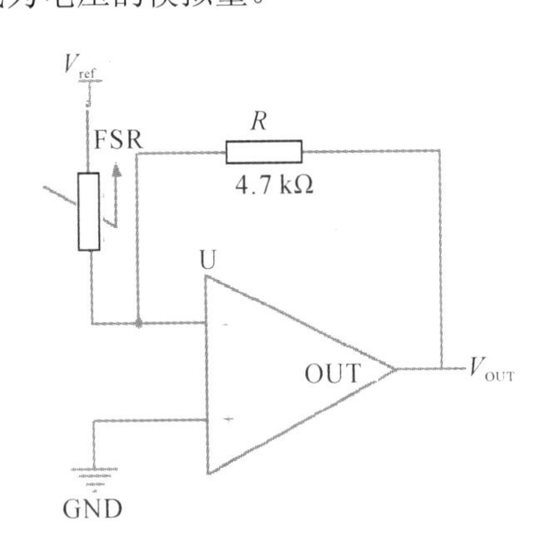

(a) FSR402压力传感器外围电路

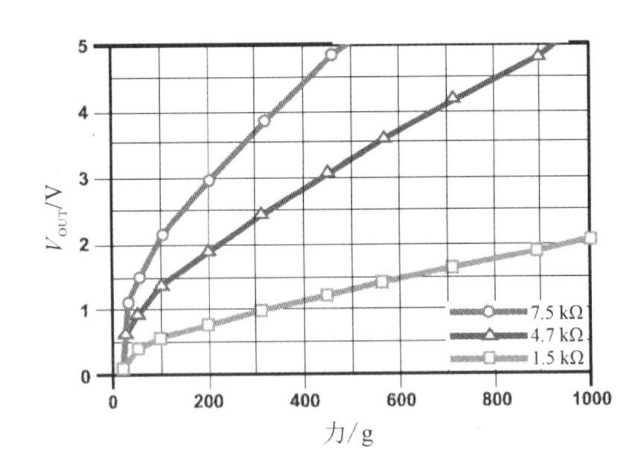

(b) 电阻R取不同值时，压力与输出电压关系图

图4-13　FSR402压力传感器应用参考

从图4-13(a)中可以看出，运放U起到的作用是电流-电压转换，输出为负电压，前提条件是使用双电源，如+5 V和−5 V。FSR一端接参考电压V_{ref}，另一端接运放U的反相端，再经过电阻R连接到运放的输出端，最终产生电压输出；运放的正相端接地。根据下面公式可以计算出V_{OUT}电压，即

$$V_{OUT} = -V_{ref} \times \frac{R}{R_{FSR}} \tag{4-2}$$

如图4-13(b)所示为FSR402压力传感器外围电路中电阻R取不同值时，压力与输出电压关系。从图4-13(b)可以看出，输出电压为正值。其处理方法是让V_{ref}为负电压，例如-5V，则式(4-2)中的负号就抵消掉了，于是输出正电压。电阻R的取值不同，会影响压力与输出电压V_{OUT}的关系。这里选取$R = 4.7\ k\Omega$，对应图4-13(b)中中间那条曲线(基本上是对角线)，能比较好地将压力映射到V_{OUT}有效范围内。从前面讨论可知，若加在FSR上的质量越大，R_{FSR}会越小；从式(4-2)中可以看出，这将使V_{OUT}的绝对值越大。

(2) 模拟-数字转换器及与树莓派连接。

FSR除了运算放大器提供的在一定范围内输出稳定的模拟电压外，还需要使用模拟-数字转换器(Analog to Digital Converter，ADC)将模拟电压转换为数字量。这里采用了一款型号为ADS1115的16位数字量输出的ADC模块，如图4-14所示。这款ADC与主机连接使用了I2C传输协议。

图4-14 型号为ADS1115的ADC模块

从图4-14可以看出，真正使用到的ADC模块引脚端口分别为：VDD、GND、SCL、SDA以及A0～A3。VDD、GND引脚分别为3.3 V电源及地线、SCL和SDA为I2C传输线、A0～A3为4路模拟输入，可以选择其中一路使用。ADC与树莓派GPIO端口连接的方法是：VDD接GPIO第1引脚；GND接GPIO第6引脚；SCL接GPIO第5引脚；SDA接GPIO第3引脚、A0接GPIO第7引脚。

ADC的工作原理我们留到介绍USB声卡时与数字-模拟转换器一起进行阐述。这里只需知道，ADC接收连续变化的模拟信号(可以想象是一光滑的正弦波)，输出16位数字量。其输出并不是直接引出16根线，而是按照I2C传输协议转化成I2C数据流的形式通过ADC模块的SCL及SDA两根线输出数字量。

(3) 激活树莓派I2C接口功能。

激活树莓派GPIO第3引脚及第5引脚的I2C功能，需输入命令“sudo raspi-config”，将出现如图4-15所示界面，选择第5选项“Interfacing Options: Configure connection to peripherals”。

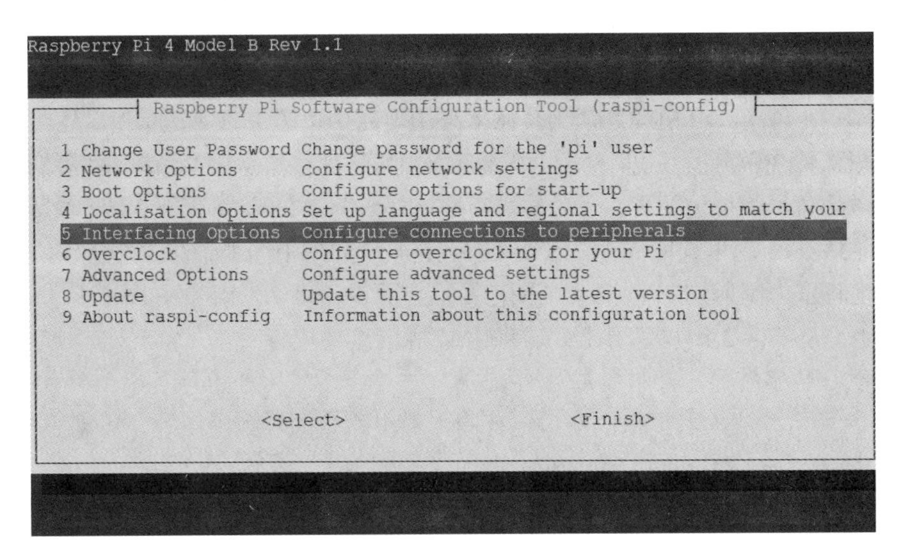

图 4-15　树莓派系统配置界面

接着出现如图 4-16 所示界面，这里选择“P5 I2C”选项，之后在弹出的对话框中选择确定选项，即可激活树莓派的 I2C 接口功能。

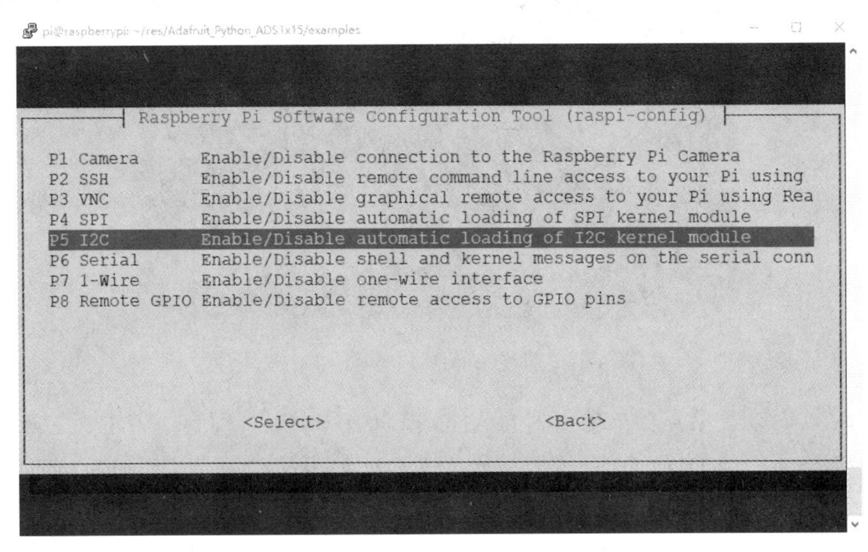

图 4-16　I2C 功能对应的用户界面

(4) 安装 I2C 的 Python 语言驱动。

系统管理总线(System Management Bus，SMBus)是 1995 年由 Intel 公司提出的，应用于移动 PC 系统和桌面 PC 系统中的低速率通信。SMBus 是一种二线制串行总线，可通过一条廉价并且功能强大的总线(由两条线组成)来控制主板上的设备并收集相应的信息。使用下面命令可以在树莓派里安装 I2C 的驱动“Adafruit_Python_ADS1x15”，此驱动依赖于 Python 的一个库“SMBus”。

```
sudo apt-get install python-smbus
git clone https://github.com/adafruit/Adafruit_Python_ADS1x15.git
```

```
cd Adafruit_Python_ADS1x15
sudo python setup.py install
```

驱动程序安装完成后即可以进行快速测试。进入“Adafruit_Python_ADS1x15/examples”目录，输入命令“python simpletest.py”，如果出现如下结果表示安装成功。结果中有4个模拟量输入通道，序号为0～3。为了检测其正确性，我们将通道0接地，下面是各个通道不断进行采样并输出数字量的结果。

```
Reading ADS1x15 values, press Ctrl-C to quit...
|      0 |      1 |      2 |      3 |
-------------------------------------------------
|      0 |   2787 |   5581 |   3115 |
|     -1 |   4099 |   4022 |   7424 |
|     -1 |   5059 |   3907 |   5798 |
|     -1 |   3701 |   5050 |   2931 |
|     -1 |   2848 |   5801 |   1156 |
|      0 |   2841 |   5974 |   1282 |
|     -1 |   3978 |   5023 |   3665 |
|     -1 |   5269 |   3807 |   6487 |
|     -1 |   6058 |   3005 |   8326 |
|     -1 |   4272 |   4625 |   4037 |
|     -1 |   3124 |   5563 |   1727 |
```

【任务4-3】 使用FSR402压力传感器以及ADC模块构成压力传感系统，并对搭建的系统进行测试。

【实现】

搭建的硬件如图4-17所示，图中标号“1”处为树莓派；标号“2”处为ADC模块，其A0端口为模拟信号输入；标记“3”处为面包板，其主要作用是将树莓派地线、3.3 V和+5 V电源线引出来；标记“4”处为运放模块；标记“5”处为FSR；标记“6”处是负电压转换模块，例如输入+5 V，输出可转换为−5 V。由于FSR非常软，故将其固定在一块万能板上。使用杜邦线将ADC模块、运放LM358(或者LM324)、FSR、面包板以及树莓派连接在一起。这里选择LM358运放的原因是此运放支持单+5 V电源工作，很适合树莓派这种嵌入式的简单外围硬件设计。

图4-17　FSR402压力传感器实验环境搭建

检查线路连接没有错误后，通电并进行测试。通常可以将数字万用表连接到运放的输出端口(或者 ADC 的 A0 处)，万用表挡位置于直流电压挡。当手指施加从小到大的力去按压 FSR402 压力传感器时，万用表的读数也从低到高，则证明 FSR402 压力传感器连接正确。然后运行命令“python simpletest.py”，观察 A0 通道的输出读数，数字也是由小变大，说明 ADC 输出正确。

任务实现程序如下：

```
Reading ADS1x15 values, press Ctrl-C to quit...
|      0 |      1 |      2 |      3 |
-------------------------------------
|     40 |   8646 |   8536 |   8704 |
|     42 |   8690 |   8551 |   8731 |
|    150 |   8701 |   8589 |   8679 |
|    421 |   8632 |   8622 |   8555 |
|    598 |   8605 |   8706 |   8570 |
|    716 |   8565 |   8664 |   8517 |
|    759 |   8580 |   8711 |   8533 |
|   4035 |   8605 |   8713 |   8577 |
|   5571 |   8600 |   8717 |   8558 |
|   6434 |   8625 |   8545 |   8685 |
|   8640 |   8688 |   8610 |   8641 |
|   9684 |   8672 |   8542 |   8729 |
|   9783 |   8593 |   8717 |   8541 |
|  12730 |   8601 |   8629 |   8532 |
|  14908 |   8613 |   8652 |   8647 |
|  16922 |   8704 |   8564 |   8735 |
|  17987 |   8608 |   8713 |   8566 |
|  22551 |   8604 |   8690 |   8598 |
|  23934 |   8569 |   8675 |   8519 |
|  24320 |   8627 |   8584 |   8667 |
|  26759 |   8679 |   8613 |   8611 |
|  31043 |   8627 |   8597 |   8665 |
|  32767 |   8591 |   8717 |   8562 |
```

4.3.2 滑动觉传感器

滑动觉传感器用于测量机器人抓握或搬运物体时物体所产生的滑移，其实际上也是一种位移传感器。按有无滑动方向检测功能可将滑动觉传感器分为无方向性、单方向性和全方向性三类。

(1) 无方向性传感器可采用探针耳机式，它由蓝宝石探针、金属缓冲器、压电罗谢尔盐晶体和橡胶缓冲器组成。滑动时探针产生振动，由罗谢尔盐晶体将其转换为相应的电信号。金属缓冲器的作用是减小噪声。

(2) 单方向性传感器可采用滚筒光电式，被测物体的滑移使滚筒转动，并可使光敏二极管接收到透过码盘(装在滚筒的圆面上)的光信号，进而通过滚筒的转角信号可测出物体的滑动。

(3) 全方向性传感器采用表面包有绝缘材料并构成经纬分布的导电与不导电区的金属球。当传感器接触物体并产生滑动时，球发生转动，使球面上的导电与不导电区交替接触电极，从而产生通断信号，通过对通断信号的计数和判断可测出物体滑移距离的大小和方向。这种传感器的制作工艺要求较高。

4.3.3　拉伸觉传感器

拉伸觉传感器用于测量软结构体，如人手、机器人手指等的弯曲程度，获得的测量数据可帮助机器人分析机械手抓取物体时施加的力，如图4-18所示。拉伸觉传感器设计为类似电容结构，通过传感器形状变化以改变电容容量的变化，此变化经过ADC转换为数字量后通过蓝牙技术传送给应用系统。

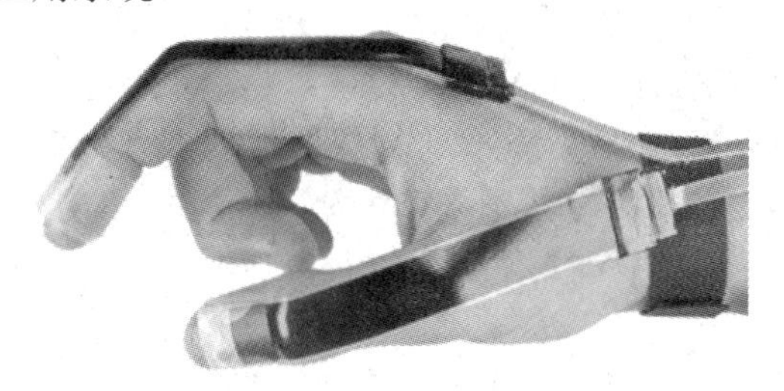

图4-18　拉伸觉传感器应用于感知手指的拉伸状态

4.4　温湿度传感器

温湿度传感器能将机器人外部的温度及湿度实时反映给树莓派进行判断处理，可以让机器人了解其所处的环境温湿度是否合适，从而避免机器人的机械部分、电子部分失灵或者损毁。这里将介绍一种型号为DHT11的温湿度一体式传感模块。如图4-19所示是一款内置校准数字输出的温湿度一体化传感器，它采用专用的数字模块采集技术和温湿度传感技术，确保产品具有极高的可靠性与卓越的长期稳定性。DHT11具有体积小，响应超快，抗干扰能力强，连接方便，性价比高以及替换方便等特点，很适合应用于智能机器人的开发。

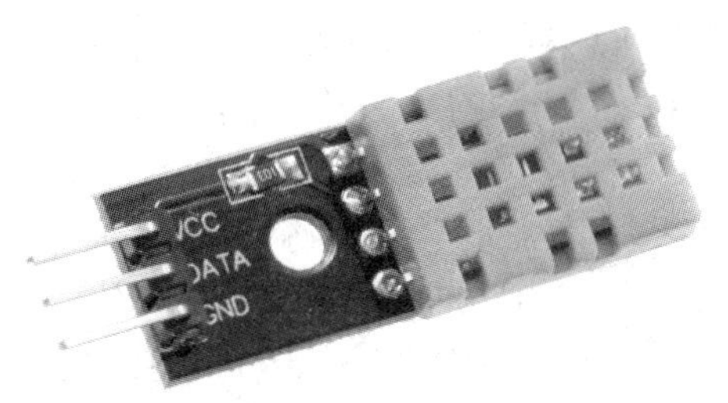

图4-19　DHT11温湿度传感器模块

温湿度传感器包括一个电阻式湿度感应元件和一个负温度系数的热敏半导体(Negative Temperature Coefficient，NTC)测温元件，以及内置一颗高性能 8 位单片机。电阻式湿度感应元件，例如氯化锂湿敏电阻，其传感原理是利用其阻值随着湿度的变化而变化的特性。氯化锂湿敏电阻具有精度较高、稳定性强、线性度高等特点，可以长期使用。NTC 是一种随温度的升高其电阻值减小的传感器电阻。NTC 一般以锰、钴、镍和铜等金属氧化物为主要材料，采用陶瓷工艺制造而成。这些金属氧化物材料在导电方式上完全类似锗、硅等半导体材料，因此都具有半导体性质。温度低时，这些氧化物材料的载流子(电子和孔穴)数目少，所以其电阻值较高；随着温度的升高，载流子数目增加，所以电阻值降低。每个 DHT11 传感器都要在极为精确的湿度校验室中进行校准，其校准系数将存储在 ROM 内存中，传感器内部在处理检测信号的过程中要调用这些校准系数。DHT11 传感器采用单线制串行接口，使系统集成变得简易快捷。超小的体积、极低的功耗，以及信号传输距离可达 20 m 左右，使 DHT11 传感器成为各类应用甚至最为苛刻的应用场合的最佳选择。

图 4-19 中的模块有三个引脚，从上到下分别为 Vcc、DATA 及 GND。其中 DATA 引脚是单总线型的串行数据端口，既接收命令(例如转换命令)，又负责将温湿度值以串行的方式传送出来。DHT11 模块与树莓派连接的方法是：Vcc 连接 GPIO 第 2 引脚 5 V 输出端口；数据 DATA 连接 GPIO 的第 7 引脚；GND 连接 GPIO 的第 6 引脚。树莓派的 GPIO 第 7 引脚有两个作用：一是发送请求波形到 DHT11 模块；二是从模块的应答波形获得温湿度数据。它们之间遵守如图 4-20 所示的传输协议。

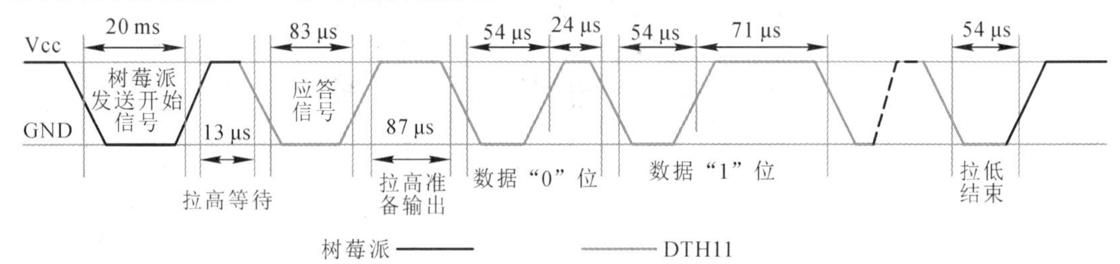

图 4-20　DHT11 单总线型的串行数据传输协议图

树莓派与 DHT11 模块的通信过程概括起来为以下 5 个步骤：

(1) DHT11 刚加电后不稳定，需要等待 1 s 左右。状态稳定后，如图 4-20 最左边所示，此时 Vcc 为高电平，DHT11 的 DATA 引脚处于输入状态，时刻检测外部的输入信号。

(2) 将树莓派 GPIO 第 7 引脚设置为输出状态，同时输出低电平，并保持低电平约 20 ms 后拉高电平，然后将 GPIO 第 7 引脚设置为输入状态，并等待来自 DHT11 的应答信号。

(3) GPIO 第 7 引脚先接收 83 μs 来自 DHT11 的低电平应答信号，接着接收 87 μs 的高电平信号，并通知树莓派准备接收温湿度数据。

(4) 接着接收来自 DHT11 的 40 位温湿度数据。可根据信号持续时间分辨“0”与“1”：低电平持续的时间都约为 54 μs；“0”的高电平持续时间约为 24 μs；“1”的高电平持续时间约为 71 μs。

(5) 接收完 40 位数据后，树莓派还会接收到一个持续时间约为 54 μs 的低电平信号作为结束。然后树莓派 GPIO 的第 7 引脚将被设置为输出状态，而 DHT11 的 DATA 引脚将被设置为输入状态，然后返回到步骤(2)等待下一次对温湿度进行收集。

【任务 4-4】 使用 DHT11 温湿度传感器模块获取机器人所在环境的温湿度数据，并输出温湿度数据。

【实现】

从 Github 平台获取 Python 版本的 DHT11 传感器源代码可执行以下命令：

```
git clone https://github.com/szazo/DHT11_Python.git
```

打开里面的例子程序 example.py，修改下面两条语句：

(1)“GPIO.setmode(GPIO.BCM)”改为“GPIO.setmode(GPIO.BOARD)”。

(2)“instance = dht11.DHT11(pin=14)”改为“instance = dht11.DHT11(pin=7)”。

然后运行例子程序，即可以获得温湿度数据。下面是修改后的 example.py 源代码。

```
01  import RPi.GPIO as GPIO
02  import dht11
03  import time
04  import datetime
05
06  #initialize GPIO
07  GPIO.setwarnings(True)
08  GPIO.setmode(GPIO.BOARD)
09
10  #read data using pin 7
11  instance = dht11.DHT11(pin=7)
12
13  try:
14    while True:
15          result = instance.read()
16          if result.is_valid():
17                print("Last valid input: " + str(datetime.datetime.now()))
18
19                print("Temperature: %-3.1f C" % result.temperature)
20                print("Humidity: %-3.1f %%" % result.humidity)
21
22          time.sleep(6)
23
24  except KeyboardInterrupt:
25        print("Cleanup")
26        GPIO.cleanup()
```

程序的解析如下：

行 1 使用树莓派的 GPIO 库。

行 2 使用此开源软件自建 DHT11 温湿度传感器模块库。

行 3 至行 4 使用时间、日期等函数相关的库。

行 7　通过 GPIO 库设置使用过程中输出警告信息。

行 8　设置树莓派 GPIO 的引脚用以安装“BOARD”模式编码。

行 11　使用 DHT11 类，输入参数为 GPIO 第 7 引脚，并返回操作此类的一个实例。

行 13　尝试执行“try”下面的代码，有异常的话跳转到行 24 至行 26 进行处理。

行 14　死循环。

行 15　使用 DHT11 列实例读取温湿度值至变量“result”里。

行 16　如果“result”里的数据有效，执行行 17 至行 20 的输出打印语句；如果无效则延迟 6 s。

行 17　打印此次程序执行的日期、时间。

行 19　打印温度值。

行 20　打印湿度值。

从上面的 example.py 例子源代码可以看出，使用此 DHT11 温湿度传感器的 Python 开源库比较方便。通过简单设置 GPIO 的数据输出、输入脚编号便可以读取温湿度数据，也方便通过 ROS 的消息机制进行温湿度值的发布。

练 习 题

【判断题】

(1) 输出类型为开关量的传感器需要外接 ADC 才能获取其数值。　　(　　)

(2) 输出类型为模拟量的传感器需要外接 ADC 才能获取其数值。　　(　　)

(3) 电容触摸传感器属于电容感应的触摸开关，当人体触碰到传感器上的螺旋状金属丝时，由于人体存在电场，人体手指和螺旋状工作面将形成一个耦合电容，从而被感应到。　　(　　)

(4) 红外线传感器对于透明的物体或者接近黑体的物体也可以进行测距。　　(　　)

(5) 一般超声波传感器谐振频率越高，则测量精度越高。　　(　　)

(6) 氯化锂湿敏电阻传感原理是利用其阻值随着湿度的变化而变化的特性。　　(　　)

【填空题】

(1) 常用在机器人上的接近觉传感器包括__________、__________、__________、__________、__________、__________等六类。

(2) 如果按飞行时间法(ToF)进行测距，一般可以分为__________法、__________法；测距还有__________法，一共三种方法。

(3) 选择超声波传感器进行短距离测量时一般选择频率______的传感器；远距离则选择频率______的传感器。

(4) 滑觉传感器用于测量机器人抓握或搬运物体时物体所产生的滑移，实际上也是一种位移传感器。按有无滑动方向检测功能可分为__________、__________和__________三类。

(5) 拉伸觉传感器设计为类似电容的结构，通过传感器__________变化以改变__________的变化，此变化经过 ADC 转换变为数字量后通过蓝牙技术传送应用。

(6) NTC 是一种电阻值随温度__________而__________的一种传感器电阻。NTC 一般以__________、__________、__________和__________等金属氧化物为主要材料，采用陶瓷工艺制造而成。

(7) NTC 使用的金属氧化物材料在导电方式上完全类似锗、硅等半导体材料，因此都具有半导体性质。温度低时，这些氧化物材料的____________________，所以其电阻值较高；随着温度的升高，__________________，所以电阻值降低。

【简答题】

(1) 简述三角测距法的测距原理。

(2) 简述超声波传感器的脉冲测距法原理。

(3) 简述 HC-SR04 超声波传感器模块发送、接收波形协议具体内容。

(4) 简述温湿度传感器模块 DHT11 使用的单总线型串行数据传输协议原理。

第5章　嗅　　觉

本章先以人类鼻子对气味产生相应嗅觉为基础，对人工嗅觉系统的工作原理作了简单介绍，然后介绍半导体气敏传感器的原理及应用，最后介绍将此模块产生的信息嵌入到ROS框架里。

教学导航

教	知识重点	了解人鼻对气味产生嗅觉的原理； 了解仿生人工嗅觉系统的工作原理； 了解气敏传感器的定义、原理及应用； 了解半导体气敏传感器的传感原理； 了解电阻式与非电阻式气敏传感器的原理； 了解 MQ-2 模块的工作原理
	知识难点	了解人鼻对气味产生嗅觉的原理； 了解仿生人工嗅觉系统的工作原理； 了解半导体气敏传感器的原理； 了解电阻式与非电阻式气敏传感器的原理； 了解 MQ-2 模块的工作原理
	推荐教学方法	由人类鼻子到仿生人工嗅觉系统再到具体某种气敏传感器，以逐步深入的方法让学生了解机器人嗅觉的形成。最后让学生用树莓派进行 MQ-2 半导体型气敏传感器的编程实验。最好能通过了解某个具体传感器的知识扩展到了解这类型传感器
	建议学时	2～4 学时
学	推荐学习方法	了解人类鼻子识别气味原理、人工嗅觉系统工作原理以及气敏传感器的原理和应用等。主要通过实验方法了解如何使用树莓派的 GPIO 端口与 MQ-2 模块通信；熟练掌握 Python 相关库的使用，通过自己找资料做类似的应用，例如使用酒精气敏传感器做一个嵌入式测试酒精的手持设备
学	必须掌握的基本技能	能熟练地将气敏传感器连接至树莓派； 能熟练通过编程操作树莓派的 GPIO 端口并获取传感器传送的信息； 能熟练通过编程将 MQ-2 模块输出的数字量通过 ROS 消息机制进行发送； 能熟练将已有的经验迁移到类似的传感器应用中，做类似的开发
	技能目标	主要学会如何通过 Python 编程获得气敏传感器 MQ-2 模块的输出。另外，学会如何将此类型的传感器融入 ROS 系统中，实现智能机器人的一个小的功能

5.1　人类嗅觉与人工嗅觉系统

嗅觉是生物了解外界气味信息的一个有效途径，但长期以来，由于人们对生物嗅觉基础知识了解甚少，导致仿生嗅觉研究发展缓慢。人类的鼻腔内壁上虽然只有大约 1000 个气体接受细胞组，但它却能辨别出数千种不同的气味[①]，其原理如图 5-1 所示。

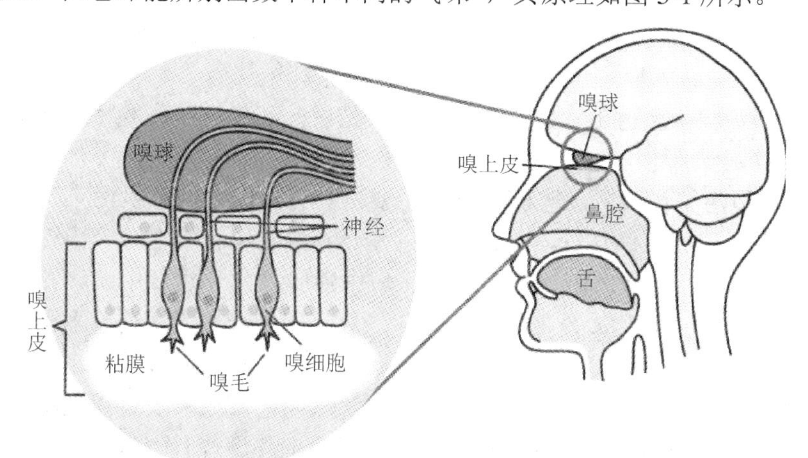

图 5-1　人类嗅觉产生的原理图

例如人闻到花香的过程为：花粉微粒附着在嗅毛上，从而激活了与嗅毛紧紧相连的嗅觉感受器细胞，使细胞发出与花香相关的电信号；此信号通过神经系统被传送到嗅球中进行香味信号的加工，加工后的信号最后传送到人体大脑，大脑将此信号解释为相应的嗅觉。最新的研究表明嗅觉的产生是由多个嗅细胞组合起来共同对某种气味进行“探测”的结果。每一种不同的组合可感知一种不同的气味。由于组合方式多种多样，因此人或动物能辨别大量不同的气味。

目前，仿生嗅觉的研究方向是利用具有交叉式反应的气敏元件组成一定规模的气敏传感器阵列来对不同的气体进行信息提取，然后将大量提取的数据交由计算机进行模式判别处理。仿生嗅觉系统的关键技术之一就是开发高灵敏度阵列气味传感器。经过 20 多年的发展，与嗅觉相关的传感器通常被用于人工嗅觉系统或者电子鼻(Artificial Olfactory System，AOS)。人工嗅觉系统或电子鼻是指由多个性能彼此重叠的气敏传感器和适当的模式分类方法组成的、具有识别单一或者复杂气味能力的装置。人工嗅觉系统模拟上面人体嗅觉产生的过程，气味分子被电子鼻中的传感器阵列吸附并产生信号，生成的信号经过各种方法处理并传输，最终将处理过的信号传送到模式识别系统进行气体类型的判断。目前具有嗅觉功能的智能机器人尚不多见，主要原因是人们对于机器人嗅觉的研究仍处于预研阶段，技术尚未成熟。更多关于机器人嗅觉的研究则集中在智能机器人的嗅觉定位领域。例如应用于煤矿救灾的机器人身上安装有瓦斯气体传感器、氧气传感器、一氧化碳传感器，可将这些传感器与神经网络技术相结合，成为一个人工嗅觉系统并对气体进行定性识别。

---

① 嗅觉一般的人能闻出 4000 多种气体，嗅觉灵敏的人可以闻出 10 000 多种气体。

5.2 气敏传感器的定义及应用

气敏传感器作为一种能感知周围环境中的气体成分及浓度的敏感器件，其基本原理是利用气体的各种化学及物理效应将气体成分及浓度按照一定规律转化为电信号。

气敏传感器的应用非常广泛，例如在煤矿行业、石油化工、医疗、运输以及居家安全等方面都需要此类传感器来进行预警。下面举几个具体的气敏传感器应用的例子：

(1) 室外环境污染物监测，主要检测氮氧化物、二氧化硫、硫化氢等有剧毒的气体，一般采用电化学型气敏传感器。这类传感器具有精度高和灵敏度高等特点，但相对寿命较短以及成本较高。

(2) 室内环境污染物监测，监测的气体主要是具有挥发性的有机污染物，例如甲醛和苯等，一般采用半导体气敏传感器。此类传感器具有响应快和成本低等特点。

(3) 密闭环境中的气体监测，例如军事领域中潜艇、航天领域中航天器舱内环境的监测，主要监测氧气、二氧化碳、氮氧化物等，一般采用半导体气敏传感器与红外光谱气敏传感器。

(4) 易燃易爆气体的监测。对矿井里的甲烷气体进行监测以及对新型氢能源站、氢动力汽车里的氢气进行监测。在这些应用中，一般采用催化燃烧式气敏传感器，该传感器具有灵敏度高、选择性好、响应迅速等特点。

MQ 系列气敏传感器是市场上常见且相对廉价的用于监控多种类型气体的传感器，表5-1 列举了部分 MQ 系列气敏传感器。

表 5-1　MQ 系列气敏传感器

型　号	能检测的气体
MQ-2	烟雾与可燃性气体(甲烷、丁烷等)
MQ-3、MQ-213	酒精
MQ-4	甲烷
MQ-7	一氧化碳
MQ-8	氢气
MQ-9	一氧化碳、液化石油气及甲烷

5.3 半导体气敏传感器的原理

半导体气敏传感器是利用待测气体与半导体表面接触时产生的电导率等物理量的变化来检测气体的成分或浓度。按照半导体的物理特性，半导体气敏传感器可以分为电阻式与非电阻式两种。电阻式的半导体气敏传感器指的是半导体金属氧化物陶瓷气敏传感器，它是由金属氧化物薄膜制成的阻抗元件，其电阻会随着气体含量变化而变化。非电阻式的气敏传感器对气体的吸附和反应使半导体的某种特性发生变化，由此可以实现对气体进行直接或者间接的检测。

半导体气敏传感器一般由敏感元件、加热器及外壳组成。如图 5-2 所示为 MQ-2 模块的正反两面实物图，使用 MQ-2 气敏传感器可以检测烟雾与可燃性气体。从图 5-2(a)可以看到传感器整体包围着金属网状外壳；从图 5-2(b)中则可以看到 PCB 的布局图。模块有四根引线，依次为 5 V 高电平输入端、接地端 GND、数字输出端 DO 以及模拟输出端 AO。

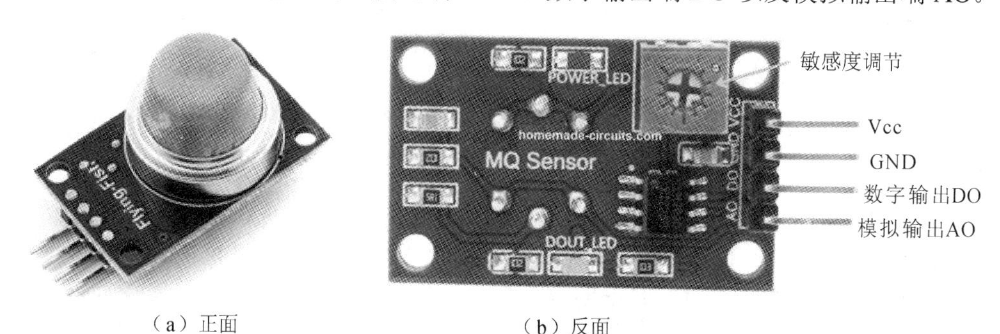

（a）正面　　（b）反面

图 5-2　MQ-2 模块的正、反两面实物图

MQ-2 型烟雾传感器采用了二氧化锡半导体气敏材料，其工作原理为：当 MQ-2 型烟雾传感器与烟雾接触时，晶体间交界处的势垒会受到该烟雾的影响而发生变化，将使得表面电导率发生变化；通过检测电导率的变化就可以获得烟雾存在的信息，即烟雾浓度小，电导率也小，则输出电压就高。

MQ-2 模块的工作原理电路图如图 5-3 所示。烟雾与可燃性气敏传感器 MQ-2 的 1、3 引脚与 4、6 引脚分别为一对半导体电极，其中 4、6 引脚输出电压信号；中间那个类似电阻标记的为加热器，其两端分别接通高电平与地线产生电流，进而产生热量；其 4、6 引脚输出的电压一路通过单运放 U1 构成的电压跟随器输出模拟电压值，另一路经过另一单运放 U2 构成的电压比较器输出高、低电平值；电压比较器一端输入来自 MQ-2 的输出电压，另一端输入来自可变电阻 R_4 的分压输出。可变电阻 R_4 的作用是调节传感模块的灵敏度。

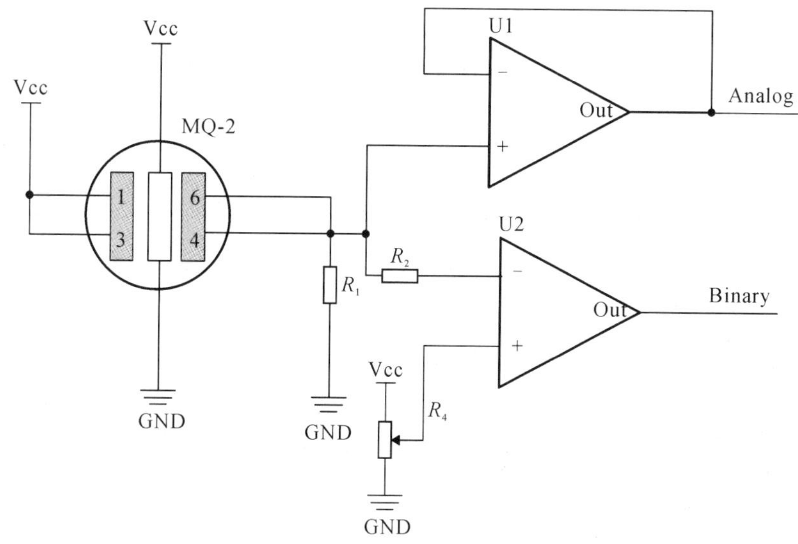

图 5-3　MQ-2 传感器模块的工作原理电路图

5.4　半导体气敏传感器的应用

【任务 5-1】 将 MQ-2 半导体气敏传感器模块与树莓派 GPIO 端口连接，编写程序实现获取传感器的检测状态。

【实现】 源程序文件命名为“ex01_MQ2.py”。

先将树莓派与 MQ-2 半导体气敏传感器连接，连接关系为：将 Vcc 接到 GPIO 端口的引脚 1；将 GND 接到 GPIO 端口的引脚 6；将 DO 接到 GPIO 端口的引脚 7。这个任务实验环境搭建比较简单，由有树莓派、杜邦线以及 MQ-2 模块构成，详见如图 5-4 所示。这就是“口袋”式的实验环境，即可以用充电宝之类的电源给树莓派供电，以及可以用树莓派本身拥有的内置 WiFi 模块随时上网。

图 5-4　树莓派与 MQ-2 气敏传感器连接图

任务实现程序如下：

```
01  #encoding: utf-8
02  import RPi.GPIO as GPIO
03  import time
04
05  gpio_pin = 7
06
07  GPIO.setmode( GPIO.BOARD )
08  GPIO.setup( gpio_pin, GPIO.IN, pull_up_down=GPIO.PUD_DOWN )
09
10  def action_cb( pin ):
11      print '发现可疑气体!'
12
13  GPIO.add_event_detect( gpio_pin, GPIO.RISING )
14  GPIO.add_event_callback( gpio_pin, action_cb )
15
16  try:
```

```
17          print 'MQ2 烟雾传感器已经正常运行。'
18          while True:
19               time.sleep( 0.5 )
20    except KeyboardInterrupt:
21          GPIO.cleanup()
```

程序解析如下：

行 1　允许 Python 源程序中可以使用中文。

行 2　使用 Python 库操作树莓派的 GPIO 输入输出口。

行 3　使用 time 库里的延时功能。

行 5　定义树莓派 GPIO 第 7 引脚为传感器的接收口。

行 7　设置树莓派的 GPIO 引脚在 Python 里的编号模式为 BOARD。

行 8　将树莓派 GPIO 第 7 引脚的属性定义为：输入、下拉。

行 10 至行 11　定义回调函数“action_cb()”，这里只是简单执行打印信息。

行 13 至行 14　使用 GPIO 库的侦测功能，若树莓派 GPIO 第 7 引脚波形为上升沿时，将触发回调函数“action_cb()”。

行 16 至行 21　执行以下内容：先打印开始提示信息，然后无限休眠；当遇到用户强行中断程序运行(例如按下“Ctrl + c”键)，或者回调函数运行过程中出现异常退出，退出前对树莓派 GPIO 库留下的运行垃圾进行清除。

进行测试前应准备如图 5-5 所示的打火机，其特点是有一个金属转轮及黑塑料按压板，按住黑色塑料按压板可以排出打火机里面的丁烷气体。测试时，运行程序后，将打火机的气体对着 MQ-2 传感器的金属网喷，并观察树莓派显示屏显示的信息。如果树莓派显示屏显示“发现可疑气体！”，代表软、硬件工作都正常。

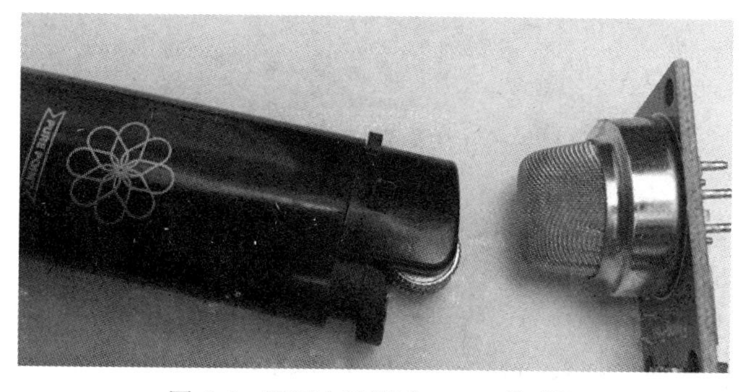

图 5-5　用打火机测试 MQ-2 传感器

5.5　半导体气敏传感器与智能机器人

智能机器人就像一个信息汇聚平台，气敏传感器输出的检测结果将以一种字符串消息 String 发布给智能机器人。半导体气敏传感器 MQ-2 接入智能机器人后的系统结构如图 5-6 所示。

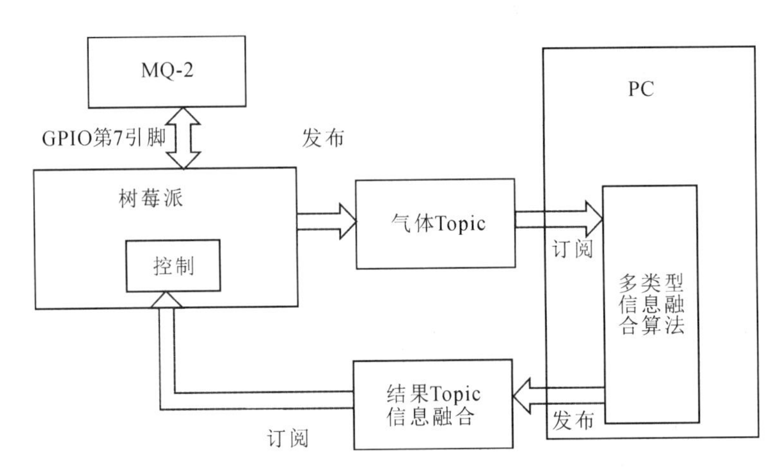

图 5-6　将 MQ-2 接入智能机器人后的结构示意图

【任务 5-2】　利用 MQ-2 获取周围环境状态，通过 ROS 的消息机制发布 String 类消息“found_gas”到主题“robot_sensor/mq_2”。

【实现】　源程序文件名为“ex01_MQ2_ROS.py”。

任务实现程序如下：

```
01  #encoding: utf-8
02  import RPi.GPIO as GPIO
03  import time
04  import rospy
05  from std_msgs.msg import String
06
07  gpio_pin = 7
08
09  GPIO.setmode( GPIO.BOARD )
10  GPIO.setup( gpio_pin, GPIO.IN, pull_up_down=GPIO.PUD_DOWN )
11
12  def action_cb( pin ):
13      pub.publish( 'found_gas' )
14
15  GPIO.add_event_detect( gpio_pin, GPIO.RISING )
16  GPIO.add_event_callback( gpio_pin, action_cb )
17
18  try:
19      rospy.init_node('mq2_node')
20      pub = rospy.Publisher( 'robot_sensor/mq2', String, queue_size=1 )
21      print 'MQ2 烟雾传感器已经正常运行。'
22      rospy.spin()
23  except KeyboardInterrupt:
```

```
24        GPIO.cleanup()
```

以上程序源码与【任务 5-1】的大部分是一样的，不同部分的解析如下：

行 4　使用 Python 编程环境下的 ROS 库。

行 5　使用 ROS 的字符串类型，用于发布消息。

行 13　使用 ROS 发布者实例 pub 的方法“public()”发布字符串消息。

行 18、19　使用 Python 安全机制“try…except”。如果再这两个关键字内的程序出错，则跳出并结束整个程序运行。

行 19　调用机器人操作系统 ROS 的 Python 接口，初始化节点并命名为“mq2_node”。此程序一旦运行，就成为 ROS 里的一个节点。

行 20　建立 ROS 里的一个发布者，其发布的字符串型主题为“robot_sensor/mq2”，并设定该主题的队列大小为 1。

行 22　将本程序的执行权交给 ROS。

测试方法：先打开一个终端运行命令“roscore”；再打开另一个终端运行本任务 Python 程序；最后还需打开一个终端，运行以下的命令观察主题“robot_sensor/mq2”。

```
rostopic echo robot_sensor/mq2
```

此时使用如图 5-4 所示的打火机对着传感器排气。如果最后打开的字符终端显示“found_gas”，则代表测试成功。

练 习 题

【判断题】

(1) MQ 系列气敏传感器能检测烟雾、酒精、甲烷、CO 以及 H_2 等气体。　(　　)

(2) 要仿真人鼻子的功能，只需要少数几个气敏传感器即可以实现。　(　　)

(3) 气敏传感器作为一种能感知周围环境中的气体成分及浓度的敏感器件，其基本原理是利用各种化学及物理效应将气体成分及浓度按照一定规律转换成为电信号。　(　　)

(4) 半导体气敏传感器是利用待测气体与半导体内部接触时产生的电阻大小等物理性质的变化来检测气体的成分或浓度。　(　　)

【填空题】

(1) 半导体气敏传感器一般由____________、_______________和_____________组成。

(2) 根据半导体气敏传感器的物理特性，可分为____________和_______________两种。

(3) 当 MQ-2 型烟雾传感器与烟雾接触时，如果晶体间交界处的势垒受到该烟雾的__________，将使得表面__________将发生变化。通过检测电导率的变化可以获得烟雾存在的信息：烟雾浓度__________，电导率__________，则输出电压就高。

(4) 气敏传感器应用的例子包括：______________________、____________________、__________________________和________________________。

【简答题】

(1) 简述人鼻对气味产生嗅觉的原理。

(2) 简述人工嗅觉系统是怎样通过使用气敏传感器阵列仿真人鼻子嗅觉的。

(3) 简述气敏传感器的工作原理及应用。

(4) 简述半导体气敏传感器的工作原理。

(5) 简述 MQ-2 半导体气敏传感器模块的工作原理。

【实践题】

将 MQ-2 模块替换为 MQ-3 模块，制作一个便携式的酒精测试器实现对酒精浓度的检测。可以选用小型的树莓派 Zero 作为传感器数据采集及显示系统，显示屏则可以选择迷你型有机发光半导体(Organic Light Emitting Diode，OLED)显示模块如图 5-7 所示。

（a）小型的树莓派Zero

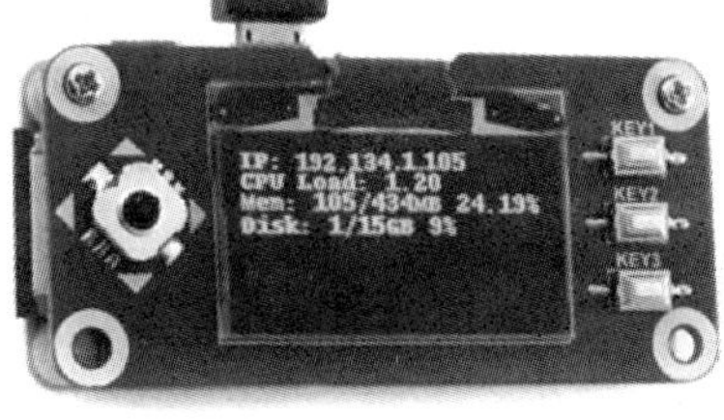

（b）迷你型OLED显示模块

图 5-7　制作便携式的酒精测试器推荐硬件组合

第6章　听　　觉

本章将主要介绍通过麦克风对空气的振动获取音频信号，再通过语音智能算法来模拟人的耳朵获取外界的信息。先从麦克风获取语音信号，然后识别信号中的机器人名字及预先设定的命令，最后识别结果让机器人能够执行相应的动作。其次介绍通过语音合成模块让机器人与人能够对话。最后考虑到机器人电池续航的原因，还将介绍如何通过机器人听觉激活上电后机器人的相应传感器及舵机工作。

教学导航

<table>
<tr><td rowspan="4">教</td><td>知识重点</td><td>了解三种主流麦克风传感原理；
理解声卡的模/数转换器及数/模转换器工作原理；
理解奈奎斯特采样定理；
了解语音识别要解决的问题和遇到的困难；
理解 ROS 消息发送和接收的同步及异步概念；
了解自然语言处理解决的问题；
理解如何通过音频预处理获得有用的语音信号</td></tr>
<tr><td>知识难点</td><td>理解声卡的模/数转换器及数/模转换器工作原理；
了解在语音识别上遇到的困难；
了解在自然语言处理上遇到的困难；
理解 ROS 消息发送和接收的同步及异步概念</td></tr>
<tr><td>推荐教学方法</td><td>本章可操作性较强，既可以在树莓派上实现，也可以在 PC 上实现，有条件的学校可以使用 PC 结合树莓派的方式进行教学。建议让学生自行搭建环境和上机操作，并实现语音识别和自然语言语义匹配算法的应用。还可以结合单片机控制灯光、电动机及继电器等实现语音控制外部设备的实践</td></tr>
<tr><td>建议学时</td><td>14 学时</td></tr>
<tr><td>学</td><td>推荐学习方法</td><td>本章提供了很多实践的内容，建议按部就班地实现书中编程练习的目的。建议有条件的学生在自己的笔记本电脑或者树莓派上实验，例如在笔记本电脑里安装类似“VMWare”软件来安装“Ubuntu”操作系统。本章除了编程外，还涉及了 Linux 系统的环境配置和解决新旧版本的不兼容问题。在学习时，需要多练习 Linux 操作和多总结经验</td></tr>
</table>

续表

学	必须掌握的基本技能	会安装并使用 USB 声卡，包括录音及放音； 会使用类似百度 AI 人工智能的网络资源和在项目中使用百度语音服务； 学会灵活应用工具 terminator； 会用 ROS 消息的异步发送机制； 能开发嵌入式语音控制应用，如声卡台灯； 会在市场中挑选合适的麦克风模块； 会结合实际改造已有的硬件，使其更适合项目
	技能目标	学会使用 USB 声卡作为声音输出/输入设备； 学会灵活运用语音合成模块到相应的项目开发中； 学会使用简单的数字信号处理算法改善项目性能的技巧

6.1　麦克风的工作原理

一般来说，麦克风可分成三类：动圈式、电容式和铝带式。下面逐一介绍其工作原理。

1. 动圈式麦克风工作原理

动圈式麦克风里面都会有一个小振膜，可起到人的耳朵里鼓膜的作用：当人对着它说话，振膜就会振动。振膜连接着一个小线圈，线圈包围着“E 型”永磁铁的中间部分，具体可见如图 6-1 所示的动圈式麦克风剖面图。振膜是有弹性的，一般既起到振动的作用，又起到把线圈来回推拉的作用。线圈会随振膜的振动而改变位置。当振膜振动时，带动线圈振动，线圈和永磁铁的相对位置发生改变，这样可使线圈切割磁力线并在线圈中产生感应电动势，也就产生了变化的电流。特定的声音有特定的振动，特定的振动产生特定形式的电流，因此麦克风可把声音“编码”转换为电流的形式。理解喇叭发声原理有助于理解上述麦克风的工作原理。喇叭发声的原理是麦克风的逆过程，组成结构也几乎一样。喇叭里也有一个振膜，振膜连接着一个线圈，线圈里同样也有一块永磁铁。特定形式的电流(比如话筒“编码”形成的电流)流过听筒线圈可使线圈产生的磁场发生变化，于是永磁铁和线圈之间的磁力发生变化，进而永磁铁和线圈的距离发生变化，这样就带动了振膜振动发出声音。

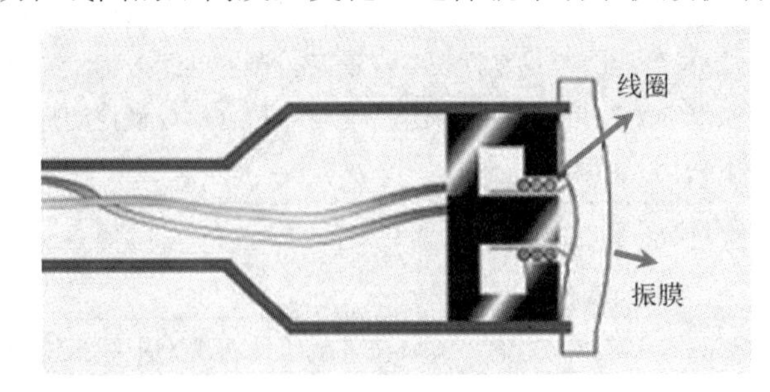

图 6-1　动圈式麦克风剖面图

2. 电容式麦克风工作原理

电容式麦克风用一张极薄的金属振膜作为电容的一极，用距离金属振膜很近的金属背板作为另一极，这样振膜的振动就会引起电容容量的变化而形成电信号，如图 6-2 所示。

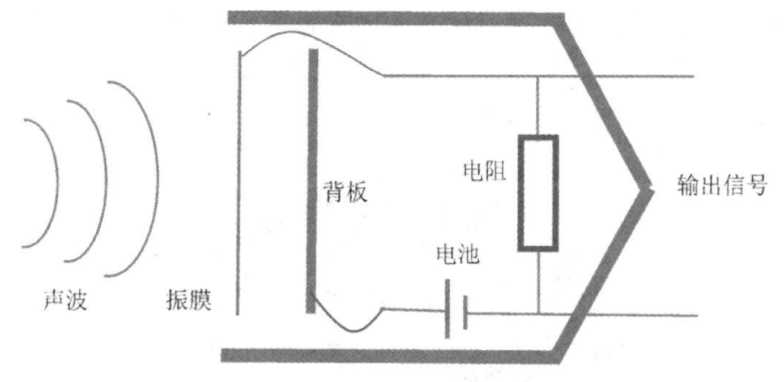

图 6-2　电容式麦克风工作原理图

由于振膜非常薄，很微小的声音也能使其振动，所以电容式麦克风非常灵敏。电容式麦克风最大的特点是灵敏度高，拾取的声音细节丰富，声音频响曲线平直、宽广，在录音棚良好安静的声学环境下录音能发挥出令人满意的效果。但在普通的环境下就很容易拾取到周围环境的噪声，只适合在录音棚或者安静的房间录音。

3. 铝带式麦克风工作原理

铝带式麦克风的拾音部分是一根长约 10 cm，宽约 3 mm，厚约 2～5 μm 的一根经过退火处理的铝带，这条铝带放置于强磁场中，如图 6-3 所示。

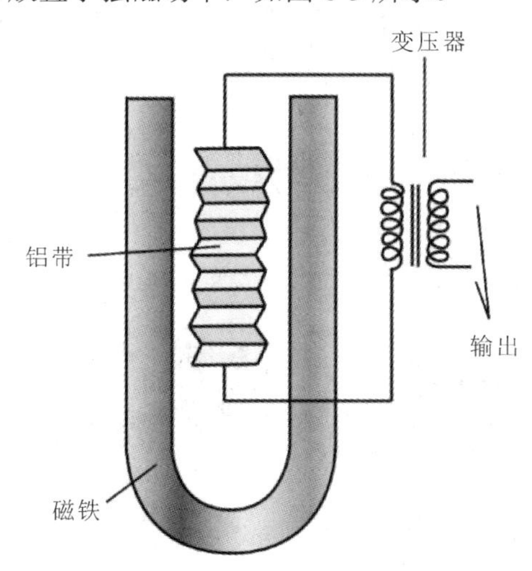

图 6-3　铝带式麦克风工作原理图

铝带式麦克风拾取声音使铝带震动时，铝带切割磁感线产生微弱电流，再经过预处理放大电路的放大(一般是变压器，初级匝数比次级少)就可转换为声音。铝带麦克风制作工艺复杂，因此价格也不菲。在专业的录音室常会见到铝带麦克风的身影。铝带麦克风有良好的 8 字形指向性，即在麦克风的正前和正后方都能拾音，因此适合合唱等场合的录音。

一个最简单的机器人可以通过麦克风获得的声音信号进行导航，例如接收到一声掌声控制左转弯，连续接收到两声掌声控制右转弯。更复杂的机器人就需要通过语音识别、语义识别等人工智能算法进行更接近人类语言的控制了。但是要实现一个具有良好接收性能的麦克风并不是一件易事。一是因为麦克风只能产生一个很弱的电压信号，需要性能很好的放大器才能产生能被测量到的电压信号。二是因为麦克风拾音都带方向性，正对着麦克风感受面的声波有较强的拾音效果，偏于这个方向就会有一定程度的衰减。三是因为只有采用多个麦克风才能实现一些背景噪音的削弱算法，提高信噪比。麦克风阵列模块(如图 6-4 所示)能有效地解决这三个问题。

图 6-4　麦克风阵列模块

如图 6-4 所示的麦克风阵列有 6 个麦克风，分布在线路板的 6 个方向，大概每隔 60°角安排一个麦克风。这样，能更好地汇聚来自各个方向地声音，无论说话者在机器人哪个方向，都能保证有一至两个麦克风能很好地拾取到声波。因此麦克风阵列既解决了声音的方向问题，又解决了单个麦克风拾取信号弱的问题。

6.2　硬件的安装及配置

要让智能机器人有听与说的能力，一般需要安装如图 6-5 所示的模块。

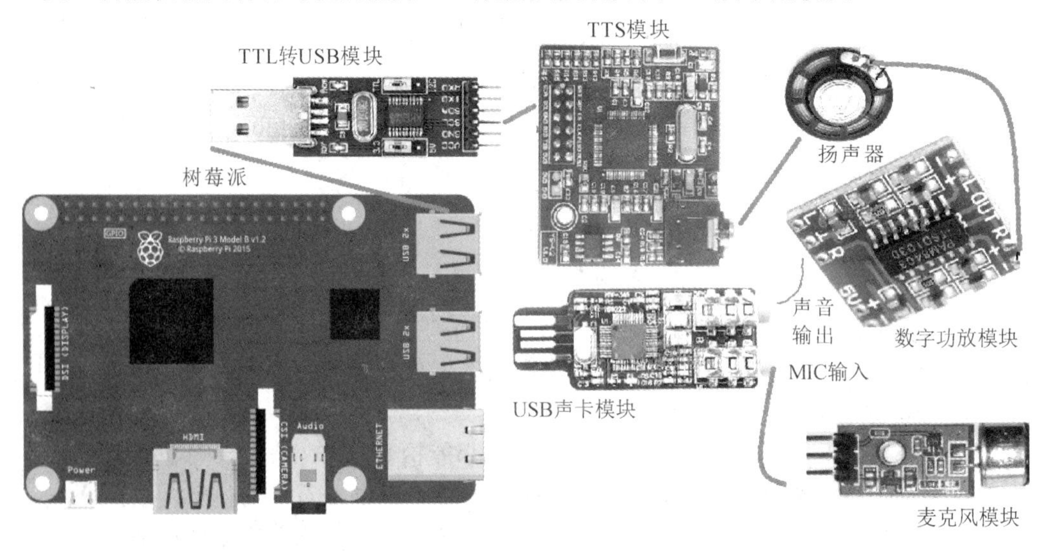

图 6-5　智能机器人声音的输入、输出硬件配置

图 6-5 中主要包括以下 6 个模块：

(1) USB 声卡模块：主要提供麦克风的音频信号采样功能和声音输出功能。

(2) 麦克风模块：具有一定增益的麦克风模块可提高信噪比，并能获得较高质量的声音。

(3) 数字功放模块：放大声音信号以推动扬声器。数字功放也称为 D 类功放，没信号输入时功耗很小，比较省电，而且能输出较满意的功率。

(4) TTS 模块：实现文本信息转变成声音信号输出，文本信息可通过串口、IIC 或者 SPI 口输入。

(5) TTL 转 USB 模块：由于树莓派 GPIO 口只提供一组串口，而 USB 口有 4 个。将 TTS 模块的串口输入转换成 USB 输入，可以节约串口。

(6) 扬声器：主要让机器人能发出声音，例如音乐声或经过 TTS 处理的声音信息。

6.2.1　声卡的安装及配置

1. USB 声卡

树莓派有耳机输出口，但是没有麦克风输入口，因此需要通过外置 USB 声卡来获得声音的采样。由于机器人体积比较小，这里需要考虑的是选择小巧且兼容 Linux 的 USB 声卡，如图 6-6 所示。

图 6-6　USB 声卡

USB 声卡由一块 C-Media 公司的音频集成电路 CM108 和电容、电阻、晶振组成。重要的是，声卡同时提供了声音输出接口及麦克风输入接口。此芯片支持 USB 2.0 Full Speed 数据传输速度，相当于 12 Mb/s。例如一般的音频采样时频率为 16 kHz，数据宽度为 16 位的单声道数据流，每秒产生的数据量为 16 000×16×1=0.256 Mb/s，因此所有传输速度对于普通的语音信号处理来说都是绰绰有余。音频播放或者录音频率同时支持 16 kHz、44.1 kHz 以及 48 kHz 多种频率。CM108 音频芯片原理图如图 6-7 所示。

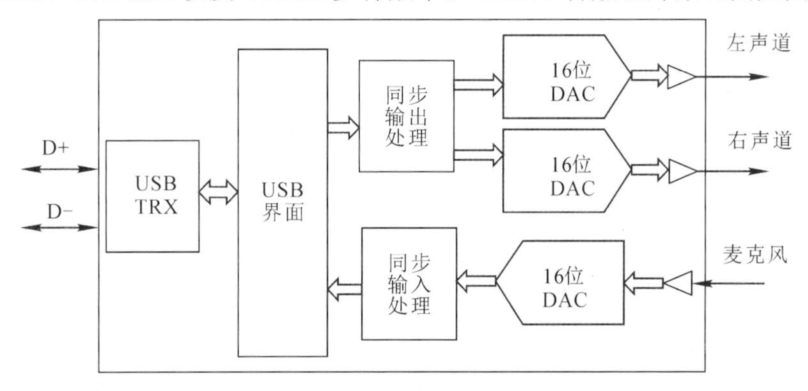

图 6-7　CM108 音频芯片原理图

一般计算机 USB 接口有 4 根引线，其中两根分别是 5 V 电源线以及地线，真正用来传输数据的实际上是一对差分信号线(D+和 D−)。MC108 音频芯片通过 USB TRX 接收和发送组件分别将数据传送到数/模转换器(Digitial Analog Converter，DAC)，或者从模/数转换器

(Analog Digitial Converter，ADC)将数据发送到 USB 端口。

这里使用 ADC 和 DAC 两个模块，一般以集成电路方式提供给用户使用，是与传感器联系非常紧密的一种功能模块。ADC 与 DAC 是连接模拟信号与数字信号的中间传递者。ADC 将模拟信号转变成数字信号，而 DAC 则相反，将数字信号转变成模拟信号。同是中间传递者，但它们的工作原理却截然不同。下面简单介绍一下它们的工作原理。

首先介绍一下 ADC 工作原理，如图 6-8 所示。

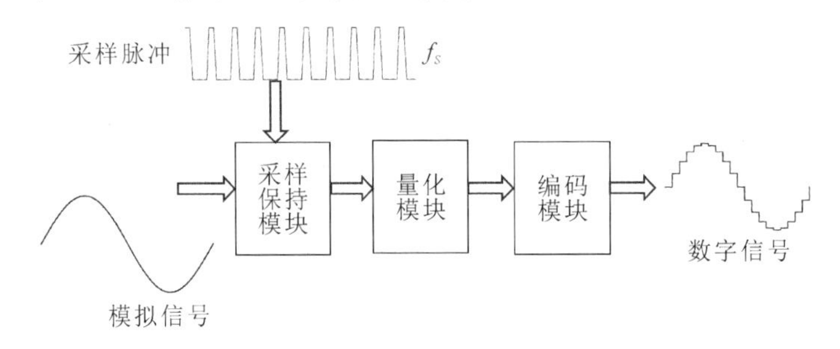

图 6-8　ADC 工作原理图

图 6-8 中各个模块功能介绍如下：

(1) 模拟信号。指的是用连续变化的物理量表示的信息，即其信号的幅度、频率和相位随时间变化而连续变化。

(2) 采样保持模块。可以分为采样及保持两个模块。采样模块可实现将连续性信号离散化，具体是指每隔一小段时间对模拟信号的值(例如幅度)进行测量。这个值还是某种模拟量，例如小电容的电量。保持模块是将采样值能够持续一小段时间，这一小段时间足够能让后续电路正常工作并产生最终相应的数字量。采样保持模块可以笼统地认为就是一个小电容，采样让其充电，而电容本身就能将电容两端电压值存储一小段时间。

(3) 采样脉冲。用于驱动 ADC 按部就班工作。可以这样理解：用一个脉冲(准确地说脉冲的上升沿或下降沿)控制小电容对模拟信号进行采样保持。关键技术是如何控制脉冲的频率可让产生出来的数字信号与输入的模拟信号所含的信息量相等。这涉及一个重要的定理，即奈奎斯特采样定理，即：

$$f_S \geqslant 2 \times f_H$$

这里 f_S 代表采样脉冲的频率；f_H 代表输入模拟信号的最高频率。定理可表述为：为了不失真地恢复出模拟信号，采样频率应该不小于输入信号最高频率的两倍。

(4) 量化模块。采样保持模块将模拟信号某时刻的幅度存储在小电容里，体现为小电容两端的电压值。这个值是一个模拟量，如果使用不同精度的电压表来测量的话，有不同的数值。不同型号的 ADC 芯片应用于不同的领域，有不同的测量精度需求，例如家用数字温度计测量温度只需精确到小数点后一位，而很多实验室仪器测量精度则需要精确到小数点后好几位。打个比方，若拿一把量程为 15 cm(参考电压，记作 V_{ref})的尺子(量化模块)去量一个手机屏幕宽度(某时刻电容两端电压值)，其结果读数就相当于 ADC 量化后的结果。尺子的最小刻度 1 mm 的长度比作为 ADC 的量化间隔，可计算为 $V_{ref}/2^n$，这里 n 代表 ADC 输出数据的位数。很明显，如果尺子量程 15 cm 不变(V_{ref} 不变)，最小刻度减小(n 增大)，则结果读数就越准确。

(5) 编码模块。编码模块依据 ADC 设计时输出数字的位数而进行编码，即将有限长度的电压值映射成为一定长度的二进制数。

接着来介绍一下 DAC 的工作原理。由于 DAC 应用范围很广，在工业、农业、国防以及民用等都有应用，例如 Delta-Sigma 模/数转换器以及 R-2R 电阻梯形网络等，其工作原理也多种多样。这里重点介绍如何从 DAC 将数字量转变为相应的模拟量，如图 6-9 所示。

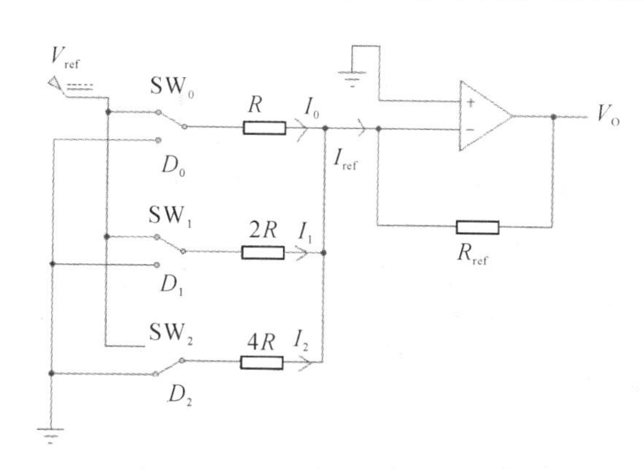

图 6-9 DAC 将数字量转变为模拟量原理图

图 6-9 中有三个可控选通开关(SW_0、SW_1、SW_2)，通过三个开关量 D_0、D_1 和 D_2 进行控制。这三个开关量只有两个状态：要么开(表示 1)；要么关(表示 0)。开关在开的时候，选通参考电压 V_{ref}，而在关的时候，选通地。这三个选通开关分别连接三个阻值不同的电阻，将产生不同的电流。三路电流经过运算放大器进行电流-电压转换，最后输出电压 V_o。这里选择的电阻阻值有一定规律，例如阻值可为 2^0R、2^1R 及 2^2R，其目的是控制电流的大小与二进制数字形成一定的关系。例如三位二进制数 101，左边的 1 产生的电压比右边的 1 产生的电压影响要大，具体差了 $2^2/2^0=4$ 倍。这里左边的 1 将控制图 6-9 中的开关量 D_0，中间的 0 将控制开关量 D_1，右边的 1 将控制开关量 D_2。因为与 D_0 相接的电阻最小，产生的电流最大，所以这股电流对输出电压贡献最大。

2. 声卡的安装及配置

将 USB 声卡接入树莓派 USB 口后，在命令行窗口中输入命令“dmesg”，如果出现以下的信息，则代表声卡已经成功被 Linux 系统所识别。

```
[ 65.057733] usb 1-1.2: new full-speed USB device number 4 using xhci_hcd
[ 65.192120] usb 1-1.2: New USB device found, idVendor=0d8c, idProduct=000c, bcdDevice= 1.00
[ 65.192135] usb 1-1.2: New USB device strings: Mfr=0, Product=1, SerialNumber=0
[ 65.192148] usb 1-1.2: Product: C-Media USB Headphone Set
[ 65.274058] input: C-Media USB Headphone Set as /devices/platform/scb/fd500000.pcie/pci0000:00/0000:00:00.0/0000:01:00.0/usb1/1-1/1-1.2/1-1.2:1.3/0003:0D8C:000C.0001/input/input1
[ 65.338630] hid-generic 0003:0D8C:000C.0001: input,hidraw0: USB HID v1.00 Device [C-Media USB Headphone Set ] on usb-0000:01:00.0-1.2/input3
```

除了上面命令可以看到声卡接入的信息，表 6-1 列举了其他三个命令，也能查看声卡配置信息。

表 6-1　查看声卡配置信息的三个常用命令

命令	描　述
aplay -l	aplay 是 Linux 音频架构 ALSA 工具中的一个，可列出计算机所有声音输出设备信息
arecord -l	arecord 是 Linux 音频架构 ALSA 工具中的一个，可列出计算机所有声音输入设备信息
cat /proc/asound/cards	系统运行后，输出正常运行的系统声音输入输出相关的设备信息

若 USB 声卡被 Linux 识别后，执行“aplay -l”命令后，显示如下内容：

```
**** List of PLAYBACK Hardware Devices ****
card 0: Headphones [bcm2835 Headphones], device 0: bcm2835 Headphones [bcm2835 Headphones]
  Subdevices: 8/8
  Subdevice #0: subdevice #0
  Subdevice #1: subdevice #1
  Subdevice #2: subdevice #2
  Subdevice #3: subdevice #3
  Subdevice #4: subdevice #4
  Subdevice #5: subdevice #5
  Subdevice #6: subdevice #6
  Subdevice #7: subdevice #7
card 1: Set [C-Media USB Headphone Set], device 0: USB Audio [USB Audio]
  Subdevices: 1/1
  Subdevice #0: subdevice #0
```

以上输出的信息主要为树莓派的两个声音设备：card 0 为树莓派系统板载 DAC；card 1 为 C-Media USB 声卡。树莓派上电启动时，缺省默认使用序号为 0 的声音设备，此时若将耳机接入 USB 声卡并播放音乐，并不能听到声音。如果想听到声音，还需要禁止使用树莓派板载 DAC，可输入以下命令：

```
sudo nano /boot/config.txt
```

上述命令中，文本文件“config.txt”是树莓派上电后初始化硬件所需的参数文件。将参数文件中参数“dtparam=audio=on”这行注释掉，如“# dtparam=audio=on”，然后重启树莓派，板载 DAC 就被禁止了。此时，可以测试一下通过 USB 声卡进行录音：

```
arecord test.wav
```

然后输入以下命令测试刚刚播放的录音：

```
aplay test.wav
```

若能从连接 USB 声卡耳机接口的耳机发出声音的话，说明 USB 声卡配置成功。

【任务 6-1】　树莓派 4B 自带 WiFi 模块，由于动态分配 IP 地址连上无线路由器后，需要登录路由器，或者通过局域网 IP 地址扫描软件才能得到其 IP 地址。此任务要求利用网络开源的资源实现让树莓派自己“说”出 IP 地址。

【实现】

先从Github网络平台上下载语音播报IP地址的Python源代码，以及安装配置所需要的软件。可输入以下命令：

```
git clone https://github.com/spoonysonny/speak_raspi_ip.git
sudo apt-get install -y mpg123 mplayer
```

安装的软件“speak_ip”主要是在字符界面播放MP3音频文件如图6-10所示为软件包的目录结构。目录结构里有介绍项目的文档“README.md”、Python代码源文件“speak_ip.py”和目录“voice”。从目录的结构可看软件的工作过程：先获取树莓派的IP，例如“10.0.0.33”；然后将IP的数字分成一个个数字以及中间的小数点并转换为音频信号，例如将IP分开后读作“一零点零点零点三三”。此做法是不需要依赖语音合成模块，而直接使用软件播放特定音频文件实现；需要树莓派读出IP地址时，直接执行命令“python speak_ip.py”即可。

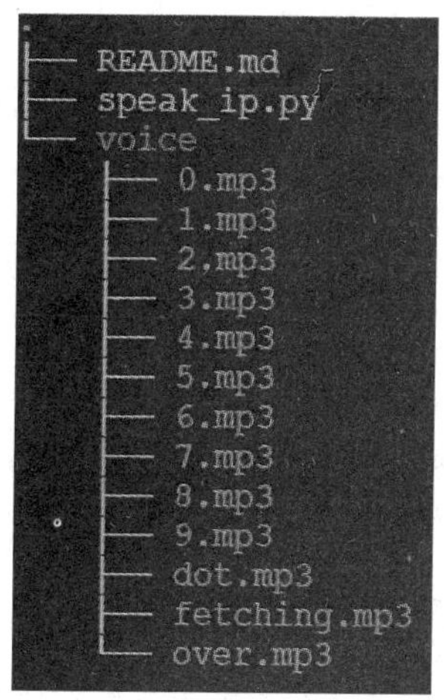

图6-10 软件包“speak_ip”的目录结构

【任务6-2】 使用Python编程语言，通过声卡的录音端口采集语音并存储成为WAV文件。

【实现】将实现程序命名为“record.py”。

在Python环境下，调用声卡的录音端口进行声音采样，可以使用类似PyAudio之类的音频处理库。PyAudio是PortAudio的Python版本，而且是开源的、免费的以及跨平台的便携式音频输入/输出库。PyAudio提供非常简单的录音、播放以及列举音频设备等应用程序接口(Application Programming Interface，API)函数让使用者调用。安装PyAudio使用以下任何一条指令都可以：

```
sudo apt-get install python-pyaudio
sudo -H pip install pyaudio
```

为了更加简单了解PyAudio录音的流程，这里只采用了固定录音时间，例如录制5 s的音频。具体方法是感知声音振幅或者能量的特征，在能量大于一个阈值时开始录音；在一小段时间内如果声音能量均小于另一个阈值时停止录音。

使用PyAudio进行录音的代码如下：

```
01  import wave
```

```
02  import time
03  from pyaudio import PyAudio, paInt16
04
05  CHUNK = 1024
06  framerate = 16000
07  sampwidth = 2
08  channels = 1
09  rec_time = 5
10  FILE_PATH = 'command.wav'
11
12  def DoSaveFile( data ):
13          hfile = wave.open( FILE_PATH, 'wb' )
14          hfile.setframerate( framerate )
15          hfile.setsampwidth( sampwidth )
16          hfile.setnchannels( channels )
17          hfile.writeframes( b''.join(data) )
18          hfile.close()
19
20  def DoRecord():
21          pa = PyAudio()
22
23          stream = pa.open( format=paInt16, frames_per_buffer=CHUNK, rate=framerate, channels=
            channels,  input=True )
24          buf = []
25
26          t = time.time()
27          while time.time() < t + rec_time:
28                  audio_data = stream.read( CHUNK )
29                  buf.append( audio_data )
30          print( 'Finish Recording.' )
31          DoSaveFile( buf )
32          stream.close()
33
34  if __name__ == '__main__':
35          DoRecord()
```

程序解析如下：

行 1　使用 wave 库来写音频 WAV 文件。

行 2　使用 time 库来定时，采样几秒的音频。

行 3　使用 PyAudio 库来驱动声卡进行音频采样，每个声音采样样本为 16 位整型。

行 5 指定每个缓存的帧数。

行 6 指定音频的采样频率 16 kHz (16 kHz 是一般的语音采样频率；更好的是 44.1 kHz，是 CD 唱片标准。

行 7 指定音频每个样本占字节数为 2，对应“paInt16”类型。

行 8 指定为单声道录音，减少数据传输量。

行 9 指定录音时间为 5 s。

行 10 指定录音存储的文件。

行 12 定义将音频数据存储成音频 WAV 文件函数。

行 13 打开一个二进制写入型 WAV 文件流。

行 14 至行 16 设定相应的帧率、每个样本字节数以及声道数。

行 17 将音频数据写入文件流。参数 b″表示字节型的空字符串，b 代表字节；join()函数用于将序列中的元素以指定的字符连接生成一个新的字符串，例如 b'-'.join('abcd')结果为字符串 'a-b-c-d'。

行 18 关闭文件流。

行 20 定义录音函数。

行 21 使用实例化 PyAudio，实质是使用 portaudio 的库。

行 23 使用 PyAudio 打开一个输入的音频流，里面参数包括样本数据宽度，每个缓存的帧数、帧率、音频采样率、声道数以及音频输入类型。

行 24 定义缓冲。

行 26 获得当前时间并存于变量 t 内。

行 27 如果录制时小于 5 s，则继续录。

行 28 从音频流中读取一批数据。读取的数据字节数可以这样计算：每个缓存的帧数×样本字节数×声道数。

行 29 将以上获取的数据添加进缓冲变量。

行 30 至行 32 定时时间到后，输出结束信息，并调用函数存储成 WAV 文件和关闭写入流。

行 34 程序的虚拟 main( )方法。

行 35 调用录音函数进行录音并存储成 WAV 文件。

6.2.2 语音合成模块的安装及配置

这里介绍的语音合成(Text to Speech，TTS)模块为 QUASON 的一款产品，如图 6-11 所示。其内部使用了科大讯飞的语音合成芯片，型号为 XFS5152。与声卡情况相似，语音合成模块电路的结构也比较简单，由一个芯片和一些外围电阻、电容，以及晶振构成一个 12 引脚的双排插件，主要提供 3.3 V 电压输入接口和三种与上位机连接接口(分别为串口、SPI 以及 I2C)。语音合成模块的功能是将树莓派传来的文本信息，例如“今天天气很好”，通过芯片内部语音合成模块将文本转换为相应的音频信号输出，此音频信号经过放大器放大推动喇叭发声。

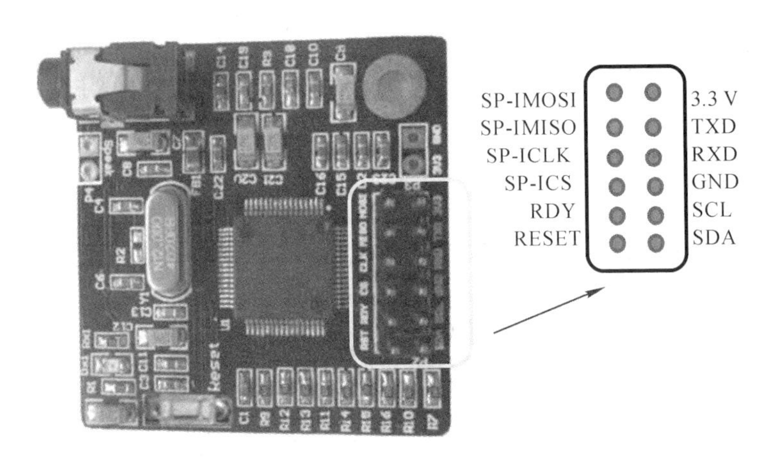

图 6-11　TTS 模块实物图及语音合成芯片的接口定义

科大讯飞的语音合成芯片的内部结构如图 6-12 所示，图中显示了三种输出输入接口：SPI、UART 和 I2C。这三种接口如果作为输入接口，将来自树莓派上位机的文本信息，通过 TTS 模块转变成音频信号输出；如果作为输出接口，将来自麦克风的音频信号进行语音识别或者语音编码，从其中另一个接口输出到上位机。其内置的语音识别功能只能识别几十个预先设定的命令词，而不是对一般口语都能语音识别。预先设定的命令词可以设定为“过来”“我是谁”“关机”“启动”等，用户发出的语音必须与这些控制命令词相似才行。例如，如果用户发出“请你过来一下”就有可能匹配不了“过来”这个命令词。本章仅介绍语音合成芯片的 TTS 语音合成功能。使用语音合成芯片的语音合成功能时音频输出接口需要接数字功放对音频信号进行功率放大。芯片语音合成 TTS 技术具有智能的文本分析算法，对常见的数值、电话号码、日期时间、度量符号等特殊格式的文本，芯片可根据文本的智能匹配规则调整为更接近人口语的发音。例如“2020-10-18”将被读为“二〇二〇年十月十八日”“11:25:53”读为“十一点二十五分五十三秒”“18℃”读为“十八摄氏度”等。芯片还能识别出句子中的多音字，让这种类型句子发音更加“地道”。

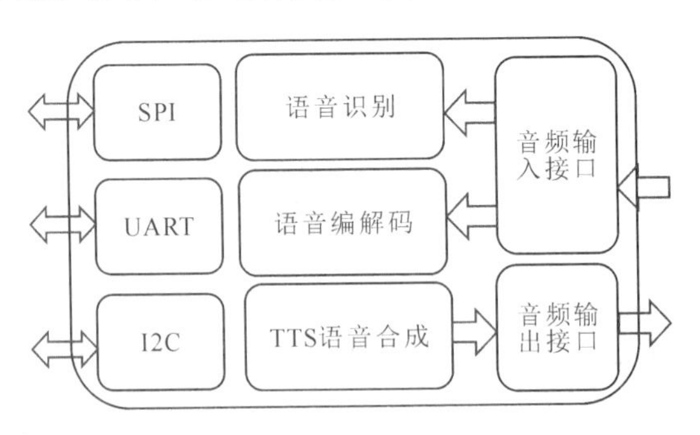

图 6-12　科大讯飞的语音合成芯片内部结构

语音合成模块与树莓派通过串口转 USB 模块进行连接，如图 6-13 所示。串口转 USB 模块的 Vcc 为 3.3 V 电压输出，接 TTS 模块的 3.3 V 电压输入；串口转 USB 模块发送端 TXD 接 TTS 模块接收端 RXD；串口转 USB 模块接收端 RXD 接 TTS 模块发送端 TXD。

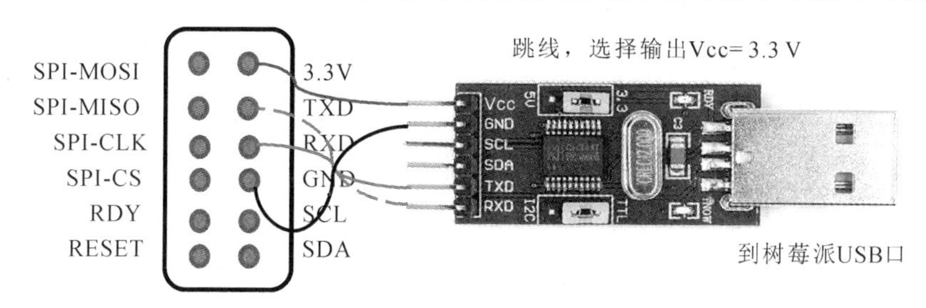

图 6-13 TTS 模块通过串口转 USB 模块与树莓派连接

当将串口转 USB 模块插入树莓派 USB 口后，使用命令“dmesg”查看结果，如果显示以下的信息，则表示串口转 USB 模块成功被 Linux 所识别，并在目录“/dev”下建立了代表此设备的文件“ttyUSB0”。

```
[40803.993507] usb 1-1.3: USB disconnect, device number 4
[40810.431409] usb 1-1.3: new full-speed USB device number 5 using xhci_hcd
[40810.567717] usb 1-1.3: New USB device found, idVendor=1a86, idProduct=7523, bcdDevice= 2.54
[40810.567724] usb 1-1.3: New USB device strings: Mfr=0, Product=2, SerialNumber=0
[40810.567729] usb 1-1.3: Product: USB2.0-Serial
[40810.616770] usbcore: registered new interface driver usbserial_generic
[40810.616796] usbserial: USB Serial support registered for generic
[40810.619026] usbcore: registered new interface driver ch341
[40810.619072] usbserial: USB Serial support registered for ch341-uart
[40810.619123] ch341 1-1.3:1.0: ch341-uart converter detected
[40810.624609] usb 1-1.3: ch341-uart converter now attached to ttyUSB0
```

完成以上工作后，将用户“pi”添加到使用这个串口设备的群组“dialout”中，然后才能在程序中自由地使用该模块硬件资源而不用必须为“root”权限了。具体命令为：

```
sudo usermod -a -G dialout pi
```

如图 6-14 所示是 ROS 实现实时语音播报示意图。ROS 发布的字符串消息被树莓派端的执行器模块订阅后，通过串口转 USB 模块将消息发送给 TTS 模块发音。ROS 的消息来源可以是某个算法模块，例如人脸识别模块，通过识别后直接发送到该主题，也可以是通过信息融合后产生的主题。

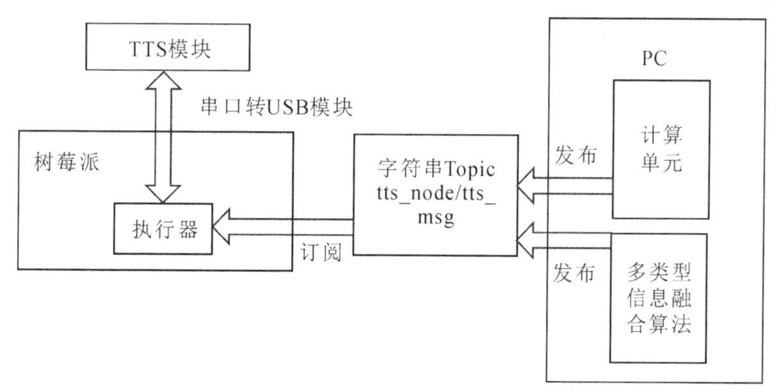

图 6-14 ROS 实现实时语音播报示意图

【任务 6-3】 将 TTS 模块作为机器人的文字转语音系统(机器人的“嘴巴”)，通过发送文本信息到“tts_node/tts_msg”主题，实现语音播报。

【实现】 将本程序命名为 ex01_vr_tts.py。

实现程序如下：

```
01  import rospy
02  from std_msgs.msg import String
03  import serial
04  import binascii
05  import time
06
07  class TTSCtrl:
08      def __init__( self ):
09          self.ser = serial.Serial( "/dev/ttyUSB0", 9600 )
10          rospy.Subscriber('tts_node/tts_msg', String, callback=self.tts_cb, queue_size=3)
11          rospy.spin()
12
13      def tts_cb(self, data):
14          print( data.data )
15          self.tts( data.data )
16
17      def send( self, msg ):
18          for i in msg:
19              self.ser.write( i )
20
21      def tts( self, msg, gender='[m3][h0]' ):
22          msg1 = gender+msg
23          if isinstance( msg1, str):
24              m = list(msg1.decode("utf-8").encode("gbk"))
25          elif isinstance( msg1, unicode):
26              m = list( msg1.encode("gbk") )
27
28          data = [0xfd, 0x00, len(m)+2, 0x01, 0x01]
29          data = map( chr, data ) + m
30          self.send( data )
31
32          time.sleep( 0.5 )
33
34          self.waitUntilFree()
35          time.sleep( 1 )
```

```
36
37      def isBusy( self ):
38          cc=[ '\xfd', '\x00', '\x01', '\x21' ]
39          self.send( cc )
40          x = self.ser.read()
41          if ord( x ) == ord( '\x4e' ):
42              return 1
43          elif ord( x ) == ord( '\x4f' ):
44              return 0
45
46      def waitUntilFree( self ):
47          time.sleep( 0.5 )
48          while self.isBusy():
49              print "busy..."
50              time.sleep( 0.5 )
51
52  if __name__ == "__main__":
53      rospy.init_node('tts_node')
54      TTSCtrl()
```

对程序重要部分解析如下：

行 3　使用 Python 的串口库。

行 4　使用 binascii 库实现二进制和 ASCII 互转。例如 hex(ord('a'))结果为“0x61”。

行 5　使用控制时间库。例如等待 0.1 s 等。

行 7　定义控制 TTS 的类 TTSCtrl。

行 8　定义 TTSCtrl 类的初始化函数。当生成实例对象时第一个自动执行此函数。

行 9　使用串口/dev/ttyUSB0，并定义其波特率为 9600。

行 10　定义本类订阅 ROS 的字符串型主题“tts_node/tts_msg”，并定义其回调函数为本类的函数“tts_cb()”。

行 11　将 CPU 的控制权由本程序交给 ROS。若有新的符合订阅的主题信息时才通过本类的回调函数取回 CPU 控制权。

行 13　定义回调函数“tts_cb()”。

行 14　字符客户端输出需要 TTS 读出的字符串。

行 15　调用“tts()”函数，其参数“data”由 ROS 传入。

行 17　定义串口发送字符串函数。

行 18　遍历字符串字符。

行 19　调用串口库的写方法，逐个发送字符。

行 21　定义“tts()”语音合成函数，传入字符串以及发音方式，其中参数[m3]为指定女声发音，[h0]指定如英语单词“you”是作为整体读出还是“y-o-u”单个字母逐一读出来。

行 22　根据科大讯飞 TTS 语音合成协议，将需发音文本与上面的发音方式结合。

行 23 至行 26　根据字符串的编码，统统转变为“gbk”编码。

行 28　根据协议，使用添加语音合成指令，其字符串数据格式为“gbk”。根据协议，语句中第一个参数“0xfd”为帧头；第二、第三两个参数是数据的长度；第四个字节为命令字，如“0x01”为语音合成指令；第五个字节为文本的编码格式，如 0xbf 为“gbk”格式，同时还支持“GB2312”、“BIG5”以及“UNICODE”等格式。

行 29　调用 map()函数，并在帧头数据后面添加待语音合成文本。map()函数的第一个参数也是一个函数 chr()，第二个参数是行 28 定义的一维数组。map()函数可将一维数组里的十六进制数据逐个转换成为字符串形式。例如“int”型一维数组为[0xfd, 0x00, 0x01, 0x01]，经映射后结果为“str”型一维数组['\xfd', '\x00', '\x01', '\x01']。

行 30　通过串口发送上面一帧数据到 TTS 模块进行语音合成发声。

行 32　通过时间库等待 0.5 s，目的是等待串口传输数据，此时间间隔可根据实际情况自行指定。

行 34　调用本类定义的函数，检测 TTS 模块对刚发送的文本是否处理完毕。

行 35　通过时间库等待 1 s。

行 37　定义函数，用于判断 TTS 模块语音转换是否完成。

行 38　根据协议合成命令帧，关键是第四个参数“0x21”获取 TTS 是否处于语音合成状态的命令字，返回“0x4E”表明芯片仍在合成中，返回“0x4F”表明芯片处于空闲状态。

行 39　发送状态查询命令。

行 40　至行 44 从串口读取 TTS 模块返回代码，根据代码设置函数返回标志。

行 46　至行 50 主要调用上面定义的 isBusy()函数，等待此处语音合成完成。

行 52　程序的虚拟 main(　)方法。

行 53　向 ROS 注册本程序为一个节点，节点名称为 'tts_node'。

行 54　构造 TTSCtrl 类，执行类初始化函数。

以上程序编写完成后，需要测试程序是否正确。先在 PC 端打开字符终端执行命令“roscore”；再打开一个树莓派字符终端输入命令“python ex01_vr_tts.py”；最后再打开另一个树莓派字符终端，输入如下命令向主题“/tts_node/tts_msg”发送字符串“你好”。

```
rostopic pub -1 /tts_node/tts_msg std_msgs/String '你好'
```

如果能从扬声器中发出相应的声音，则表示一切正常。程序初始化后 CPU 控制权由 ROS 来接管，见程序行 11。当上面命令发送字符串到“/tts_node/tts_msg”主题时，ROS 执行本程序的回调函数“tts_cb(self, data)”，传入回调函数所在的类句柄“self”以及字符串消息“data”。所以，只要有消息发送到“/tts_node/tts_msg”主题，都会触发 TTS 模块发音。如果测试 TTS 模块读出 IP 地址 10.0.0.33，命令如下：

```
rostopic pub -1 /tts_node/tts_msg std_msgs/String '10.0.0.33'
```

这时 TTS 模块发音为“幺零点零点零点三三”，与口语很接近。

这里有个小技巧，细心的读者会留意到使用 ROS 时，经常涉及打开多个字符终端，而每个字符终端都占据一个窗口。一旦窗口数目过多，有时经常将命令敲错窗口。而且运行 ROS 时，有些窗口只运行一两个命令(例如“roscore”命令)后就不用再去使用了。下面介绍一个小工具 terminator 字符终端，它可以比较完美地解决这些问题。首先需要安装此字符终端，命令如下：

```
sudo apt-get install terminator
```

运行此字符终端只需要在桌面环境下按下快捷按钮组合“Ctrl+Alt+t”，则会出现平时熟悉的字符终端窗口。选中字符终端窗口，可以使用下面的快捷键对这个窗口进行操作，如表 6-2 所示。

表 6-2 字符终端 terminator 操作快捷键

快捷键	功能描述
Ctrl+Shift+e	垂直分割窗口
Ctrl+Shift+o	水平分割窗口
F11	全屏显示
Ctrl+Shift+c	拷贝选中内容
Ctrl+Shift+v	粘贴
Ctrl+Shift+n 或者 Ctrl+Tab	在分割后的各个子窗口切换
Ctrl+Shift+x	将某个子窗口放大为全屏
Ctrl+Shift+z	退出全屏，恢复子窗口

如图 6-15 所示是先垂直将一个字符终端窗口切分成左、右两子窗口，然后选中左边子窗口，再将其水平分割成上下子窗口。左边的两个子窗口分别执行不怎么需要与人互动的命令，如在左上角窗口执行命令“roscore”；左下子窗口执行命令“python ex01_vr_tts.py”，用于等待订阅字符串内容；而需要经常与人互动的窗口则用右边的子窗口。

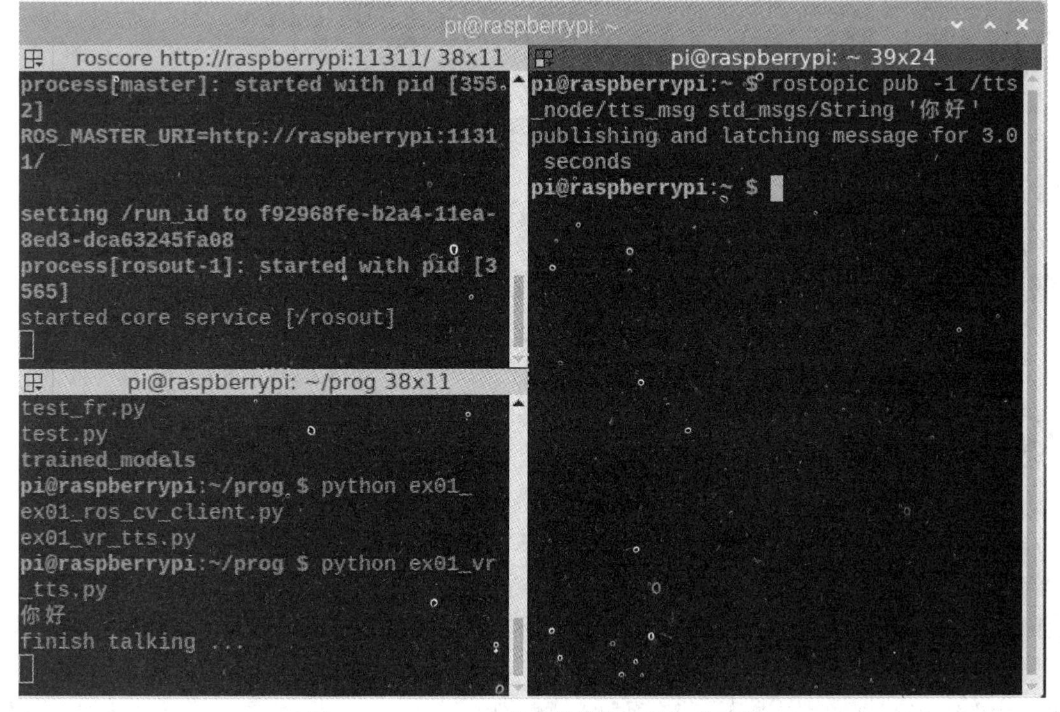

图 6-15 terminator 字符终端窗口的切分示例

6.3　语音识别及自然语言处理

本节主要解决的问题是让机器人能够听懂预先设定的一系列指令词。人与机器人语音交互时，不一定说出与指令词一致的句子，与指令词相近就可以了。例如指令词为“前进”，用户可以说“请你往前走，谢谢”。这类问题在人类的世界里，看起来似乎挺简单，甚至三岁小孩都能分清楚这两者意思相近。但是对于计算机而言，这类问题却是非常棘手的。从上面对声卡的介绍可知，计算机的听力靠的是麦克风。麦克风拾取模拟音频信号后，由ADC转换为数字信号交给计算机处理。对于计算机而言，所有的音频信号，不管是汉语、英语、法语或者是歌声，甚至是噪音，基本上就是一长串0与1的组合，只是0与1的个数、位置以及长度不同而已。下面将讨论的语音识别就是指从这样一串看似毫无规则的0、1组合的数字串里寻找背后隐藏的规律，将数字化的声音转换为文本；自然语言处理系统再从文本中继续寻找规律，从而让计算机理解文本的内容，并生成控制机器人的各种指令。在ROS框架下机器人与人语音交互结构图如图6-16所示。

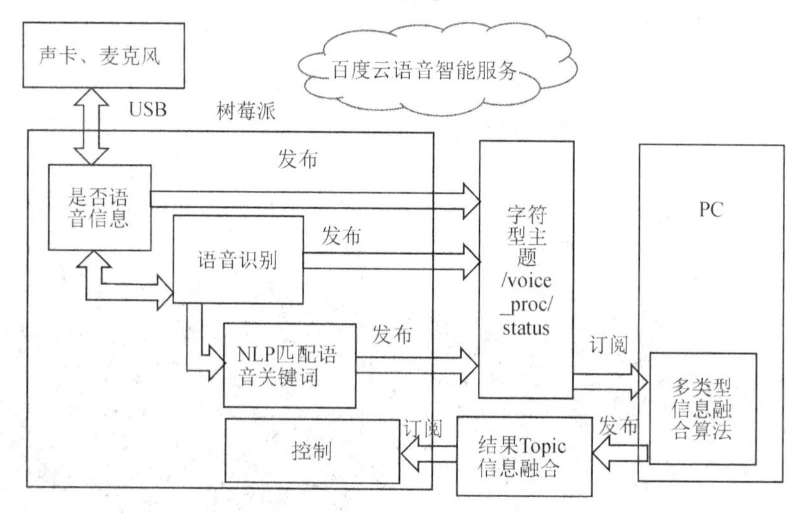

图6-16　机器人与人语音交互结构图

图6-16中的主角是树莓派，PC在这里只负责多类型信息融合功能。树莓派通过WiFi连接百度云语音智能服务，主要包括语音识别及自然语言处理(Natural Language Processing，NLP)。首先机器人使用ROS定时器每隔一小段时间(如0.2 s)从麦克风拾取一小段语音数据，判断数据是含有有效的语音信号还是噪音。判断依据是这小段声音的能量大于某个阈值时，将触发语音识别，此时麦克风为激活状态。在麦克风激活状态下，需要用户呼唤机器人的名字，才能激活机器人身上的所有传感器，相当于打开了“总开关”。具体做法为：通过语音识别将语音数据转变成为文本，再通过NLP将文本与机器人名字进行匹配，成功匹配的话，机器人被激活。在机器人激活状态下，语音识别系统不断地识别语音信号，并与预先设定的一组关键词(命令，如机器人前进、后退)进行比对，识别出命令。这里涉及两个激活状态：麦克风激活状态及机器人激活状态。设置有两个激活状态的原因主要有三个：第一是增加机器人电池的巡航能力，在这两个状态都没激活前，所有其他耗电的传感器、电机伺服器等都处于

待命状态，只有当机器人处于激活状态时，这些部件才有可能被激活使用；第二个是防止一个未知外来声音的误操作；第三个是增加耗损部件的使用寿命。

下面介绍的主要内容为：百度语音识别以及NLP的使用；如何获取有效的语音信息；如何通过机器人名字激活机器人，这一步相当于机器人的“软总开关”，并让机器人接受来自语音或者图像识别产生的命令。除此之外，还将讨论如何通过麦克风模块的选型及改造，以提高获取声音的信噪比和提高“获取有效语音信号”部分算法及之后的语音识别算法的性能。

6.3.1 语音识别及自然语言处理

自动语音识别(Automatic Speech Recognition，ASR)，也称作语音识别(Speech Recognition)，是一种将口语转换为文本的技术。语言识别是一种交叉学科，它与语音学、语言学、声学、数字信号处理、计算机与概率论等都有关系。语音识别技术的目标是让计算机能够听懂不同人说出的连续语音，实现从语音到文字的转换过程。人类语言是相当复杂的，当今世界上的各个语种都属于自然语言，例如普通话、俄语、英语、法语以及德语等。就拿普通话来说，并不是中国各个地方的人说的都是CCTV播音员那种标准普通话，其中包括北京口音、天津口音、四川口音以及广东口音等普通话。地方方言就更多了，例如北京话、天津话、普通话、粤语、客家话或者少数民族的地域性方言等。基于这些复杂的情况，语音识别系统只能限于某一种语言的识别。例如普通话识别就只能识别普通话范畴的语音，如果拿去识别普通话+粤语的语音，效果可能特别差。

自然语言处理研究如何让计算机理解并生成人类的语言，从而实现机器人能与人类平等流畅地沟通交流。这个概念过于庞大，可以拆分成“自然语言”和“处理”两部分。先来看自然语言，其有别于计算机语言，是人类发展过程中形成的一种人与人之间信息交流的方式。自然语言包括口语及书面语，反映了人类的思维，且都以自然语言的形式表达。自然语言处理的最终目标是让机器人实现自然语言理解(Natural Language Understanding，NLU)和自然语言生成(Natural Language Generation，NLG)。NLU侧重于理解文本，其中包括文本分类、命名实体识别、指代消歧、机器阅读以及句法分析等，重点往往是文本内部的特征。而NLG则侧重于理解文本后如何生成自然文本，包括问答系统、自动摘要、机器翻译、对话机器人等，这部分往往根据NLU提取的特征生成新的文本。例如用户问机器人今天天气怎样？机器人要回答这个问题，首先得进行分词，然后分析词的属性、语句句法以及语义等，才能生成具体的答案文本，然后通过TTS等发出声音。

6.3.2 注册百度账号及建立语音识别应用

要使用百度语音识别功能，首先需要申请AppID、APIKey与SecretKey。假设读者已经有了百度的账号及密码，在浏览器里输入地址https://ai.baidu.com/tech/speech，将出现如图6-17所示的网站信息，点击语音识别下面一排按钮中的“立即使用”按钮①，即可以进入登录页面。

---

① 页面信息随时间推移会改变，例如之前是通过点击登录按钮到下一页面。

图 6-17　百度语音识别服务登录页面

一般用户只需选择非企业账号登录，填入账号和密码即可以进入百度智能云页面，如图 6-18 所示。

图 6-18　百度智能云页面

将页面往下拉，找到“语音技术”按钮并点击，便进入到添加应用页面。所谓“添加应用”，就是添加百度语音识别、NLP 等服务的云端接口，让用户能通过接口的账号和密码等登录并使用这些服务，如语音识别应用服务，如图 6-19 所示。

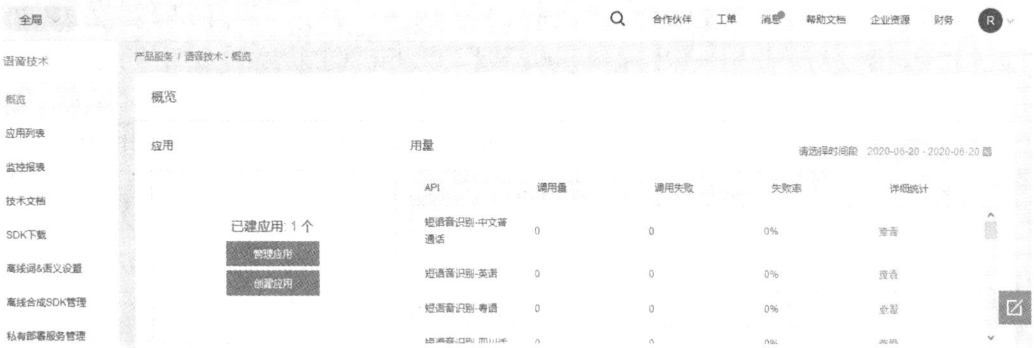

图 6-19　创建新的应用页面

在创建新的应用页面点击“创建应用”按钮，进入智能语音服务选择页面，勾选所需的智能语音相关服务。如果只需要语音识别及自然语言处理两项应用，需要填入“应用名称”及“应用描述”，同时选择“应用类型”及“语音包名”。因为语音识别这项应用已经默认被选择了，只需要选上自然语言处理相关所有子项目即可创建应用，具体如图 6-20 所示。

图 6-20　智能语音服务选择页面

百度提供的语音识别服务及 NLP 服务在一定使用量内是免费的，因此图 6-20 中选择了尽量多的服务类型，以便日后增强机器人语音功能时不用再申请。本章用到的语音技术包括短语音识别、短语音识别极速版及实时语音识别；自然语言处理只使用短文本相似度技术。应用创建完毕后，可以查看应用的详情，里面有刚刚建立的应用详细信息，包括 AppID、APIKey 以及 SecretKey 等。

6.3.3　使用百度语音识别应用

【任务 6-4】 给定一个普通话录音文件“common.wav”，使用百度的语音识别应用对其进行识别，并输出识别出的中文文本结果。

【实现】 将本程序命名为“ex02_vr_vr.py”。

任务实现程序如下：

```
01  import requests
02  import time
03  import base64
04
05  APIKey = 'your APIKey'
06  SecretKey = 'your SecretKey'
07  base_url = "https://openapi.baidu.com/oauth/2.0/token?grant_type= client_credentials&client_id=
    %s&client_secret=%s" % (APIKey, SecretKey)
08
09  FILE_PATH = 'command.wav'
10
11  def getToken():
12      res = requests.post( base_url )
13      return res.json()['access_token']
14
```

```
15  def load_audio( file ):
16      with open( file, 'rb' ) as f:
17          data = f.read()
18      return data
19
20
21  def voice_recognize( voice_data, token ):
22      data = {
23          'format': 'wav',
24          'rate': '16000',
25          'channel': 1,
26          'cuid': '*******',
27          'len': len(voice_data),
28          'speech': base64.b64encode(voice_data),
29          'token': token,
30          'dev_pid':1537
31      }
32      url = 'https://vop.baidu.com/server_api'
33      headers = {'Content-Type': 'application/json'}
34      r = requests.post( url, json=data, headers=headers )
35      res = r.json()
36      if 'result' in res:
37          return res['result'][0]
38      else:
39          return res
40
41  if __name__ == '__main__':
42      TOKEN = getToken()
43      vd = load_audio( FILE_PATH )
44      print( 'doing voice recognition...' )
45      res = voice_recognize( vd, TOKEN )
46      print( res )
```

程序关键部分解析如下：

行 1　使用 requests 库发送 http 请求。

行 3　使用 base64 库对信息进行编码处理，base64 库经过编码具有不可读性，需要解码才能阅读。

行 5 至行 7　设定用户的 APIKey 及 SecretKey，并将其与百度相应的地址结合在一起。

行 9　指定语音识别的录音文件名。

行 11　定义获取百度语音识别服务的令牌(token)函数。

行 12 通过调用 requests 的 post()方法，将上面的地址发送到百度服务器端。

行 13 百度服务器返回 json 格式[①]的信息，函数只返回“access_token”键的值。

行 15 至行 18 以二进制的方式读取并返回“command.wav”文件的数据部分。

行 21 定义语音识别的函数，用于接收语音数据及令牌。

行 22 至行 31 用 json 规范定义发送到百度语音识别应用的数据帧。一帧数据包括数据头以及编码后的语音数据。数据头指定数据帧的属性，例如音频格式、音频采样率、声道数、二进制语音数据的字节数以及令牌。数据帧还有两个特别的属性，例如“cuid”这个属性设置，百度建议是使用用户的 MAC 地址(电脑访问)或者 IMEI 地址(移动设备访问)；“dev_pid”属性设置为 1537 表示识别普通话，还可以设置为粤语(1637)、英语(1737)以及四川话(1837)。

行 32 至行 34 再次调用 requests 库的 post 方法，将 json 格式的数据帧发送到百度语音识别处理服务器，服务器将识别后的结果以 json 的方式返回。

行 35 至行 39 如果 json 里有“result”键的话，res['result']是一个 list，返回 list 的首个元素，这个元素就是中文识别的文本内容。其余情况返回 json 的所有内容。

行 41 本程序的虚拟 main( )方法。

行 42 获取令牌。

行 43 读取二进制格式的音频文件内容。

行 45 进行语音识别，提供二进制音频内容以及令牌，返回识别后的结果。

行 46 向屏幕输出语音识别后的结果。

6.3.4 使用百度自然语言处理应用

百度自然语言处理技术自百度诞生之日起就起着至关重要的作用。百度作为一款中文搜索引擎，从第一位用户搜索出第一条结果开始，中文分词这样的 NLP 算法便成为搜索引擎必不可少的部分。伴随着百度的成长，百度的 NLP 技术也在快速成长、发展及壮大，给广大用户提供了免费额度[②]的 NLP 计算服务。百度 NLP 接口相当丰富，部分接口的介绍如表 6-3 所示。

表 6-3 百度 NLP 部分接口名称及描述

接口名称	功能描述
词法分析	进行分词、词性标准、专用名词识别
词向量表示	将词汇编码成为向量，方便计算
词义相似度	计算两个词的相似程度

① json 是一种轻量级的数据交换格式，简洁和清晰的层次结构使得其成为理想的数据交换语言。该语言格式便于人阅读和编写，同时也易于机器解析和生成，有效地提升了网络的传输效率。

② 免费额度是指成功创建应用并开通自然语言处理服务后可享受的免费调用次数，每个 API 都有基础免费额度，供用户尝试和体验。对于上面介绍的非企业认证的用户，自 2019 年 10 月 28 日以后，可以享有 50 万次 NLP 里面所有 API 的调用。各 API 在每日免费额度用完后，超出部分需要按次数进行额外购买，否则接口会报错。

续表

接口名称	功 能 描 述
短文本相似度	判断两个短文本相似程度，并给予一定的评分
评论观点抽取	计算句子的观点，评论其感情属性
文章标签	分析文章的标题和内容，输出能够反映文章关键信息的主题、话题、实体等多维度标签以及对应的置信度
文章分类	根据文章内容类型对文章进行自动分类
文本纠错	识别文本中有错误的部分，对错误进行提示并给出正确的建议

这里主要使用的是短文本相似度，比对预先设定的关键词，目的是从语音识别结果的文本中，找出这些关键词里与识别结果文本中最匹配的词。使用百度 NLP 非常简单，使用如下命令安装百度自然语言处理 Python 库即可。

```
sudo -H pip install baidu-aip
```

【任务 6-5】 假设有个系统关键词表“['鸡飞飞', '前', '后', '左', '右', '讲故事', '唱歌', '休息']”，随意输入与其中一个关键字相关的句子，使用百度 NLP 应用匹配关键字中最佳的一项。

【实现】 将本程序命名为“ex03_vr_nlp.py”。

实现思路很简单：假设语音识别输出结果为“嗯嗯我想听个故事吧”，调用百度 NLP 的短文本相似度，将输出结果逐一与系统关键词进行对比，即可得到相似度评分，然后输出评分最高的那个关键词。

任务实现程序如下：

```
01  # -*- coding: utf-8 -*-
02  from aip import AipNlp
03  import json
04  import time
05
06  APP_ID = 'your ID'
07  API_KEY = 'your APIKey'
08  SECRET_KEY = 'your SecretKey'
09  client = AipNlp(APP_ID, API_KEY, SECRET_KEY)
10
11  commands = ['鸡飞飞', '前','后','左','右','讲故事','唱歌','休息']
12  text= '嗯嗯我想听个故事吧'
13  options = {}
14  options["model"] = "CNN"
15  biggest = -1
16  best = ""
17  for w in commands:
18          time.sleep(1)
```

```
19        b = client.simnet(text, w, options)
20        if biggest < b['score']:
21            biggest = b['score']
22            best = b['texts']['text_2']
23        c = json.dumps(b).encode ('utf-t').decode("unicode-escape")
24        print(c)
25
26    print( "本次最佳匹配关键字为：" + best)
```

程序重要部分解析如下：

行 1　因为 Python 程序涉及中文，此行让程序执行时不出错。

行 2　使用百度 NLP 库。

行 3　使用 json 库。

行 4　使用 time 库，用于定时。

行 6 至行 8　从百度网站注册后生成应用 ID。

行 9　调用 NLP 库函数，初始化应用，并生成客户端对象 client。

行 11　定制智能机器人接收的命令序列，形成关键词列表。

行 12　设置从语音识别端返回的文本。

行 13 至行 14　设定短文本相似度匹配的可选项参数，指定使用“CNN”识别模型，即卷积神经网络模型。

行 15 至行 16　设定变量，协助找出最佳匹配项。

行 17　遍历整个关键词列表各个词。

行 18　等待 1 s，实际中发现两次调用短文本相似度匹配算法时间不能太短，不然会报错。

行 19　调用短文本相似度匹配算法，算法接收待匹配文本 1、待匹配文本 2 以及可选项 options 参数，返回结果是一个字典对象 dict。

行 20 至行 22　比较 dict 中的“score”键，找出较大一项，并保存其内容。

行 23 至行 24　输出每次比较的内容，其中涉及中文的显示问题。由于行 19 返回 dict 对象，需要先转换成为 str 对象，再对已经经过 Unicode 的字符串进行相应的解码，才能显示中文字符。

行 26　输出最佳匹配的关键词内容。

这里用的是短文本相似度比较，而不是词义相似度比较，是因为在实际人机对话应用中，尤其是小孩子用语音控制机器人时，往往会说出类似“嗯嗯我想听个故事吧”的语音指令，用一般的字符串比对往往处理不了这样的情况。一般来说，有以下 5 种情况会造成人发出来的指令与设定指令发生偏差：

(1) 由于口音、背景噪音及麦克风灵敏度低等原因，导致语音识别出来的结果不理想。

(2) 控制指令为一句短语，例如设定指令词为“前进”，而控制为语音“请你继续前进吧”。

(3) 缺少指令词中的一些字。

(4) 没记住预先设定的指令内容，说出了类似的指令内容，例如设定指令词为“前进”，而控制语音却为“请你往前走吧”。

(5) 记忆不好，在思考过程中添加了不少语气词，例如上面“嗯嗯……”。

下面就后 4 种情况运行程序进行测试，其中情况(5)已经包括在情况(3)与(4)的测试里了。情况(2)的测试结果如下：

```
{"log_id": 8503550954124785109, "texts": {"text_2": "鸡飞飞", "text_1": "想跟鸡飞飞说一会话"}, "score": 0.77996}
{"log_id": 7172560097360322997, "texts": {"text_2": "前", "text_1": "想跟鸡飞飞说一会话"}, "score": 0.18425}
{"log_id": 4413900521070393493, "texts": {"text_2": "后", "text_1": "想跟鸡飞飞说一会话"}, "score": 0.268512}
{"log_id": 3569548963493825909, "texts": {"text_2": "左", "text_1": "想跟鸡飞飞说一会话"}, "score": 0.163282}
{"log_id": 8889000786297315349, "texts": {"text_2": "右", "text_1": "想跟鸡飞飞说一会话"}, "score": 0.180365}
{"log_id": 3349209077636940181, "texts": {"text_2": "讲故事", "text_1": "想跟鸡飞飞说一会话"}, "score": 0.209346}
{"log_id": 5313560680213888789, "texts": {"text_2": "唱歌", "text_1": "想跟鸡飞飞说一会话"}, "score": 0.198372}
{"log_id": 3702476603256687381, "texts": {"text_2": "休息", "text_1": "想跟鸡飞飞说一会话"}, "score": 0.266443}
本次最佳匹配关键字为：鸡飞飞
```

从结果上看，测试用语音指令“想跟鸡飞飞说一会话”与关键词“鸡飞飞”的吻合度为 0.77996，比其他各项设定指令词高了许多。这种情况比较简单，也能用字符串比较来匹配。

情况(3)的测试结果如下：

```
{"log_id": 1347018220005198581, "texts": {"text_2": "鸡飞飞", "text_1": "嗯嗯我想听个故事吧"}, "score": 0.413919}
{"log_id": 5577298558947302453, "texts": {"text_2": "前", "text_1": "嗯嗯我想听个故事吧"}, "score": 0.159781}
{"log_id": 5603736534000282069, "texts": {"text_2": "后", "text_1": "嗯嗯我想听个故事吧"}, "score": 0.435482}
{"log_id": 6192967952024296661, "texts": {"text_2": "左", "text_1": "嗯嗯我想听个故事吧"}, "score": 0.0663448}
{"log_id": 8017841883015950485, "texts": {"text_2": "右", "text_1": "嗯嗯我想听个故事吧"}, "score": 0.0431354}
{"log_id": 5131590880324533665, "texts": {"text_2": "讲故事", "text_1": "嗯嗯我想听个故事吧"}, "score": 0.440843}
{"log_id": 7064083816868782869, "texts": {"text_2": "唱歌", "text_1": "嗯嗯我想听个故事吧"}, "score": 0.265479}
```

```
{"log_id": 6237232527641723317, "texts": {"text_2": "休息", "text_1": "嗯嗯我想听个故事吧"}, "score": 0.196242}
本次最佳匹配关键字为：讲故事
```

这种情况较为复杂。一般做法是先分词，例如将“嗯嗯我想听个故事吧”分为“嗯嗯”“我”“想”“听”“个”“故事”“吧”，然后将“讲故事”分为“讲”和“故事”，最后通过词向量进行相识度匹配，得出各个分值。从结果上看，与待测文本的分值较相近的有0.413919(鸡飞飞)、0.435482(后)、0.440843(讲故事)，值都比较接近，但“讲故事”一词匹配分数最高。

情况(4)的测试结果如下：

```
{"log_id": 4966028216342214261, "texts": {"text_2": "鸡飞飞", "text_1": "嗯嗯我想听首曲"}, "score": 0.389439}
{"log_id": 8114632558520260949, "texts": {"text_2": "前", "text_1": "嗯嗯我想听首曲"}, "score": 0.17635}
{"log_id": 8081560092866898197, "texts": {"text_2": "后", "text_1": "嗯嗯我想听首曲"}, "score": 0.424279}
{"log_id": 6813185073550537749, "texts": {"text_2": "左", "text_1": "嗯嗯我想听首曲"}, "score": 0.0650577}
{"log_id": 77343548502363605, "texts": {"text_2": "右", "text_1": "嗯嗯我想听首曲"}, "score": 0.129674}
{"log_id": 6035223235736291605, "texts": {"text_2": "讲故事", "text_1": "嗯嗯我想听首曲"}, "score": 0.367017}
{"log_id": 2935497152133817397, "texts": {"text_2": "唱歌", "text_1": "嗯嗯我想听首曲"}, "score": 0.429585}
{"log_id": 7754767473883023477, "texts": {"text_2": "休息", "text_1": "嗯嗯我想听首曲"}, "score": 0.250211}
本次最佳匹配关键字为：唱歌
```

这种情况也比较复杂，因为计算机需要判断“曲”与“歌”这两意思上相近的词。从结果上看，达到0.4以上的就有两个，分别是0.424279(后)和0.429585(唱歌)，而且得分很接近，但还是“唱歌”一词得分最高。

6.3.5 从语音片段中获取录音的起始时间点

当机器人加电后，处于一个相对静止的状态。设计机器人时，这一状态特别重要，因为直到关闭电源，机器人有可能长时间处于这种静止状态，人与机器人发生真正有效地交互可能只有一小段时间。机器人在这段漫长的时间段里一直在搜寻空气中的声波，并进行分析，等待用户唤醒自己。显然麦克风需要在这段时间工作，时刻待命，侦测用户何时发号施令。这里选择一个比较简单的实现方式：当机器人加电后，麦克风每隔一小段时间采样一批样本(例如64个样本)，然后计算出这批样本均方值的分贝数。如果发现分贝值大于一个阈值，就发送“mic_ready”消息，转向下一个状态，即监听音频中是否有机器人的名字。如果发现用户呼唤机器人名字，再发送一个“taking_command”消息，并让此激活信号延时一段时间保持有效状态。在此状态中，机器人对麦克风收集的有效信号会不断进行语音识别和匹配关键词等动作。声音经过预处理算法后波形如图 6-21 所示，图中包括声音的波形图及波形经过计算均方根值(Root Mean Square，RMS)的分贝值图像。声音波形信号均方根值的分贝值可以用下面的公式计算，即

$$\mathrm{dB}=10\times\log_{10}\left(\sqrt{\overline{\sum_n x^2(n)}}\right)$$

这里的 $x^2(n)$是 n 时刻样本的平方；平均值$\overline{\sum_n x^2(n)}$是将所有的样本点平方后相加再除以样本的个数。从以上分析可知，经过短时间片段声音样本平方和平均值的分贝值计算后，比较容易取阈值，如图 6-21 所示，阈值大概在－30 dB 处。之所以不直接对声音波形图取阈值是因为放大看局部曲线时曲线取值一会是正值，一会是负值；另外是因为一个音量稍大点的瞬时噪音可能会引起误操作。

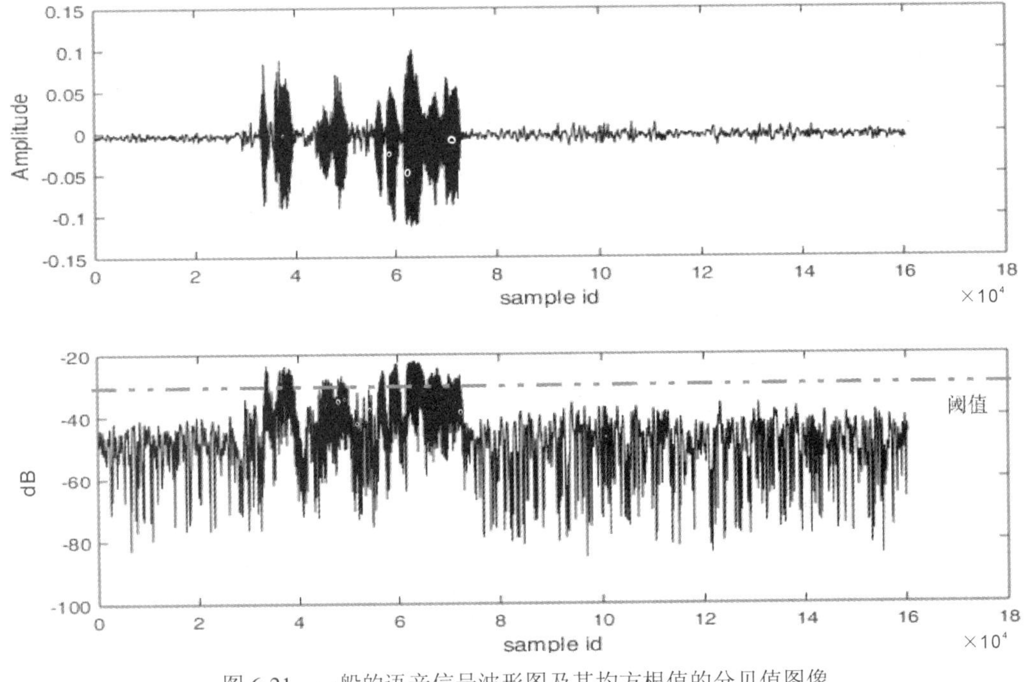

图 6-21　一般的语音信号波形图及其均方根值的分贝值图像

同样的算法去测试另一个音频信号，其波形图及均方根值的分贝值图像如图 6-22 所示。同样的阈值，判断效果要好一点，它在第一个疑是声音波形处给出了预警信号。

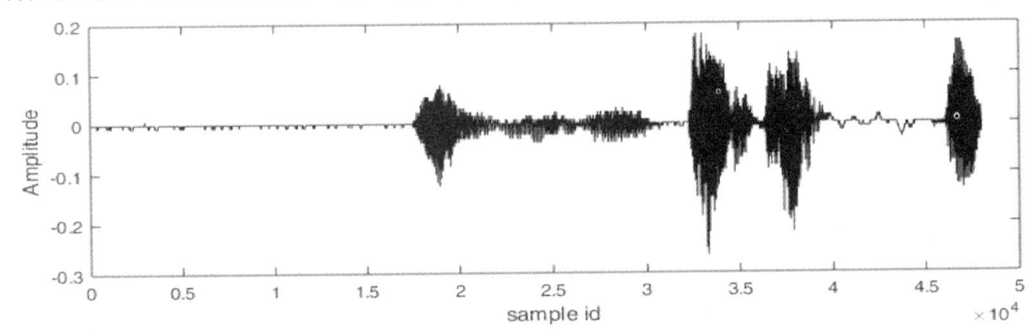

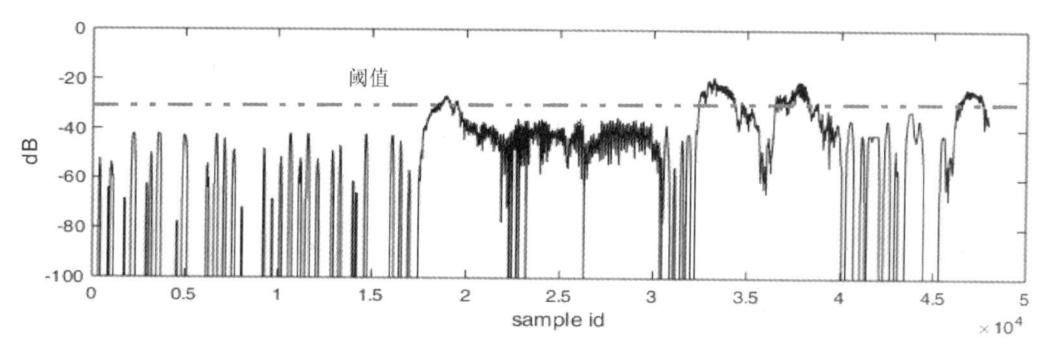

图 6-22 另一个语音信号波形图及其均方根值的分贝值图像

【任务 6-6】 机器人加电后，随时都有可能接收到用户的语音命令，所以语音输入模块需要一直工作待命。但是并非每个时刻获取的音频信号都是有用的，有可能很长一段时间收集的都是噪音信号。机器人刚加电后，就会发布内容“standby”到主题 voice_proc/status。设计一个功能，简单判断机器人麦克风拾取的音频是否含有效的语音信号。设计思路为：通过 ROS 消息发布，让机器人知道麦克风拾取的信号中有可能含有有用的语音信号，然后发布“mic_ready”str 类型信息同样到 Voice_proc/status 主题，同时发布语音数据到另一个主题 voice_proc/voice_data。

【实现】 将源程序命名为“ex04_vr_mic_active.py”。

任务实现程序如下：

```
01  # -*- coding: utf-8 -*-
02  import rospy
03  from pyaudio import PyAudio, paInt16
04  from std_msgs.msg import String
05  import math, audioop
06  from std_msgs.msg import UInt8MultiArray
07  import time
08
09  CHUNK = 64
10  nsamples = 1024
11  framerate = 16000
12  sampwidth = 2
13  channels = 1
14  mic_sampling_time = 0.2 #in second
15  seconds = 4
16
17  class MicActive():
18          def __init__(self):
19              self.pub = rospy.Publisher( 'voice_proc/status', String, queue_size=1 )
20              self.pub_vd = rospy.Publisher( 'voice_proc/voice_data', UInt8MultiArray, queue_size=1 )
21              self.pub.publish( 'standby' )
```

```
22            rospy.Timer( rospy.Duration(mic_sampling_time), self.record_cb );
23            self.pa = PyAudio()
24            rospy.spin()
25
26        def record_cb( self, event ):
27            self.stream = self.pa.open( format=paInt16, frames_per_buffer=CHUNK, rate=framerate,
              channels=channels, input=True )
28            buffer = self.stream.read( CHUNK )
29            energy = audioop.rms( buffer, sampwidth )
30            db = 10*math.log10( energy+0.00001 )
31            if db > 30:
32                uu = UInt8MultiArray()
33                uu.data += buffer
34                t = time.time()
35                print( '录音进行中...' )
36                while time.time() < t + seconds:
37                    string_audio_data = self.stream.read( nsamples )
38                    uu.data += string_audio_data
39                print( '录音结束.' )
40                print( 'OK' )
41                self.pub.publish( 'mic_ready' )
42                self.pub_vd.publish( uu )
43            print( "energy = %d; db = %d" % (energy, db) )
44
45        def __del__( self ):
46            self.pa.close( self.stream )
47
48    if __name__ == '__main__':
49        rospy.init_node('voice_rec_node')
50        MicActive()
```

本实验相比于之前的任务6-2，是从麦克风里获得音频并将写成WAV音频的程序文件包含进来，且程序实现方法进行了改进，不再采用写文件、读文件这样低效率方式，而是直接从PyAudio获取数字音频信号后直接传给语音识别系统。下面是重点语句的解析：

行1　让Python源程序能够使用中文字符。

行4　使用相应的库发送字符串str类型的ROS消息。

行5　使用数学及相关音频信号处理库。

行6　使用无符号字节型的多维数组ROS消息发送语音数据。

行 9　使用 PyAudio 从 USB 声卡采样一次取得 64 个 16 位整型数据，并做信号分析。

行 10　从声卡采样声音时一次取得 1024 个 16 位整型数据。

行 11　至行 13 指定数字音频的参数：声音采样频率、每个样本字节数、声道数。

行 14　设定定时器的时间间隔为 0.2 s。

行 15　发送语音音频数据录制的秒数。

行 17　定义麦克风信号是否激活的类。

行 18　定义类的初始化方法。

行 19　设定一个有关“voice_proc/status”话题的发布器。

行 20　设定一个有关“voice_proc/voice_data”话题的发布器，用于发布语音采样数据。

行 21　发布机器人初始状态“standby”到此话题。

行 22　使用 ROS 的定时器功能，设定一个定时器，回调函数为“record_cb()”，相隔 0.2 s 调用一次回调函数。

行 23　构建一个 PyAudio 的实例。

行 26　定义定时器的回调函数。

行 27　至行 28 打开并初始化 PyAudio 读文件流，读取 64 个样本放入“buffer”缓存。

行 29　调用音频处理库，计算 64 个样本的均方值 rms，代表信号的平均功率。

行 30　计算 64 样本均方值的分贝数。

行 31 至行 39　与之前任务 6-2 的一段代码相似。如果录音部分分贝数大于 30 dB 的话，进行录音，并用一个 UInt8MultiArray 类型缓存所有音频数据，在行 42 发布该主题。

行 41　更新类变量以及发布“mic_ready”信息到“voice_proc/status”主题。

行 43　打印 64 个样本的均方值及分贝数。

行 45 至行 46　定义类的析构函数，在类实例消亡时调用。

行 49　初始化本程序，并作为 ROS 的一个节点。

行 50　实例化 MicActive 类，并调用类初始化函数。

使用下面的脚本命令可快速测试

```
rostopic echo /voice_proc/status
```

命令执行后一直在等待主题的发生，如果机器人麦克风拾取的音频信息达到阈值条件，机器人的语音识别系统开始工作，直到接收到“OK”信息，或用户按下“Ctrl+c”终止按键后才停止。

6.3.6 麦克风模块选型及录音信噪比的提升

实际中机器人所处环境噪音很大，语音信号被淹没在噪音中若隐若现。因此任务 6-6 中麦克风获取的音频信号的信噪比可能很低，会导致误判次数增多。本书采用的麦克风模块都采购于电子市场，为常见的模块。如图 6-23 所示为两款采用不同硬件实现的麦克风放大模块。

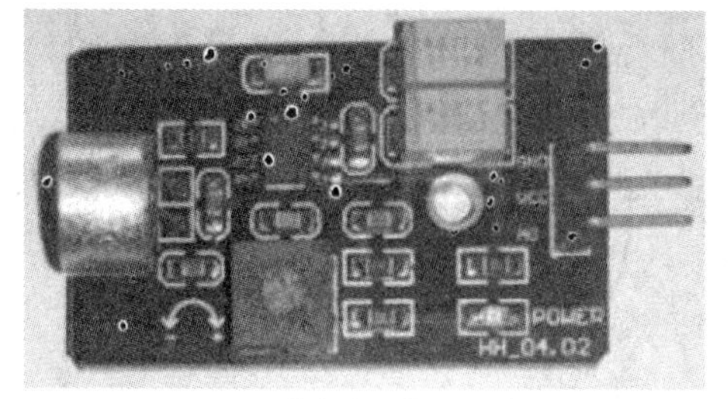

(a) 麦克风信号运放放大模块

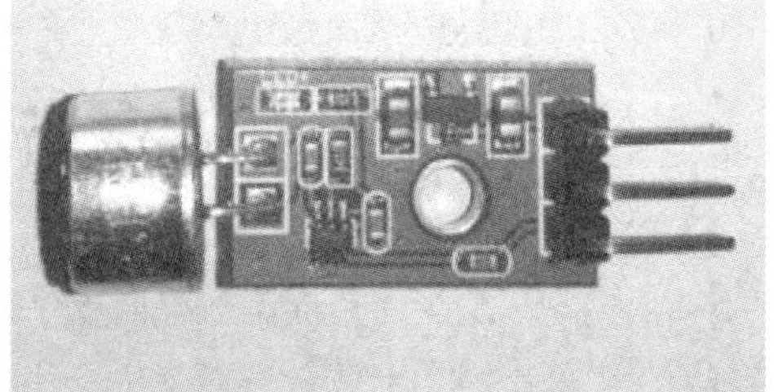

(b) 专用麦克风信号放大模块

图 6-23　两种不同硬件实现的麦克风放大模块

如图 6-23(a)所示是使用通用的运放芯片进行麦克风信号放大模块，通过可调电阻控制增益。采用运放模块存在问题是语音信号被放大的同时，各种噪音也被放大，最终导致增益调节对提高信噪比的作用并不大。除了上述问题外，还存在没有语音输入时，噪音的振幅比较大问题。如图 6-24 所示是语音信号的信噪比波形图及其均方根值的分贝值图像，从信噪比图形可以看出，真正有用的语音信号发生在横轴刻度的 2.7 到 3.2 之间，其他都是噪音；从其分贝值图像也可以看出，基本不能通过加阈值来检测有效的语音信号。另外，放大模块增益大了还将导致语音信号失真的问题。

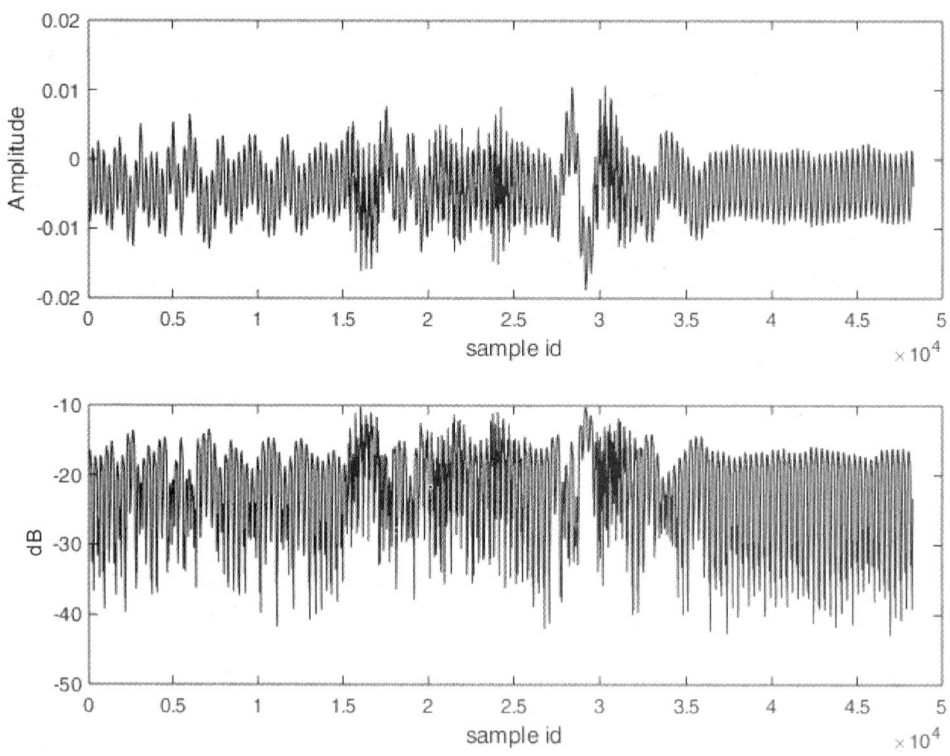

图 6-24　语音信号的信噪比波形图及其均方根值的分贝值图像

如图 6-23(b)所示的麦克风放大模块采用了专用麦克风放大芯片 MAX9812，这是一款固定增益为 20 dB 的麦克风放大器。模块整体尺寸约为 3cm × 3cm。其内置低噪音麦克风偏置；极低的总谐波失真加噪音(Total Hormonic Distortion +Noise，THD+N)，只有 0.015%；工作电流为 230 μA，休眠时电流仅为 100 nA；满摆幅输出。芯片使用时外圈电路搭建只需几个电容、电阻即可，如图 6-25 所示。

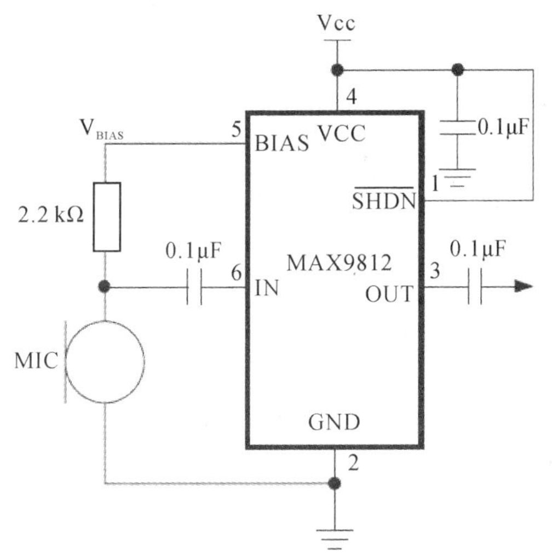

(a) 麦克风芯片MAX9812外围电路原理图

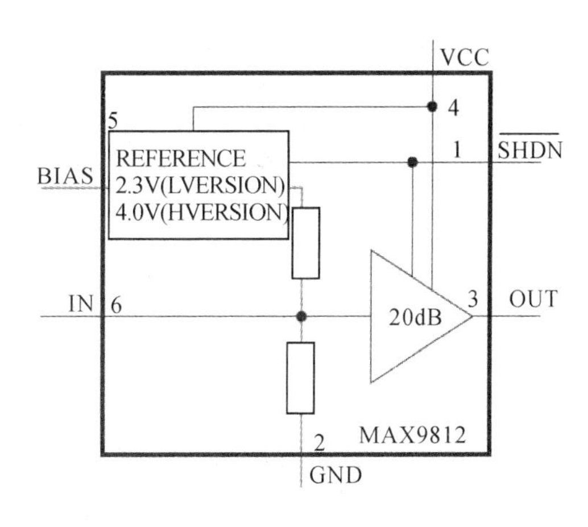

(b) 芯片MAX9812内部原理框图

图 6-25 MAX9812 芯片外围电路原理图及芯片内部原理框图

图 6-25(a)所示是芯片外围电路原理图，包括两个信号输入/输出耦合电容、电源去耦电容以及一个 2.2 kΩ 的电阻。图 6-25(b)所示是这款芯片的内部原理框图，主要包括参考偏置电平以及一个放大倍数固定的放大器，可以通过管脚 1 来控制芯片启、停工作信号。应用此模块可以大大提高麦克风获取音频信号的信噪比(背景噪音减小，有用信号幅度增加，而且语音还不容易失真)。

为提高机器人语音识别能力，需要对所需的麦克风进行选型。下面将对两款电容式麦克风的收音效果进行对比。这两款麦克风外观都为圆柱体，如图 6-26 所示。其中图 6-26(a)所示麦克风直径大一点、厚一点；图 6-26(b)所示麦克风直径小一点、薄一点。

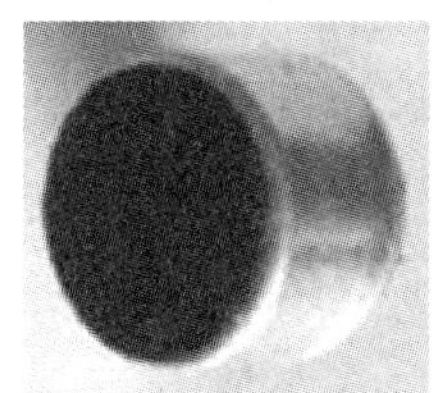

(a) 柱形电容式麦克风 一

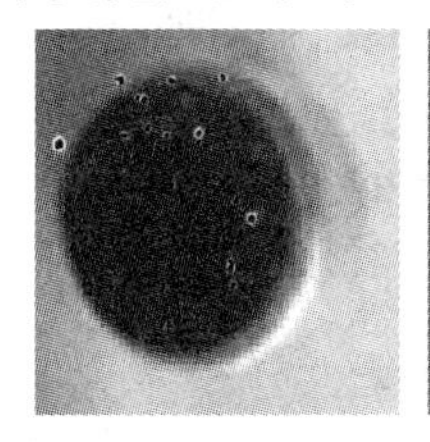
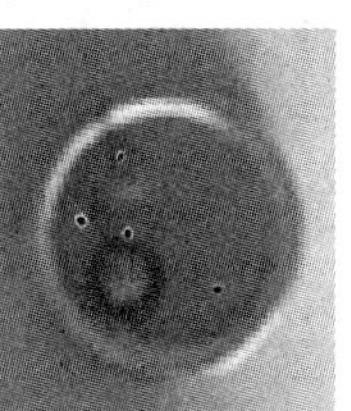

(b) 柱形电容式麦克风 二

图 6-26 两款电容式麦克风的正、反两面图

从前面的图 6-23 可以看出，图 6-23 中的两个麦克风模块用的都是图 6-26(b)所示的电容式麦克风。更换为图 6-26(a)所示的麦克风后，再对比收音效果，发现接收的语音要清晰一点，因此可采用图 6-26(a)所示的麦克风。在搭建完整的机器人过程中，声音部分可以独立进行开发，例如可以在调试阶段自己制作声音接收/输出一体化的测试模块，如图 6-27 所示。

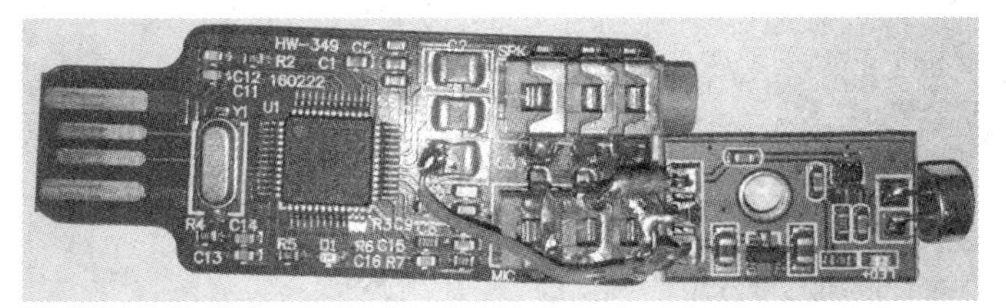

图 6-27 机器人声音接收/输出一体化模块

6.3.7　机器人激活及语音命令的形成

本小节主要介绍机器人如何从录音里获取有用的信息，例如机器人名以及与命令关键字相关的词。机器人激活与麦克风激活的关系是“消费者/制造者模式”。此模式是《设计模式》里的一个重要编程概念：在实际的软件开发过程中，经常会碰到如某个模块负责产生数据，这些数据由另一个模块来负责“消费”[①]；产生数据的模块，就形象地称为生产者，而处理数据的模块，就称为消费者。单独抽象出生产者或消费者，还够不上是真正的生产者/消费者模式。该模式还需要有一个缓冲区处于生产者和消费者之间作为一个中介，即生产者把数据放入缓冲区，而消费者从缓冲区取出数据，模式的结构如图 6-28 所示。

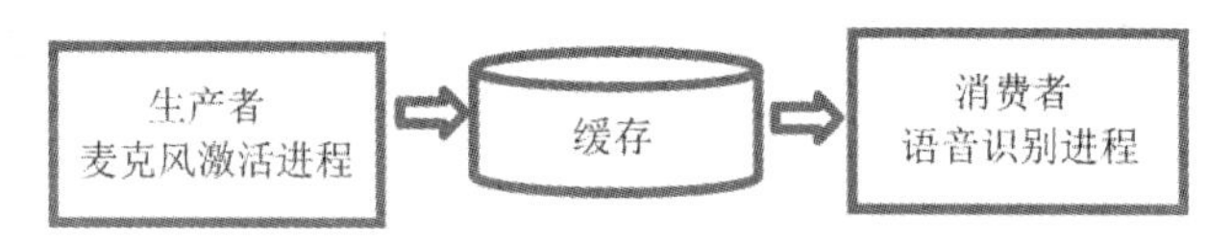

图 6-28　《设计模式》中的生产者/消费者模式结构图

消费者/制造者模式应用在机器人里，生产者就是任务 6-6 的麦克风激活进程。此进程相对简单，可以概括为“只管生产”，即大于分贝阈值就对音频采样并发送至缓存。消费者则为语音识别进程，这里的消费是指识别录音数字流和提取语音内容并匹配关键词。

最后讨论一下缓存与实时性问题，它体现在建立 ROS 发布者或者订阅者时传入的一个参数“queue_size”(消息队列大小)。前面的章节一直在使用这些参数，但没具体讨论这个参数的意义，现在进行介绍。机器人应用中难免会遇到很繁重的运算，比如图像的卷积、语音卷积或者从点云提取表面等运算，一般这些运算需要在 ROS 的订阅者回调函数中进行。订阅者所订阅的消息发布频率可能很高，而这些操作的运算速度肯定达不到消息发布的速度。所以，如果我们要是没有选择性地对每个发布消息都调用一次回调函数进行繁重计算，那么势必会导致运算越来越不实时，很有可能正在处理的还是几秒前、甚至几十秒前的数据。所以，如果希望机器人处理消息要达到一定的实时性，那么每次回调函数都要去处理当前时刻最新的一个消息。要达到这个目标有以下两点需要注意：

(1) 设置发布者的参数 queue_size 等于 1。

(2) 设置订阅者的参数 queue_size 等于 1。

其实上面参数的设置关系到 ROS 消息机制的一个重要特点，即就是消息的同步与异步问题。假设有两个发布者向同一个主题发布消息，“同步”意味着第一个发布者先发布消息，正在等待订阅者“消费”此消息，而此时第二个发布者又向此主题发布消息。在这种情况下，第二次发布者被阻塞直到第一个发布者发布消息被订阅者“消费掉”。而“异步”则意味着发布者可以存储消息直到消息可以发送[②]。如果发布的消息超过队列大小，最早的消息将被丢弃，而队列大小可以通过参数 queue_size 设置。ROS 默认情况下，参数 queue_size 没有使用或者设置为 None，rospy.Publisher 默认以同步发送消息。最后还有一点非常重要，需要设置发布者的缓存，对于不同的应用缓存应有不同的数据格式类型及大小。例如图像

---

① 此处的“消费者”是广义的，可以是类、函数、线程、进程等。

② 这里队列大小为 1，基本每次发送都是新的消息。

类型是 Image，点云为 PointCloud2 等，其大小是根据发送数据大小可变的。这里发送的是语音数据，需要类型为 UInt8 的一位数组，可以使用 ROS 基本消息类型 UInt8MultiArray。

【任务 6-7】 通过订阅 voice_proc/status 主题，如果发现状态为“mic_ready”，则在 30 s 内不断从用户口语中侦测机器人名字。假设机器人叫作“鸡飞飞”，如果发现口语中含有机器人名字，则通过 ROS 发送字符串“taking_commond”到主题 voice_proc/status。这个信息相当于机器人其他传感器的总定时开关，同时保持这种状态 1 min。如果以下两种情况发生：一种情况是 1 min 内无任何命令被识别，或者机器人名没被识别，则发送字符串“standby”到同一个主题；另一种情况是 1 min 内识别出命令，则将定时持续保持 1 min。这种情况是使用者有可能在机器人身边，机器人确保能与人正常互动。

【实现】本程序命名为“ex05_vr.py”。

```
001  # -*- coding: utf-8 -*-
002  from aip import AipNlp
003  import rospy
004  import requests
005  import time
006  import base64
007  from std_msgs.msg import String
008  from std_msgs.msg import UInt8MultiArray
009
010  base_url = "https://openapi.baidu.com/oauth/2.0/token?grant_type=client_credentials& client_id
             = %s&client_secret=%s"
011  APP_ID = '你的 ID'
012  APIKey = '你的 APIKey'
013  SecretKey = '你的 SecretKey'
014  options = {}
015  options["model"] = "CNN"
016  commands = ['前进','后退','讲故事','唱歌','休息']
017
018  def getToken():
019      HOST = base_url % (APIKey, SecretKey)
020      res = requests.post( HOST )
021      return res.json()['access_token']
022
023  def voice_recognize( voice_data, token ):
024      data = {
025          'format': 'wav',
026          'rate': '16000',
027          'channel': 1,
028          'cuid': '**xx***',
```

```
029             'len': len(voice_data),
030             'speech': base64.b64encode(voice_data),
031             'token': token,
032             'dev_pid':1537
033         }
034         url = 'https://vop.baidu.com/server_api'
035         headers = {'Content-Type': 'application/json'}
036         r = requests.post( url, json=data, headers=headers )
037         Result = r.json()
038         if 'result' in Result:
039             print( '识别结果：'+Result['result'][0].encode('utf-8') )
040             return Result['result'][0].encode( 'utf-8' )
041         else:
042             return ""
043
044 class RobotEar():
045     def __init__(self):
046         self.pub = rospy.Publisher( 'voice_proc/status', String, queue_size=1 )
047         rospy.Subscriber( 'voice_proc/status', String, callback=self.status_cb, queue_size=1 )
048         rospy.Subscriber( 'voice_proc/voice_data', UInt8MultiArray, callback=self.listen_cb,
                            queue_size=1 )
049         self.TOKEN = getToken()
050         self.client = AipNlp( APP_ID, APIKey, SecretKey )
051         self.status = 'mic_ready'
052         self.start_time = 0
053
054         print( '机器人语音识别已经就绪，等待您的吩咐。' )
055         rospy.spin()
056
057     def find_command( self, text ):
058         biggest = -1
059         best = ""
060         for w in commands:
061             time.sleep(1)
062             b = self.client.simnet(text, w, options)
063             if b.has_key('score'):
064                 if biggest < b['score']:
065                     biggest = b['score']
066                     best = b['texts']['text_2']
```

```
067            if biggest > 0.4:
068                return best.encode('utf-8')
069            return ""
070
071        def status_cb( self, data ):
072            status = data.data.strip()
073            if status == 'mic_ready' and self.start_time == 0:
074                self.start_time = time.time()
075                self.status = status
076    #print( 'cb: '+ status + '    cf. self.status: ' + self.status )
077
078        def listen_cb( self, data ):
079            if self.start_time != 0:
080                et = time.time() - self.start_time
081                if self.status == 'mic_ready' and et < 30:
082                    print( '正在做语音识别...' )
083                    self.recognize_result = voice_recognize( data.data, self.TOKEN )
084                    self.recognize_result = self.recognize_result.strip()
085
086                    b = self.client.simnet( self.recognize_result, '鸡飞飞', options )
087                    if b.has_key('score'):
088                        if b['score'] > 0.5:
089                            print( '语音与机器人名字吻合度为: %f' % b['score'] )
090                            self.status = 'taking_command'
091                            self.start_time = time.time()
092                            self.pub.publish( 'taking_command' )
093                        else:
094                            print( '想与机器人互动，请先与机器人打招呼：你好，鸡飞飞' )
095                    else:
096                        print( '也许麦克风收的是噪音导致不能识别。' )
097
098                elif self.status == 'mic_ready' and et >= 30:
099                    self.status = 'standby'
100                    self.pub.publish( 'standby' )
101                    self.start_time = 0
102
103                elif self.status == 'taking_command' and et < 60:
104                    self.recognize_result = voice_recognize( data.data, self.TOKEN )
105                    c = self.find_command( self.recognize_result )
```

```
106                 if c != "":
107                     print( '发送命令到执行器: '+c )
108                     self.start_time = time.time()
109                 else:
110                     print( "语音命令不能识别" )
111 
112             elif self.status == 'taking_command' and et >= 60:
113                 self.status = 'standby'
114                 self.pub.publish( 'standby' )
115                 self.start_time = 0
116 
117 if __name__ == '__main__':
118     rospy.init_node('voice_recognition_node')
119     RobotEar()
```

本程序汇聚了本章几个程序功能块在一起工作。例如：语音识别从行 010 至行 042；NLP 则分布在程序适当的地方。下面主要解析 RobotEar 类。

行 48　定义订阅者，接收音频数据类型为 UInt8MultiArray，实际上用作 UInt8 的一维数组。

行 51　定义本类的一个状态字符串变量，可以取值为“standby”“mic_ready”“taking_command”。

行 52　定义本类用于计时的变量。

行 57 至行 69　使用 NLP 匹配语音识别结果与所有自定义关键词进行对比，找出一个匹配分数大于 0.4 的最佳匹配。

行 71 至行 76　定义接收 voice_proc/status 主题的回调函数，麦克风获取有效音频状态“standby”转换到“mic_ready”，同时将“mic_ready”状态保存到 RobotEar 类变量中，并将时间变量调制到当前时刻，方便 30 s 计时。

行 78 至行 115　定义订阅语音数据主题 voice_proc/voice_data 的回调函数。通过当前类的状态进行机器人名字和命令识别。如果在规定时间内识别不成功，则退回“standby”关闭总开关状态，同时将定时器清零。

程序执行结果如下：

```
pi@raspberrypi: ~/prog $ python ex05_vr.py
机器人语音识别已经就绪，等待您的吩咐。
正在做语音识别...
识别结果：好飞飞飞。
语音与机器人名字吻合度为: 0.593223
识别结果：向前走。
发送命令到执行器：前进
识别结果：向后走。
发送命令到执行器：后退
```

```
识别结果：请你给我唱首歌吧！
发送命令到执行器：唱歌
识别结果：你休息一下吧！
发送命令到执行器：休息
```

程序执行结果表明一般的口语使用语音识别都能达到预想的要求。但是经过邀请多人测试，发现类似于“鸡飞飞”这样不太常用的名称识别率比较低，经常被误识别成“李飞飞”“李菲菲”“陈菲菲”或者“好飞飞飞”。另外，用 NLP 进行命令匹配也能达到预期要求，基本上能实现“模糊查询”。但是在设置关键词的时候，使用词组比使用单字匹配成功率要高，例如“前进”比“前”在匹配口语命令时成功率就高。

人机对话功能还可以从以下 5 点去升级：

(1) 现在使用的是固定几秒内的录音，后期可以增加麦克风获取音频终止时间点进行判断。

(2) 可以考虑使用多麦克风处理模块让机器人能听到来自各个方位的声音。由于多麦克风的加入，也能提高接收声音的质量和分辨出使用者的方位，从而控制机器人转身和远距离接收语音等功能。

(3) 可考虑使用更多的 NLP 功能，例如话语中的情感分析、主题内容、机器人问答系统等。

(4) 可考虑更多地使用 NLP 的基础功能，例如使用其分词、词向量等基础功能，从而产生一些特殊场合的应用，例如提高机器人名字的识别率等。

(5) 由于使用 TTS 发音模块，机器人麦克风会产生回声，需要增添回声消除算法(Acoustic Echo Cancellation，AEG)，提高人们对机器人使用的体验。如图 6-29 所示为回音消除算法的示意图，图中 W 代表不同路径的回声；S 代表人在近端说话声；X 为远端的说话声，AEG 的目的是找出一个自适应滤波器去削弱 W 和 X。

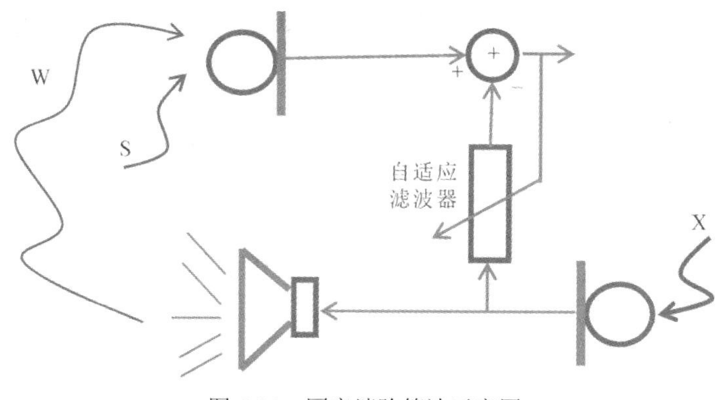

图 6-29 回音消除算法示意图

练 习 题

【判断题】

(1) 奈奎斯特采样定理是采样频率等于信号的最高频率。 ( )

(2) 采样保持模块在下一个样本点到来前，让当前样本的值保持有效。 ( )

(3) ADC 的量化模块的设计与输出二进制数据位数无关。 ( )

(4) R-2R 电阻梯形网络 DAC 的电压转换精度与阻值的精度有很大关系。 ( )

(5) TTS 语音合成模块的功能是将不标准的普通话转换成标准普通话。 ( )

(6) 为了减少打开的窗口数目，terminator 程序允许用户对同一窗口进行切分。 ( )

【填空题】

(1) 一般组成 ADC 的模块包括__________、__________及__________。

(2) 若输入 ADC 信号的最低与最高频率分别为 90 Hz 与 100 Hz，那么根据奈奎斯特定理，采样频率的选择应该不小于________。

(3) R-2R 电阻梯形网络 DAC 的电阻大小的关系为：R、2R、_____、_____、_____等，以此类推。

(4) R-2R 电阻梯形网络 DAC 运放的作用为____________________。

(5) 本书制作的智能机器人主要通过__________、__________、__________三个模块进行文字转语音实现“真人发声”的。

(6) 百度的 NLP 包括__________、__________、__________、__________和__________等接口。

【简答题】

(1) 简单描述动圈式、电容式及铝带式麦克风传感器的工作原理。

(2) 简单描述 ADC 的工作原理，并能复述奈奎斯特采样定理内容。

(3) 描述三位 R-2R 电阻梯形网络 DAC 的工作原理。

(4) 描述如何使用 ASR 及 NLP 等技术实现初步的人机对话。

(5) 一般智能机器人有多个舵机及传感器，请设计一种激活机器人进行工作的方案，并讨论激活方案的意义。

(6) 描述什么是设计模式中的生产者/消费者模式，以及如何设置 ROS 发送、接收消息的参数形成此类模式。

【实践题】

参考任务 6-1，使用 Linux Shell 脚本实现树莓派读出本机 IP 地址的功能。

第7章 单目视觉

与人类一样，传递给大脑处理的大量信息来自眼睛。人类的眼睛能够获取多种多样的信息，例如环境的色彩、物体的纹理、光照、阴影以及物体动起来的景象等。单目指的是只使用一个摄像头获取周围景象，一般来说，单个图像里的信息可以包括环境的色彩、物体的纹理、光照以及阴影等。如果是视频(图像序列)，则可以包括光流(optical flow)、形变物体的轮廓变形等动态信息。本章重点是在理解摄像头工作原理的前提下，学习使用摄像头来检测和识别人脸。

教学导航

教	知识重点	了解 CCD 和 CMOS 感光器及 3CCD 的工作原理； 了解如何从原始图像得到 RGB 彩色图像； 了解基于色彩空间的图像分割原理； 了解 MJPEG 摄像头是如何提高视频帧速的； 了解人脸检测各步骤的基本原理； 了解人脸识别基本原理
	知识难点	了解 CCD 和 CMOS 感光器的工作原理； 了解如何从原始图像得到 RGB 图像； 了解 MJPEG 摄像头是如何提高视频帧速的； 了解人脸检测各步骤的基本原理； 了解人脸识别基本原理
	推荐教学方法	本章主要介绍了人脸识别库 OpenFace 的基本原理及使用，分为人脸检测、人脸识别、人脸识别模型训练三个部分进行。通过一步一步地执行代码，观察算法的中间结果以帮助理解算法的来龙去脉
	建议学时	8～10 学时
学	推荐学习方法	本章提供了很多实践性内容，建议按部就班地实现书中编程练习的目的。学完本章应该具备开发有初步人工智能的机器人视觉的能力，例如可以制作邮递小车，识别人脸后发送与被识别的人的相关信件

续表

<table>
<tr><td rowspan="2">学</td><td>必须掌握的基本技能</td><td>会下载指定版本的 OpenCV 源代码，并掌握其编译及安装方法；
会用 OpenCV 获取摄像头视频及能进行简单视频处理；
会结合 ROS 的消息发布、订阅，构建机器人逻辑信息通路；
能到 ROS 社区下载需要的驱动，并作进一步开发；
能开发人脸检测应用；
会安装 Torch 开发环境；
能开发人脸识别应用</td></tr>
<tr><td>技能目标</td><td>本章主要要学会搭建智能机器人的视觉功能，包括人脸检测及识别</td></tr>
</table>

7.1　摄像头工作原理

视觉传感器在机器人上主要应用于识别、方向定位、避障、3D 重建、目标跟踪等方面。机器人视觉一般采用电荷耦合元件(Charge Coupled Device, CCD)或者互补金属氧化物半导体(Complementary Metal Oxide Semiconductor, CMOS)感光技术的摄像头来捕获影像。CCD 是 20 世纪 70 年代初发展起来的一种新型半导体器件，它是一种用电荷量表示感应光强度信号大小及用耦合方式传输信号的探测元件。CCD 原理并不复杂，可以将它想象成一个顶部被打开的记忆芯片，光束可以射到记忆单元中。根据光电效应[①]，这些光束在记忆单元中产生电荷。曝光后，这些电荷依次一行行被读出，进而被相机处理单元进行预处理。从相机处理单元输出的就是一张数字图像，具体工作原理如图 7-1 所示。

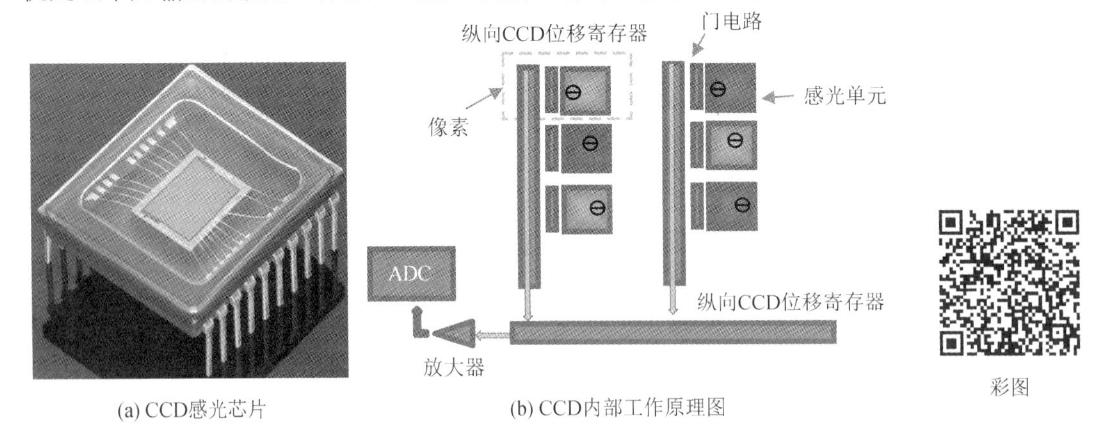

(a) CCD感光芯片　　(b) CCD内部工作原理图

图 7-1　CCD 感光芯片及内部工作原理图

图 7-1(a)所示是 CCD 感光芯片的实物图，芯片被封装成一个集成电路块，顶部开了个窗口，露出 CCD 晶片。芯片内部工作原理如图 7-1(b)图所示，所有的微小的感光单元整齐

① 光照射到金属上，引起金属电性质发生变化。这类光变致电的现象被人们统称为光电效应(Photoelectric effect)。

地排列在矩形区域里，其绝大部分横向与纵向感光单元构成CCD的分辨率。每个感光单元上面都有一个微透镜以及一个红色或绿色或蓝色的滤镜。透镜用于更有效地聚焦射入此感光单元的光束，以提高进入此感光单元的光通量，从而提高信噪比。接着光束经过红、绿、蓝三种颜色之一的滤镜，例如红色滤镜，光束中的红色分量的光会被保留下来，最终进入CCD的感光单元进行光电的转换。整个CCD芯片中所有的感光单元[①]都会同时经历上述的整个过程，以至于整个CCD平面都感应出大小不等的电荷，所有感光单元的电荷都会被读出并存放到纵向CCD位移寄存器里。

下面将讨论如何输出这个矩阵的电荷。CCD电荷耦合器存储的电荷信息需在同步信号控制下一位一位地实施转移后读取，电荷信息转移和读取输出需要时钟控制电路和三组不同的电源相配合，整个电路较为复杂。CCD中的位移寄存器是被动式的，需外加12～18 V电压让电荷移动。因此，CCD传感器除了在电源管理线路设计上的难度更高之外[②]，同时增加了CCD的耗电功率。这是嵌入式系统的诟病，不利于智能机器人电池续航。横向移位寄存器将从右往左将电荷一个一个输入到输出放大器，将微弱的电荷放大到能方便测量，最后经过模/数转换器ADC将模拟量转换成为数字量。这个过程一直持续到矩阵最上面那一行电荷转移到横向移位寄存器，直到最后一行的图像数据输出为止。

矩阵里面的每个感光单元只有单色滤镜，而数码图像里面每个像素同时通过红、绿、蓝三种基色来复原数以千万的颜色[③]。从理论上来说，从这个CCD感光矩阵得到的数字矩阵并不能给我们呈现出彩色图片，需要将此数字矩阵进行例如Bayer插值算法来转换成三个一样大小矩阵的彩色图像，这三个矩阵分别是红、绿、蓝矩阵。Bayer插值算法就是通过数学上的插值算法来计算某个像素的红、绿、蓝三个颜色值，而这个像素的三个值是由此像素位置周围三个像素位置的值综合计算得到的。

以上介绍了比较廉价的CCD相机采用的技术。这种技术可以减少感光单元的用量、存储空间、电耗以及处理器性能等，从而让价格更低廉。其他较高级的方案，如3CCD技术，是直接采用三个矩阵的感光单元(分别对应红、绿、蓝三种原色)分别感应来自三棱镜分光出来的三种颜色的光线。结果是每个像素的电荷感应来自射向此像素的光线。这种3CCD技术，让最终生成的数码照片上的每个彩色像素里的红、绿、蓝颜色真实来自射向这个像素位置的光线，而与周围像素的光线无关。所以得到的数字图像颜色更接近真实场景，图像更加锐利与清晰。

接下来介绍与智能机器人实时视频采集关系较大的网络摄像头。无论是通过Bayer插值算法还是通过3CCD技术最终得到的彩色图像是三个大小一样的矩阵。如果涉及嵌入式视频图像处理的话，从摄像头向嵌入式系统传输这些图像数据将成为另一个问题，即需要先在摄像头内部进行彩色图像压缩。市面上支持压缩的摄像头，例如运动或静止图像压缩计算(Motion Joint Photographic Experts Group，MJPEG)摄像头，其里面的嵌入式处理器将彩色图像进行JPEG(Joint Photographic Experts Group)算法压缩，再通过USB口传至嵌入式系统进行图像分析。

① 因为要构成相机，需要在CCD芯片上面加装一个圆形的镜头，这里会有部分感光单元不能被光线照到。

② 需外加电源管理集成电路。

③ 通常也被简称为1600万色或千万色。计算方法为256×256×256=16 777 216像素。CCD输出的彩色图像或者电脑屏幕上的所有颜色都由这红、绿、蓝三种基色按照不同的比例混合而成。

与 CCD 结构显著不同的 CMOS 感光传感器内部主要由放大器、感光元件、选择开关、信号线及 ADC 组成，其感光原理如图 7-2 所示。

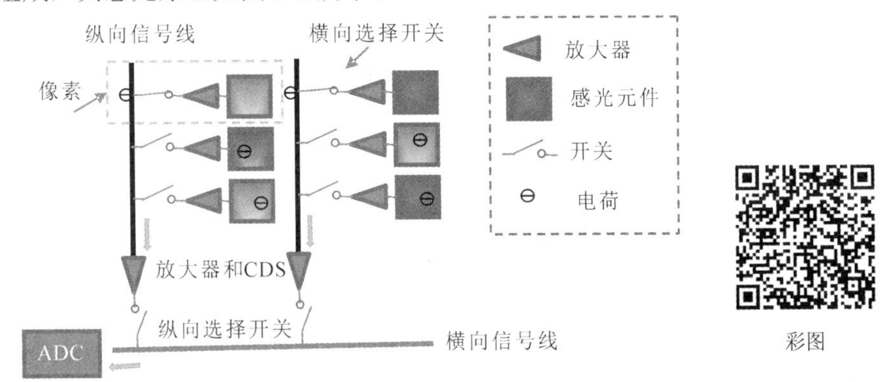

图 7-2　CMOS 感光传感器感光原理图

CMOS 感光传感器周围的电子器件，如数字逻辑电路、时钟驱动器以及模/数转换器等可在同一工序中得以集成。CMOS 感光传感器的构造如同一个存储器，每个成像点都包含一个光电二极管、一个电荷/电压转换单元、一个晶体管以及一个放大器。像存储器一样，它被设计成可以通过简单的 X-Y 寻址技术就能读取某个感光单元的信号。

由于 CMOS 感光传感器集成度高，各光电传感元件、电路之间距离很近，因此相互之间的光、电、磁干扰较严重，噪声对图像质量影响很大。为了提高成像质量，信号会经过一个噪音消除电路(Noise-Elimination Circuits，NEC)，这个电路对同一个感光单元进行重采样以达到有效消除噪音的目的。如表 7-1 所示是 CCD、CMOS 这两种感光传感器的优势比较。

表 7-1　CCD、CMOS 两种感光传感器的优势比较

序号	CCD 感光传感器优点	CMOS 感光传感器优点
1	低噪音	更低的消耗功率
2	更小的像素面积	单电源
3	更低的暗电流[1]	更高的集成度
4	较大比例的填充因子[2]	价格低廉
5	更高的敏感度	单一主时钟
6	无瑕疵的电子快门	随机读取像素值

从表 7-1 所示的 CCD 与 CMOS 感光传感器的比较数据可以看出，CCD 具有低噪声特点是因为 CCD 电荷耦合器制作技术起步早，技术较成熟，采用 PN 结或二氧化硅(SiO_2)隔离层隔离了噪声，成像质量相对 CMOS 感光传感器有一定优势；其次，由于 CMOS 感光传感器每个感光二极管都需搭配一个放大器，而放大器属于模拟电路，很难让每个放大器所得到的结果维持一致性，因此与只有一个放大器安放在芯片边缘的 CCD 感光传感器比

① 当 CCD 感光表面没有受到光子撞击时，像素单元内还会残存某些有害电荷。该电荷是 CCD 芯片内部由于通电而产生热量进而随机产生的热噪音电荷。这种有害电荷在未被光子撞击时，将残存在该像素单元内，称之为暗电流。

② 每个像素并不是 100%的面积都可以用于感光的，每个像素除了能够感光的区域以外，还有一部分区域用来安放放大器、连线等，这部分不能用于感光。

较，CMOS 感光传感器的噪声就会增加很多，影响图像品质。

表 7-1 中 CCD 特点 2 与特点 4 是有一定联系性的，在像素面积一定的情况下，填充因子占比越大表明感光区域越大。由于 CMOS 感光传感器每个像素由四个晶体管与一个感光二极管构成(含放大器与 ADC)，使得每个像素的感光区域远小于像素本身的表面积，因此在像素尺寸相同的情况下，CMOS 感光传感器的灵敏度会低于 CCD 感光传感器。

CCD 电荷耦合器仅能输出模拟电信号，输出的电信号还需经 ADC 和图像处理器处理，并且还需提供三组不同电压的电源和同步时钟控制电路，集成度非常低。而 CMOS 感光传感器的加工采用半导体厂家生产集成电路的流程，可以将更多的部件集成到同一块芯片上，如光敏元件、图像信号放大器、信号读取电路、模/数转换器、图像信号处理器及控制器等。成本差异是由于 CCD 采用电荷传递的方式传输信息引起的，只要其中有一个像素不能工作，就会导致一整排的信息不能传送，因此控制 CCD 感光传感器的良品率比控制 CMOS 感光传感器更加困难，因此通常 CCD 感光传感器的成本会高于 CMOS 感光传感器。

7.2 计算机视觉库 OpenCV 编译及安装

计算机视觉库 OpenCV 于 1999 年由英特尔公司创立，如今由 Willow Garage 公司提供维护及支持。其实现了图像处理和计算机视觉方面的很多通用算法，是一个基于伯克利软件发布(Berkeley Software Distribution，BSD)许可的开源跨平台计算机视觉库，可以在 Linux、Windows、Android 以及 Mac OS 操作系统上运行。由于大量代码基于 C 语言及 C++ 语言，所以 OpenCV 执行效率比较高效。除了 C 语言接口外，OpenCV 还支持 Python、Ruby、MATLAB 等丰富的语言接口，让 OpenCV 能结合各种流行的语言进行程序开发。

由于近十多年各行各业都往自动化方面发展，尤其在人机互动、物体识别、图像分割、人脸识别、动作识别、运动跟踪、机器人、汽车安全驾驶等领域需要提供强大的计算机视觉算法支持，因此 OpenCV 应运而生。从 1999 年创立以来约 20 年间，版本更新由最初的 alpha、beta 版本，逐渐过渡到 1.x～4.x 版本，共约 16 个版本。通过版本更新，采纳了计算机视觉算法研发领域稳定的新技术和新方法，同时支持新兴编程语言接口、使用新的指令集、优化性能及解决固有问题等，OpenCV 的性能有了很大提高。如表 7-2 所示列举了 OpenCV 各个主要版本的特点。

表 7-2 OpenCV 的各个版本及特点

版 本	发行日期	特 点
Alpha3 beta1	1999—2005 年	由于基于 C 语言，所以面临内存管理、指针等 C 语言固有的麻烦
1.x	2006—2008 年	部分使用 C++，支持 Python。主要算法包括 random trees、boosted trees、neural net、精简的 GUI、SURF、RANSAC、人脸检测等
2.x	2009—2012 年	尽量使用 C++；优化了 CPU 指令集；形成了现有流行的模块，如 opencv_imgproc、opencv_feature2d 和 opencv_gpu 等；加强了对 GPU 的支持
3.x	2014—2017 年	使用 OpenCL 加速；具有 Matlab bindings，人脸识别，SIFT，SURF，文字检测，神经网络，opencv_dnn 等功能
4.x	2018 年	只支持 C++版本 11；二维码检测识别；Kinect Fusion 算法；DNN 改善及扩充

下面介绍编译源码、安装并测试 OpenCV 的步骤。

(1) 下载 OpenCV 源代码。

使用下面的命令可下载 OpenCV 源代码。

```
git clone -b 3.4 https://github.com/opencv/opencv.git
```

命令行里参数“-b 3.4”表示下载 OpenCV 3.4，可以选择版本号来控制下载哪个版本。具体有哪些版本号，可以参考 OpenCV 在 Github 网站里的 Branch 下拉选项，如图 7-3 所示。

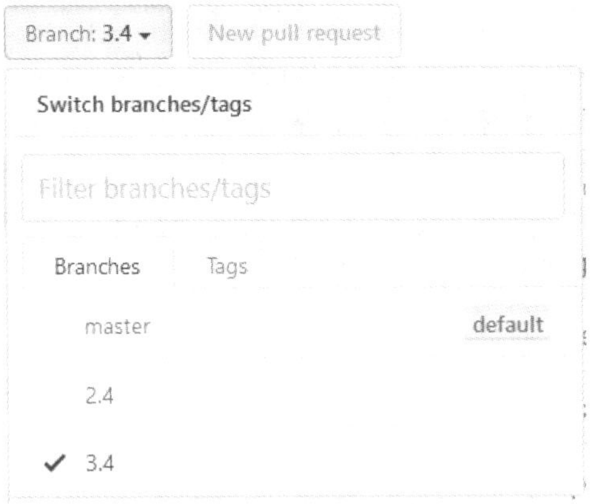

图 7-3 在 Github 网站里选择开源代码的版本界面

(2) 安装 OpenCV 的依赖库。

这些库包括读取和存储不同格式的图像(包括 JPEG2000 图像)和常见格式的视频，以及读取摄像头数据的 Linux 底层支持、窗口界面 GTK 支持、向量计算底层库、特征向量计算库以及 Python 开发库等。

安装 OpenCV 的依赖库需输入以下命令：

```
sudo apt-get install build-essential cmake pkg-config libjpeg-dev libtiff5-dev libjasper-dev libpng12-dev libavcodec-dev libavformat-dev libswscale-dev libv4l-dev libxvidcore-dev libx264-dev libgtk2.0-dev libgtk-3-dev libatlas-base-dev gfortran python2.7-dev python3-dev liblapacke-dev libeigen3-dev
```

(3) 编译 OpenCV 源代码。

① 建立并进入 cmake 的工作目录，命令如下：

```
mkdir -p opencv-3.4/build
cd opencv-3.4/build
```

② 使用 cmake 工具配置编译 OpenCV 的环境，命令如下：

```
cmake -DCMAKE_BUILD_TYPE=Release ..
```

③ 编译、连接、安装 OpenCV，命令如下：

```
make -j4
sudo make install
```

④ 检测是否编译安装成功以及安装的 OpenCV 的版本，命令如下：

```
pkg-config --modversion opencv
```

(4) 测试在 Python 编程环境下使用 OpenCV 摄像头。

若使用远程登录树莓派方式操作摄像头，需要登录到树莓派的桌面才能实现。但如果只是使用树莓派采样图像序列并存储计算结果的话，可以在字符界面里操作。在树莓派端使用命令“sudo apt-get install xrdp”安装了 Windows 远程桌面服务进程后，即可以在远程 Windows 系统使用远程桌面登录树莓派，结果如图 7-4 所示。

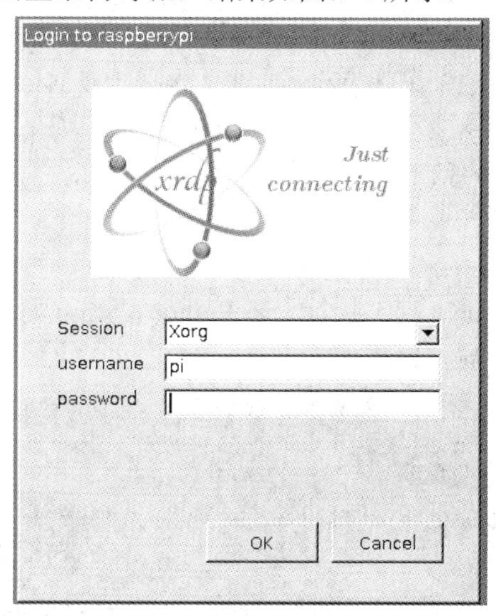

图 7-4　通过 Windows 系统远程桌面登录树莓派的图形界面

在图 7-4 的文本框“username”“password”中依次填入“pi”及“raspberry”就可以登录远程树莓派桌面。鼠标点击桌面空白的任何一个地方，按住“Ctrl+Alt+t”键，即可以在桌面调出字符终端。

【任务 7-1】 硬件环境安装：树莓派连接摄像头，笔记本电脑远程登录树莓派的图形界面。使用 Python 语言及 OpenCV 库在笔记本电脑上显示摄像头获取的视频。

【实现】 将源代码文件命名为“camera.py”。

```
01  import cv2
02  import numpy as np
03
04  cap = cv2.VideoCapture(0)
05
06  while(1):
07      # get a frame
08      ret, frame = cap.read()
09      # show a frame
10      cv2.imshow("capture", frame)
11
12      if cv2.waitKey(1) & 0xFF == ord('q'):
13          break
14  cap.release()
15  cv2.destroyAllWindows()
```

程序简单解说如下：

行 1　在 Python 里使用 OpenCV 库。

行 2　使用向量计算库，并在以下程序中采用简称 np。

行 4　调用摄像头来获取视频，并返回一个控制摄像头对象 cap。如果连接多个摄像头，可以通过参数来选择。VideoCapture 对象也可以传输视频文件地址。

行 8　从摄像头中获取一帧图像 frame，以及返回状态代码。

行 10　将图像 frame 显示在窗口标签为 capture 的窗口中。

行 12　持续显示窗口图像，直到按下“q”键。

行 14　释放摄像头对象。

行 15　销毁本程序打开的所有 OpenCV 的窗口。

使用命令“python ./camera.py”执行上述 Python 代码，如果程序运行正常就可以得到如图 7-5 所示的摄像头的视频实时影像。

图 7-5　通过 OpenCV 获取摄像头的图像界面

7.3　在 ROS 框架里使用 OpenCV

ROS 作为机器人操作系统，需要借助 OpenCV 才能更好地开发机器人视觉相关的应用。通过安装 ROS 的 usb_cam 包以及依赖包 camera_info_manager 和 image_view 即可实现上述功能。这里涉及 ROS 系统的图像视频处理扩展功能的两个包 image_common 和 image_pipeline。

image_common 包提供基础的图像处理功能，又包括下面 4 个包：

(1) image_transport：提供以窄带宽环境下传输压缩格式的图像。

(2) camera_calibration_parsers：包含一些用来读写相机标定参数的函数。

(3) camera_info_manager：提供读、写 C++接口以及设定相机标定参数，同时提供 Python 版本 camera_info_manager_py。

(4) polled_camera：定义客户节点需要从 polling camera driver 节点(例如从工业 prosilica 相机节点)获取图像的 ROS 接口。

而 image_pipeline 则填补了原始图像以及更高层次的图像处理和计算机视觉的空白。一些经典算法包括图像矫正(image rectified)、双目视差图像(stereo disparity image)及双目点云(stereo point cloud)等。

image_common 包也包括以下 5 个包：

(1) camera_calibration：在 ROS 环境下提供相机标定工具箱。

(2) monocular processing：消除相机图像畸变、Bayer 颜色插值等。

(3) stereo_processing：提供双目相机相应的算法，如视差图(disparity image)、点云等。

(4) depth_image_proc：提供处理深度图像的处理，例如计算点云等。

(5) image_view：提供一个轻量级的界面显示图像、视频以及深度图。

摄像头数据通过 usb_cam 界面发送获取图像的消息，命令为“sensor_msgs::Image”。usb_cam 可通过调用 image_transport 界面实现摄像头数据从摄像头硬件通过 USB 电缆传输到计算机里。

了解了上述 ROS 框架下图像的传输及处理过程后，任务的完成就可以按照下面的步骤进行。

首先下载上述三个源代码包，命令如下：

```
cd catkin_ws/src
git clone https://github.com/ros-drivers/usb_cam.git
git clone https://github.com/ros-perception/image_common
git clone https://github.com/ros-perception/image_pipeline.git
cd ..
```

再编译这三个源代码包，命令如下：

```
sudo ./src/catkin/bin/catkin_make_isolated --pkg camera_info_manager usb_cam image_view --install
-DCMAKE_BUILD_TYPE=Release --install-space /opt/ros/kinetic -j4
```

【任务 7-2】　在 ROS 框架下，使用 OpenCV 获取 USB 摄像头视频并显示。

【实现】　这个任务是让单目摄像头纳入 ROS 的编程框架内，这样布局的目的是利用 PC 的强大计算能力方便以后扩展机器人的识别功能(如表情识别、性别识别等)。如图 7-6 所示为 ROS 框架内的视频获取及显示示意图。

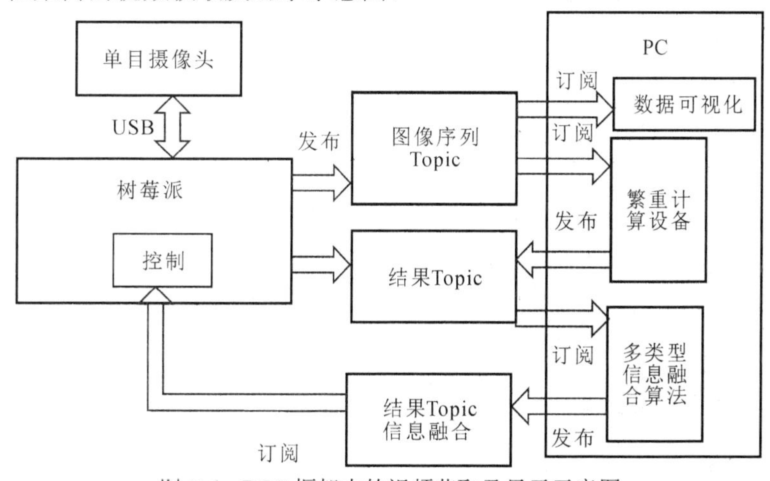

图 7-6　ROS 框架内的视频获取及显示示意图

(1) 先在树莓派端执行“roscore”命令，让树莓派作为 ROS 系统的 Master，然后执行下面的命令可得到如图 7-7 所示的视频。

```
roslaunch usb_cam usb_cam-test.launch
```

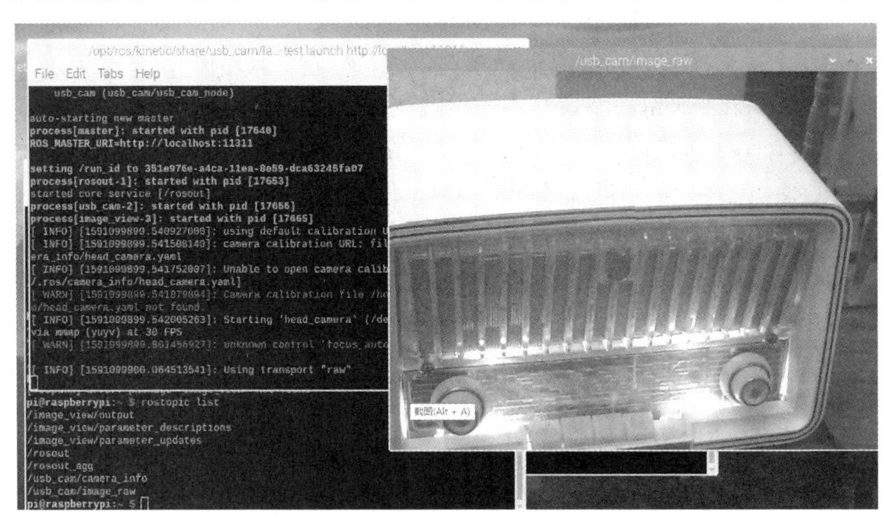

图 7-7　通过 ROS 的获取功能获取视频界面

(2) 打开一个新的字符终端，输入命令“rostopic list”，可以看到由 usb_cam 产生的 ROS 主题“/usb_cam/image_raw”，如图 7-8 所示。了解这个命令有利于后面编程得到实时的图像序列。

```
pi@raspberrypi:~/res/opencv-3.4/build $ rostopic list
/image_view/output
/image_view/parameter_descriptions
/image_view/parameter_updates
/rosout
/rosout_agg
/usb_cam/camera_info
/usb_cam/image_raw
```

图 7-8　ROS 的主题

在远程 PC 端执行如下命令可实现图像数据通过树莓派以 ROS 消息的方式传递给局域网中的 PC 端进行显示，同样也可以在 PC 端显示如图 7-7 所示的画面。

```
rosrun image_view image_view image:=/usb_cam/image_raw
```

(3) 如果树莓派同时连接多个摄像头，则 OpenCV 获取某个摄像头视频时是通过给函数 VideoCapture()传递一个整形参数代表摄像头的设备文件来实现的。在具体实现中，如果需要激活和修改某路摄像头，可以通过下面命令修改.launch 文件。

```
sudo vi /opt/ros/kinetic/share/usb_cam/launch/usb_cam-test.launch
.launch 文件的内容如下：
<launch>
  <node name="usb_cam" pkg="usb_cam" type="usb_cam_node" output="screen" >
    <param name="video_device" value="/dev/video0" />
    <param name="image_width" value="640" />
    <param name="image_height" value="480" />
```

```
        <param name="pixel_format" value="yuyv" />
        <param name="camera_frame_id" value="usb_cam" />
        <param name="io_method" value="mmap"/>
    </node>
    <node name="image_view" pkg="image_view" type="image_view" respawn="false"
            output=" screen">
        <remap from="image" to="/usb_cam/image_raw"/>
        <param name="autosize" value="true" />
    </node>
</launch>
```

在文件里，修改参数“video_device”值为“/dev/video0”可激活某路摄像头的配置；同时，也可以根据摄像头分辨率修改图像的宽度及高度设置。如果使用的是 MJPEG 摄像头的话，可以将参数“pixel_format”的值“yuyv”改为“mjpeg”。所谓 MJPEG 摄像头，就是通过图像压缩技术减少摄像头到计算机传输的数据量，同时提高视频帧率的技术。MJPEG 是源于 JPEG 的压缩技术。JPEG 是一种静止图像的压缩标准，是一种标准的帧内压缩编码方式。当硬件处理速度足够快时，JPEG 就能用于实时图像的视频压缩。在画面变动较小时能提供不错的图像质量，且传输速度快。而 MJPEG 则考虑了时间因素，MJPEG 将视频看作图像序列。由于 MJPEG 压缩考虑了图像随时间而变化，所以还适合内容变化较大的视频。

7.4 基于 ROS 的图像序列发送服务端及接收客户端

本节主要介绍了通过系统安装配置的方式实现在 ROS 环境中进行图像序列的获取及显示。本节的任务是通过 Python 编程的方法将 OpenCV 里获取的图像序列通过 ROS 的消息机制进行发送，同时解决如何订阅图像类型的消息，并作进一步的图像处理。这里涉及关键的一个 ROS 桥接包“cv_bridge”，其作用是将 ROS 的图像消息以及 OpenCV 图像结构 IPLImage 两种数据类型进行相互转换，如图 7-9 所示。

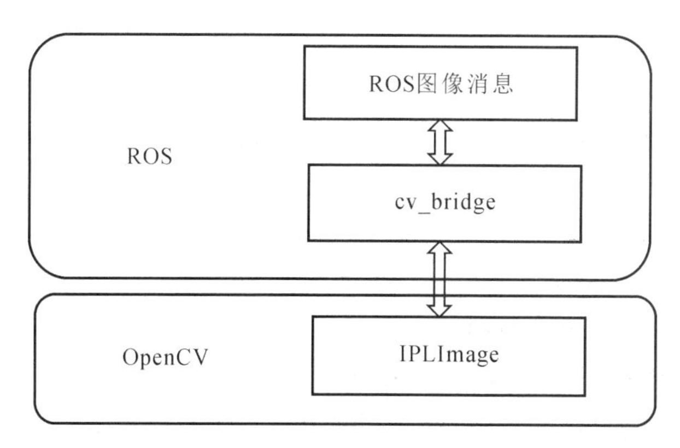

图 7-9 ROS 消息及 OpenCV 两种数据类型相互转换示意图

1. 图像接收客户端

我们在任务 7-2 中已经了解了 USB 摄像头的视频数据是如何通过 usb_cam 库来实现的。图像接收客户端接收来自摄像头的视频，最终产生的视频消息为 /usb_cam/image_raw。如图 7-10 所示说明了在 ROS 环境下消息的产生、传送及图像数据格式转换的过程。

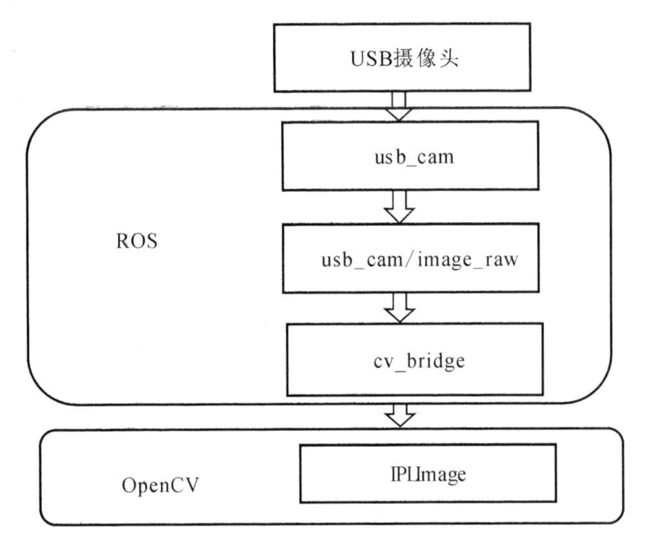

图 7-10　在 ROS 中图像消息产生、传送及图像数据格式转换过程

【任务 7-3】　在 ROS 的编程框架里使用 OpenCV 显示摄像头拍摄的视频，结果与任务 7-2 类似，不同的是这里通过 Python 编程的方法来实现。本任务可作为对此专题内容的拓展。

【实现】　将源代码文件命名为“ex01_ros_cv_client.py”。

理解了 cv_bridge 可以实现将 ROS 消息转换为 OpenCV 图像类型后，就可以开始动手实现这个任务了。在任务 7-2 的结果中，除了产生 ROS 图像消息外，还打开了显示图像的窗口，这在这个任务里不需要，而是在 Python 编程中根据需要显示。所以，实现本任务第一步是增加一个.launch 文件，并执行下面的命令。

```
sudo vi /opt/ros/kinetic/share/usb_cam/launch/usb_cam.launch
```

将任务 7-2 中的文件.launch 内容删除掉 image_view 节点部分即可，新的.launch 文件内容如下：

```
<launch>
  <node name="usb_cam" pkg="usb_cam" type="usb_cam_node" output="screen" >
    <param name="video_device" value="/dev/video0" />
    <param name="image_width" value="640" />
    <param name="image_height" value="480" />
    <param name="pixel_format" value="mjpeg" />
    <param name="camera_frame_id" value="usb_cam" />
    <param name="io_method" value="mmap"/>
  </node>
</launch>
```

接着建立一个 Python 程序，可输入命令“vi ex01_ros_cv_client.py”，并输入下面的程序代码。

```
01  import rospy
02  from sensor_msgs.msg import Image
03  import cv2
04  from cv_bridge import CvBridge
05
06  class Image_Receiver:
07      def __init__(self):
08          rospy.Subscriber('usb_cam/image_raw', Image, callback=self.image_cb, queue_size=100)
09          self.cv_bridge = CvBridge()
10          rospy.spin()
11
12      def image_cb(self, data):
13          cv_image = self.cv_bridge.imgmsg_to_cv2(data, "bgr8")
14          cv2.imshow("FirstCV", cv_image)
15          cv2.waitKey(3)
16
17  if __name__ == '__main__':
18      rospy.init_node('image_proc_node')
19      Image_Receiver()
20
```

程序解析如下：

行 1　使用 ROS 的 Python 接口。

行 2　定义摄像头、激光雷达等传感器的数据格式。在此包中使用 Image 类型。

行 3　使用 OpenCV 库。

行 4　使用 cv_bridge 库转换 ROS 消息为 OpenCV 图像数据类型。

行 6　定义一个 Image_Receiver 的类，实现行 7 与行 12 定义的两个函数。

行 7　定义类的初始化函数，参数为本类 self。

行 8　通过调用订阅函数 Subscriber()来订阅图像消息 usb_cam/image_raw，接收消息为 Image 类型，设定回调函数为本类的 image_cb 函数。回调函数可理解为执行 Python 程序后，ROS 不断执行此函数，直到按下“Ctrl+c”键。订阅函数最后一个参数为消息队列的大小设定[①]。

行 9　生成本类的 cvbridge()的一个实例。

行 10　让 ROS 循环调用回调函数 image_cb()。

① Subscriber 的消息队列是为了缓存节点接收到的信息，一旦自己处理的速度过慢，接收到的消息数量超过了 queue_size，那么最先进入队列的(最老的)消息会被舍弃。例如我们只想处理最新的消息，只需要把 queue_size 都设置成 1，那么系统不会缓存数据，自然处理的消息就是最新的消息。

行 12　定义回调函数 image_cb()，接收本类 self 和消息数据 data 两个参数，其中 data 接收 Image 类型数据。

行 13　使用 cvbridge 将 Image 数据转换成 OpenCV 彩色图像数据，格式为“bgr8”。

行 14　将 OpenCV 图像显示在窗口里，此窗口标题为“FirstCV”。

行 15　OpenCV 在 3 ms 内等待按钮按下，作用为在 3 ms 内进行帧与帧的刷屏切换。

行 17　Python 程序的虚拟 main( )方法。

行 18　初始化 ROS，设定本程序运行后在 ROS 产生一个“image_proc_node”的节点。

行 19　实例化 Image_Receiver 类，即执行类的初始化函数。

在窗口环境下运行测试本程序。先打开一个字符终端，通过下面的命令运行修改后的.launch 文件。

```
roslaunch usb_cam usb_cam.launch
```

接着打开另一个字符终端，在 Python 程序目录下执行如下命令：

```
python ex01_ros_cv_client.py
```

本程序产生的结果与任务 7-2 的结果非常相似。

再打开一个字符终端，键入命令“rosnode list”，即可以枚举出当前 ROS 里所有的节点名称，如图 7-11 所示。本例的节点名称为 /image_proc_node。

```
pi@raspberrypi:~ $ rosnode list
/image_proc_node
/rosout
/usb_cam
```

图 7-11　显示 ROS 所有节点的界面

2. 图像信息发送服务端

前面是基于 ROS 包 usb_cam 发送摄像头图像的 ROS 消息，通过 cv_bridge 进行转换产生 OpenCV 的图像类型。下面我们在图像信息发送服务端通过 OpenCV 本身的函数 VideoCapture()来获取摄像头的图像序列，并通过 cv_bridge 转换为 ROS 消息发送，完全取代 usb_cam 的功能，如图 7-12 所示。为了与上面的客户端订阅的消息一致，这里依然发送相同的主题 usb_cam/image_raw。

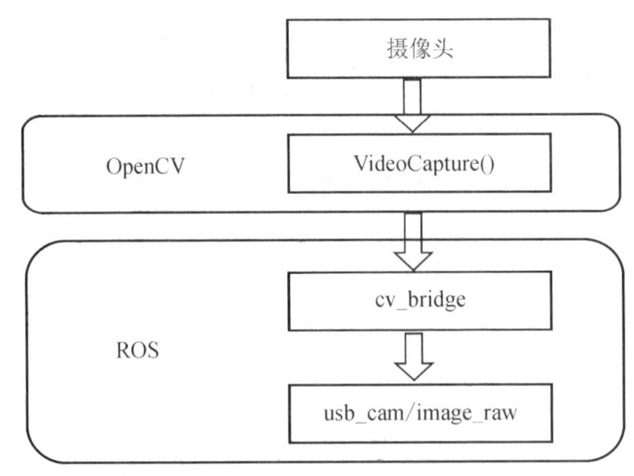

图 7-12　OpenCV 图像数据通过 cvbridge 转换成 ROS 图像消息流程图

【任务 7-4】 使用 OpenCV 获取图像序列，并发送 ROS 图像类型消息。

【实现】 将源代码文件命名为“ex02_ros_cv_server.py”。

实现思路：采用任务 7-1 里使用 OpenCV 获取图像序列的方法得到基于 OpenCV 的图像格式，再用 cv_bridge 将此图像格式转换成 ROS 图像消息的格式，然后建立一个发布者将此消息发送出去。具体实现程序如下：

```
01  #coding=utf-8
02
03  import rospy
04  from sensor_msgs.msg import Image
05  import cv2
06  from cv_bridge import CvBridge
07
08  def im_talker():
09          pub = rospy.Publisher( 'usb_cam/image_raw', Image, queue_size=100 )
10          rate = rospy.Rate(30)
11          cv_bridge = CvBridge()
12          cap = cv2.VideoCapture( 0 )
13
14          while not rospy.is_shutdown():
15                  ret, frame = cap.read()
16                  pub.publish( cv_bridge.cv2_to_imgmsg(frame, "bgr8") )
17                  rate.sleep()
18
19  if __name__ == '__main__':
20      rospy.init_node( 'image_talker' )
21      im_talker()
```

对主要代码解释如下：

行 1 让 Python 源代码里能使用中文字符。

行 8 定义一个发布者函数，若 roscore 还在运行的话，不停止发布图像信息。

行 9 设置 ROS 消息发布者，设定发布的主题为“usb_cam/image_raw”，消息类型为图像，消息队列的大小为 100，并返回对象 pub。

行 10 初始化帧率对象 rate，通过行 17 的 sleep()函数控制其帧率为 30 Hz。这个帧速受限于实际摄像头获取图像的帧速以及每帧图像算法的运行时间。

行 11 构建一个 CvBridge()实例对象 cv_bridge。

行 12 构建一个 OpenCV 摄像头图像序列捕获对象 cap。

行 14 如果 roscore 没有被“Ctrl+C”终止的话，循环执行行 15 至行 17 的代码。

行 15 从 cap 对象里取得一帧图像并保存于变量 frame 里。

行 16 调用发送对象 pub 的发送方法，将 cv_bridge 转换好的图像消息发送到相应主题。

行 19　Python 程序的虚拟 main( )方法。

行 20　初始化本程序，并作为 ROS 的一个节点，命名为“image_talker”

行 21　调用函数 im_talker()。

运行程序前，先打开一个字符终端，输入命令“roscore”启动 ROS。之后再打开另一个字符终端，输入命令“python ex02_ros_cv_server.py”，即可启动以最大帧速 30 帧/秒获取图像序列，并发送 ROS 图像消息。程序运行后，可看见摄像头的 LED 亮起。可以使用命令“rostopic list”和“rosnode list”检测相应的节点及消息主题是否正常，如图 7-13 所示。

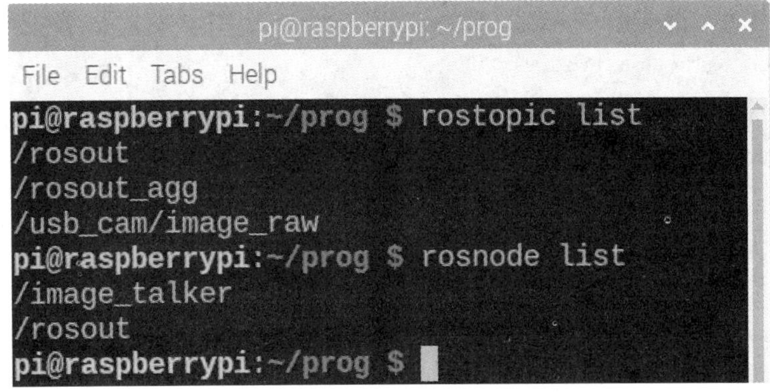

图 7-13　检测是否生成相应的节点及主题

7.5　使用 OpenCV 进行简单的图像分割

这里首先需要了解 RGB 及 HSV 两个不同的色彩空间的概念。在彩色图像理论中，一般使用 RGB 图像格式，即在 RGB 色彩空间里表示颜色。RGB 色彩空间是一个三维的立方体，例如 X 轴代表 G 分量、Y 轴代表 R 分量以及 Z 轴代表 B 分量，如图 7-14 所示。

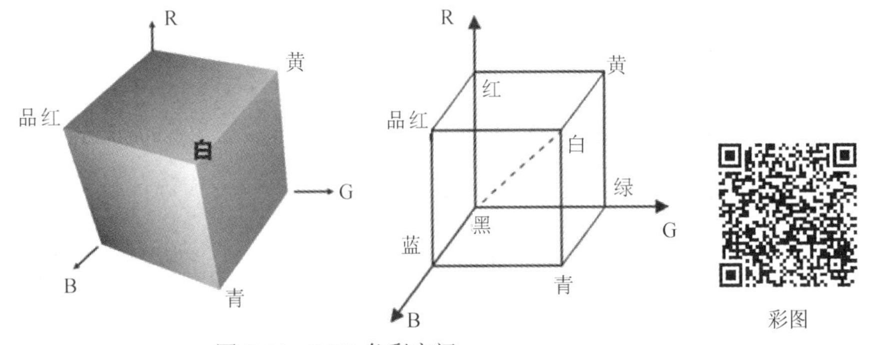

图 7-14　RGB 色彩空间

从图 7-14 中可以看出，颜色基本分布在整个 3D 的正方体里边。要想利用颜色来做图像分割，一般可以选择 4 种方案：只用 RGB 图像的红色通道；只用 RGB 图像的绿色通道；只用 RGB 图像的蓝色通道；用 RGB 图像对应的灰度图。灰度图对应的是 RGB 色彩空间中原点(黑色)到白色点的对角线。

使用颜色来分割图像，一般需要将 RGB 图像转变为 HSV 图像。HSV 为色相(Hue)、饱和度(Saturation)以及亮度值(Value)构建的色彩空间，如图 7-15 所示。色相 H 是圆锥体水平横截面圆的边缘，颜色排列在这个 360° 的圆里；饱和度 S 方向为由水平横截面圆心指向边缘，代表某色彩饱不饱和，例如大红、玫瑰红、粉红等；亮度值 V 比较容易理解，例如红、暗红、黑，如果亮度不够，则显示出来的颜色就不明亮。

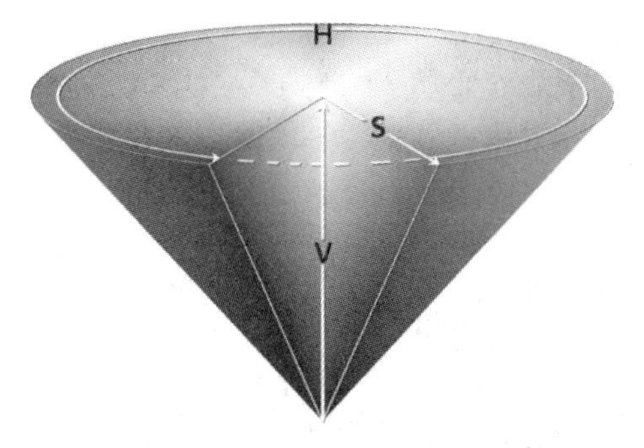

彩图

图 7-15　HSV 色彩空间

【任务 7-5】　在任务 7-3 的基础上，实现简单的图像分割算法处理。具体为给定一个视频，其内容为一个粉红色球在覆盖有粉色桌布的桌面上运动，场景如图 7-16 所示。

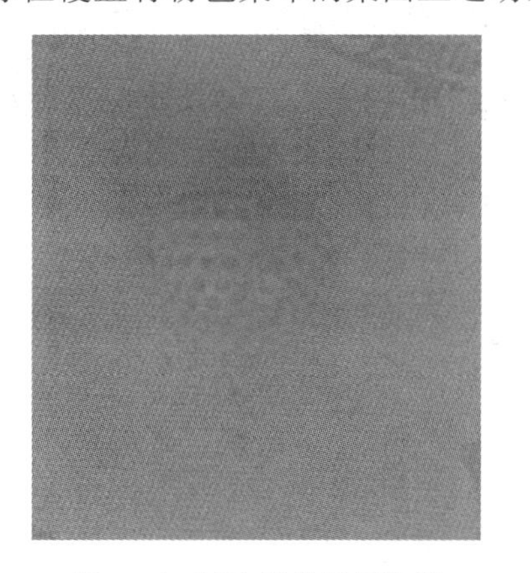

彩图

图 7-16　特定颜色目标检测

【实现】　将源代码文件命名为“ex03_cv_seg.py”。

先通过分析对比两个色彩空间下图像的通道灰度图情况。如图 7-17 所示分别是蓝色、红色、绿色通道的灰度图像。

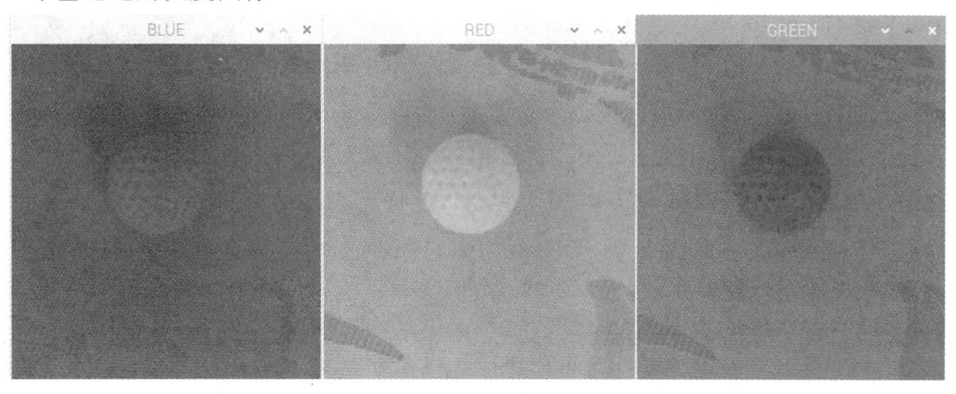

(a) 蓝色通道　　(b) 红色通道　　(c) 绿色通道

图 7-17　RBG 图像的蓝、红、绿通道灰度图

从图 7-17 可以看出，使用蓝色通道图像来分割效果应该是最差的，因为球与背景比较接近；使用其他两个通道效果则相差不大，一个整体图像偏亮，一个整体图像偏暗。使用 RGB 色彩空间进行图像分割，如果目标的颜色偏向于红、绿或者蓝色的话其效果会不错。如果是其他颜色的话，效果有可能会不理想，也就是说，算法的鲁棒性(稳定性)不高。

如图 7-18 所示的三个图像分别对应 HSV 彩色空间 H 通道、S 通道及 V 通道的图像。很显然，H 通道本身就具有很好的分割效果，S 通道次之，最差是 V 通道。就算是最差的 V 通道也与 RGB 较好的通道有较相似的效果。

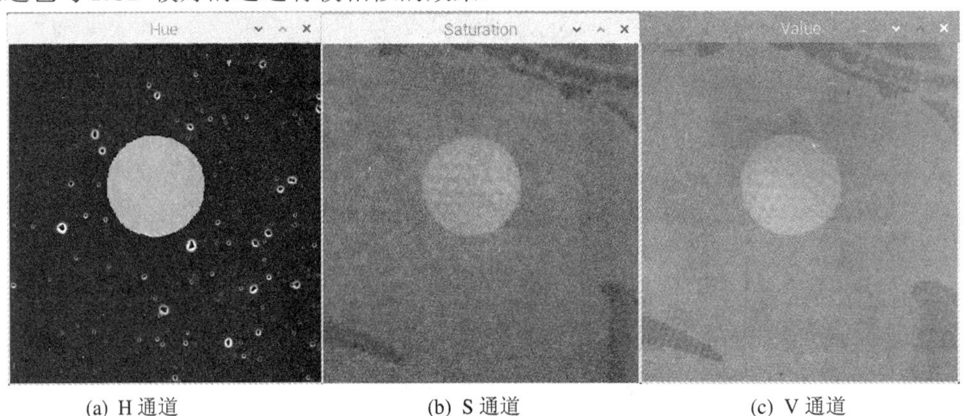

(a) H 通道　　(b) S 通道　　(c) V 通道

图 7-18　RGB 色彩空间转换为 HSV 后各通道的灰度图

本任务要实现图像分割的目的，需要在任务 7-3 的程序中增加如下代码：

```
06  def image_proc( img ):
07      HSV = cv2.cvtColor(img, cv2.COLOR_BGR2HSV)
08      H,S,V = cv2.split( HSV )
09      bw = cv2.inRange( H, 20, 200 )
10      cv2.imshow("FirstCV", bw)
11      cv2.waitKey(3)
```

上述代码实际上增加的是一个图像处理函数 image_proc()，其实现了简单的基于 HSV 色彩空间的图像分割算法，具体解说如下：

行 6　定义 image_proc()函数，并接收一个图像参数。

行 7　调用 cvtColor()函数将 RGB 图像转换成 HSV 图像。

行 8　将 HSV 图像分成单独的三个通道 H、S 与 V。

行 9　使用 H 通道，并加双阈值，选择值为 20～200 作为白色，其他为黑色，可得到如图 7-19 所示的二值图像结果。此二值图像只包含黑与白两种数值，可以是 0 与 1 或者 0 与 255。白色代表目标物体而黑色代表背景，处理结果总体不错，只有很少量的背景被误判成目标。

行 10 和行 11　建立窗口显示二值图像，之后等待 3 ms 让图像稳定显示。

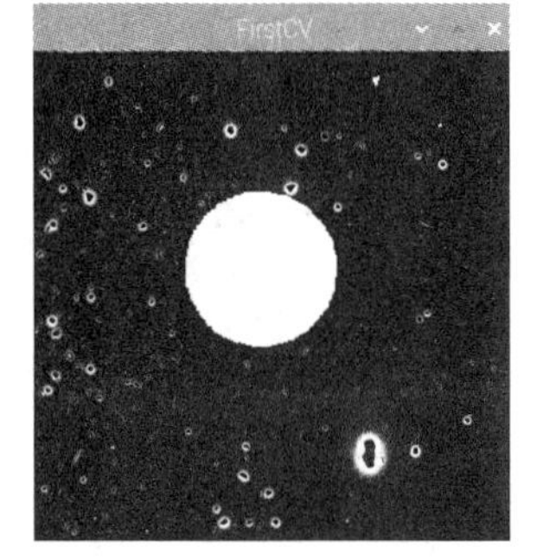

图 7-19　使用 H 灰度图加阈值后的二值图像

最后需将回调函数稍作修改，即去掉显示图像部分代码，增加调用图像处理函数image_proc()，具体如下。

```
19 def image_cb(self, data):
20     cv_image = self.cv_bridge.imgmsg_to_cv2(data, "bgr8")
21     image_proc( cv_image )
```

7.6 人脸检测

这里将介绍OpenCV里集成的一款Haar-like特征提取算法。OpenCV对Haar-like特征提取以及AdaBoost分类器组成的级联人脸检测做了封装，对人脸检测有不错的效果。人脸检测提取出来的特征是识别物体的最基本的元素。举个幼儿园老师教小朋友怎么辨别香蕉这种水果的例子。老师像猜谜语一样给出一系列判断准则：黄色的(颜色特征)；带有斑点(纹理特征)；弯条状的(形状特征)；有甜甜的独特的香味(气味特征)；捏起来软软的(质地特征)等。综合各个特征，小朋友应该可以从众多水果中分辨出哪个是香蕉。与老师给出判断香蕉的准则类似，Haar-like是一种人脸特征提取算法，通过对一小块图像的灰度值变化情况进行检测，得出一系列特征。例如眼珠比眼白灰度要深、眼睛轮廓比周边灰度要深、鼻梁比鼻梁两侧灰度要浅、嘴唇比嘴唇周围灰度要深等(如图7-20所示)。

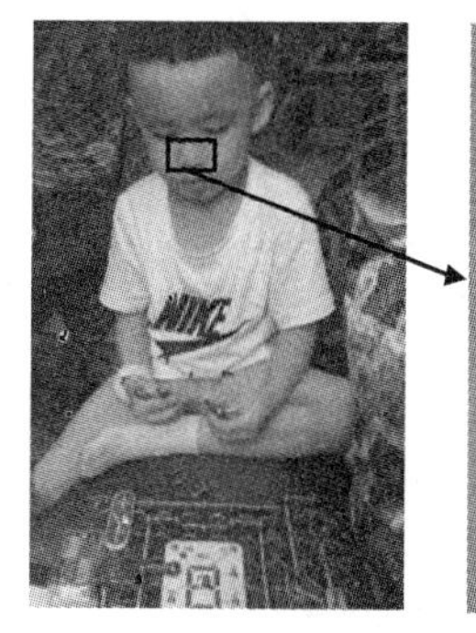

（a）小孩的灰度图

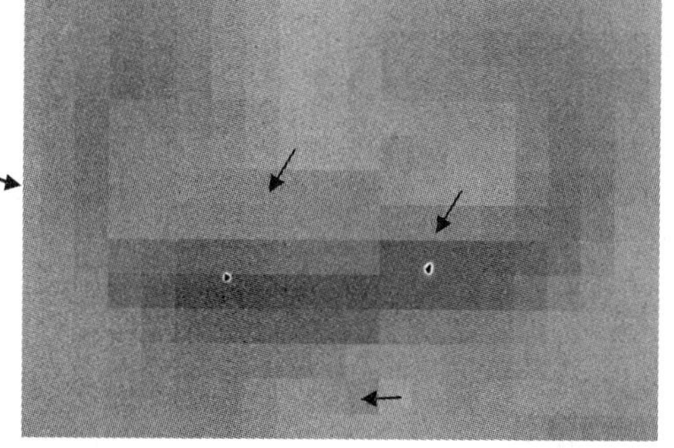

（b）被放大后的鼻子明暗变化细节

图7-20　局部放大后的灰度图明暗变化细节

在局部放大的灰度图7-20(b)中，小孩的鼻子被放大，可以清晰地看见一个个像素。通过计算梯度(gradient)，就可以计算出每一个像素由亮到暗变化最大的方向。但是如果使用图像所有像素的梯度信息来检测人脸的话，未免太过于细化，有可能会陷入类似“盲人摸象”那种状况，过于强调某些无关紧要的细节。为了避免这一点，可以将图像分成很多小块，如5像素×5像素的小块，然后用直方图的方法来表示此小块。经过以上运算，所有小块的直方图组合起来就可以构成特征描述器，这就是方向梯度直方图(Histogram of Oriented Gradient，HOG)算法。下面介绍HOG算法的五个步骤。

(1) 彩色RGB转变为灰度图。

因为HOG算法主要使用图像的灰度变化信息，与图像的色彩无关，因此可以将RGB图转变为灰度图，如图7-21所示。

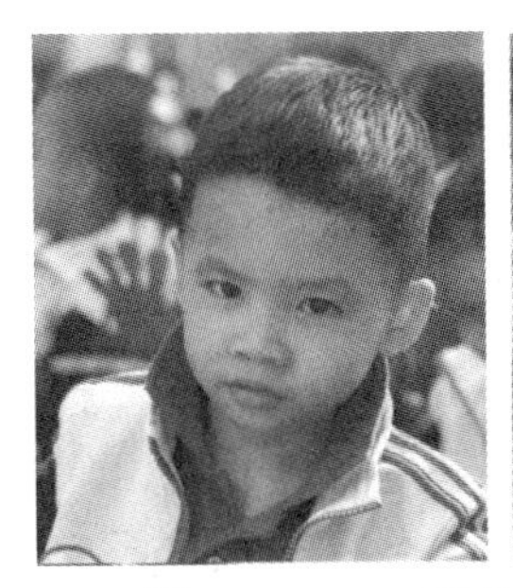
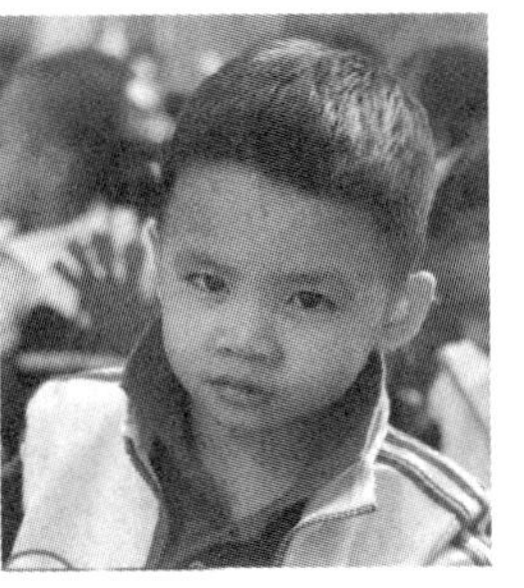

彩图

图 7-21　RGB 彩色图转换成为灰度图

(2) 图像亮度 gamma 处理。

考虑到光照会影响到 HOG 算法，调节图像的对比度和降低图像局部的过明或者过暗，可以采用亮度 gamma 算法进行处理，如图 7-22(a)所示。其计算公式如下：

$$f(x) = x^{\gamma} \tag{7-1}$$

公式中 x 为输入图像的像素值，$f(x)$为输出像素值，γ 为幂指数。如图 7-22(b)所示为 γ 取值为 0.1、0.2、0.4、1、2.5、5 和 10 时函数的不同曲线。其中输入像素值已经归一化在 0～1 范围内。当 γ=1 时，曲线为一条对角线，γ 取其他值的情况都是对输入图像作非线性输出映射处理。例如左上角最上面的一条曲线，将输入像素值 0～0.1 映射到输出的 0～0.6 区间，将输入像素值 0.1～1 映射到 0.6～1 的区间。

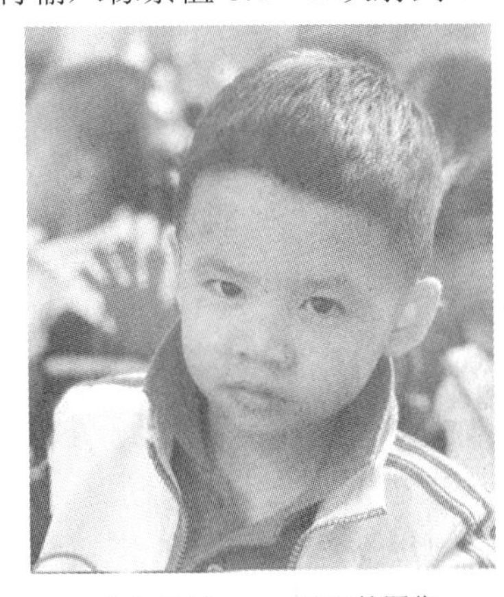
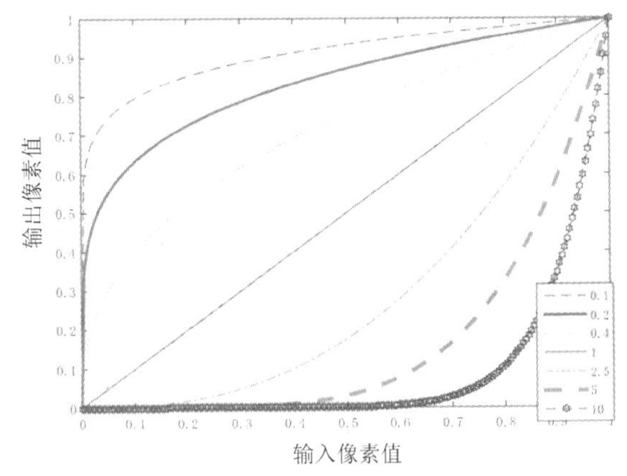

（a）经过gamma处理的图像　　（b）不同gamma值时函数曲线

图 7-22　经过 gamma 亮度调节后的灰度图

(3) 计算图像梯度。

通过一阶求导可计算出图像纵、横坐标的梯度大小以及梯度方向。其计算公式为：

$$\begin{cases} G_x(x,y) = I(x+1,y) - I(x-1,y) \\ G_y(x,y) = I(x,y+1) - I(x,y-1) \end{cases} \tag{7-2}$$

在式(7-2)中，$G_x(x, y)$、$G_y(x, y)$分别为图像坐标(x, y)位置水平方向和垂直方向的导数；$I(x, y)$为灰度图像在(x, y)位置的像素值。计算导数幅度与方向的公式为：

$$\begin{cases} G(x,y) = \sqrt{G_x^2(x,y) + G_y^2(x,y)} \\ \theta(x,y) = \arctan\left(\dfrac{G_y(x,y)}{G_x(x,y)}\right) \end{cases} \tag{7-3}$$

在式(7-3)中，$G(x, y)$为梯度的大小；$\theta(x, y)$为梯度的方向，这两个函数都是与图像大小一样的矩阵。通过求梯度的幅度$G(x, y)$可以得到图像的轮廓、边缘及纹理信息，如图7-23(a)所示。图7-23(b)是$\theta(x, y)$的示意图，这里不直接说就是$\theta(x, y)$图像的原因是灰度图不容易表示负数，而是经过取绝对值后再显示的图像。

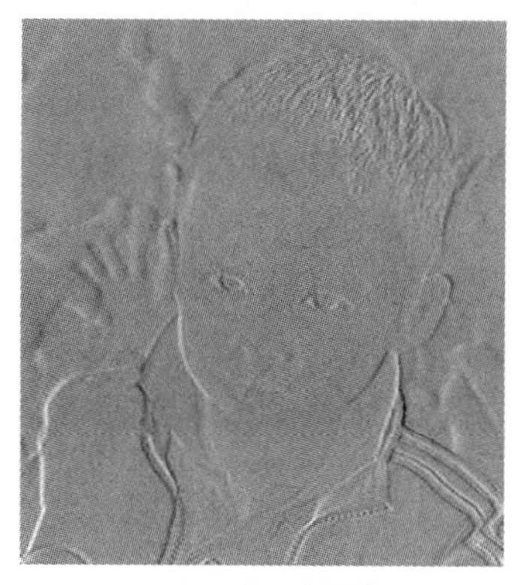

（a）$G(x, y)$图像　　（b）$\theta(x, y)$的示意图

图7-23　$G(x, y)$图像和$\theta(x, y)$示意图

为了更加直观地观察图像梯度的幅值及角度，可以将16像素×16像素定义为一个cell的大小，那么就形成HOG图像。从HOG图可以看到整个图像由非常多的cell组成，并且人的轮廓信息可以清晰地看到。如图7-24(a)所示是输入RGB图像，图7-24(b)所示是对应的HOG图，图(c)所示是HOG图中局部放大图。仔细观察每个cell，可以看出每个cell由一组中心相交且在 360° 范围内旋转的线段组成。其中每条线段的方向代表角度，线段的灰度值代表幅度或者能量。

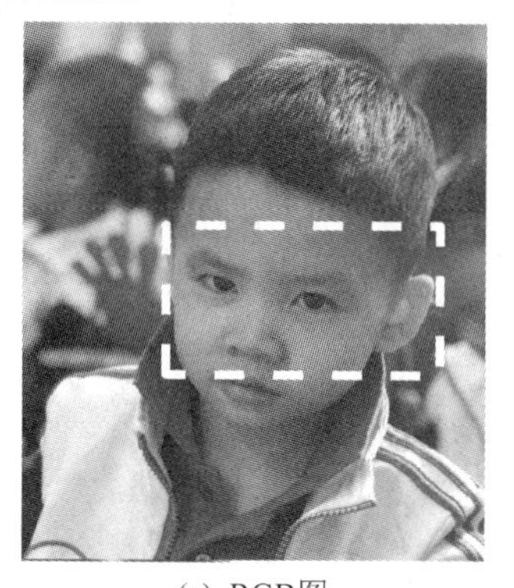

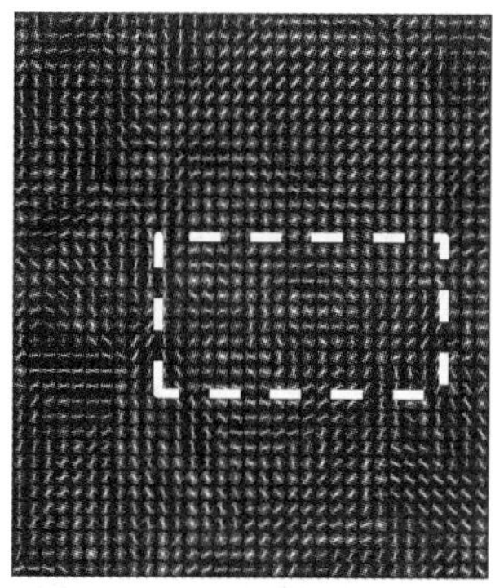

(a) RGB图　　(b) HOG图

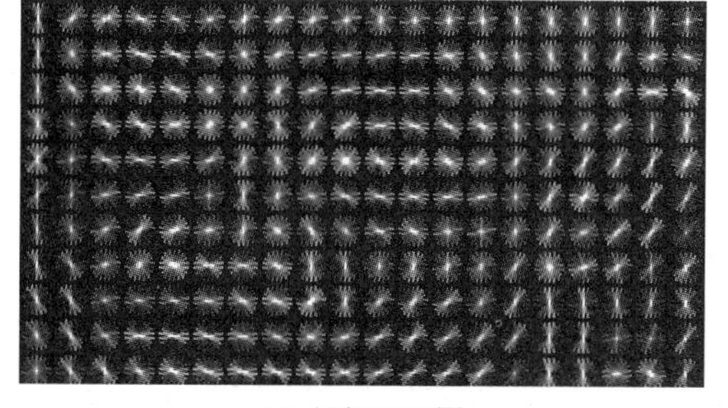

(c) 局部HOG图

彩图

图7-24　RGB图像和局部图像的HOG图

下面的步骤主要是对此图进行单元(cell)划分，再进一步将相邻的单元组成更大的区域(block)。这个类似金字塔的操作的目的是得到维度更低的人脸轮廓特征来描述子 HOG 图。

(4) 为每一个 cell 单元建立直方图。

这一步比较容易理解，就是将梯度的方向图分成小块，例如 5×5 小块，一共有 25 个角度数据，可用直方图的方法来统计，如图 7-25。如果直方图的 bin 数目为 7，即直接将 25 个角度值压缩成为 7 个数据。

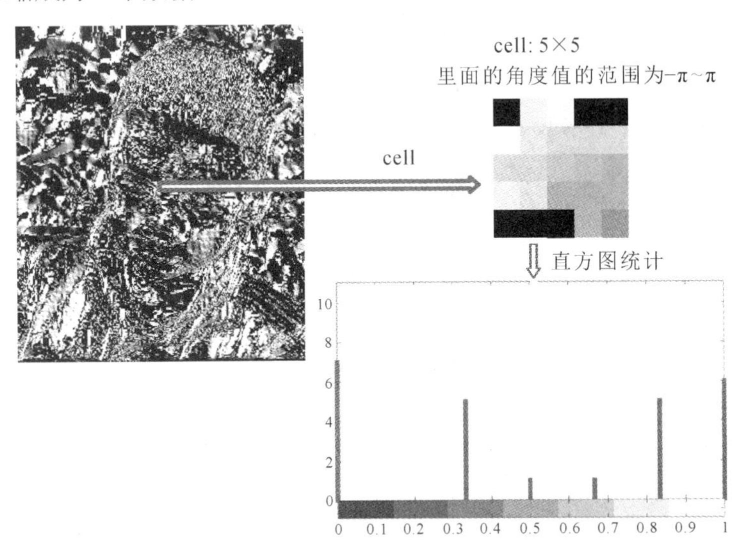

图 7-25　一个 5×5 的 cell 及对应的直方图

(5) 将多个相邻的 cell 组成 block。

这一步就更加容易理解，就是将某个 cell 周边相邻的多个 cell 组合起来成为一个 block。例如我们可以定义一个 block，如图 7-26 所示。从图中可以看出与 cell#6 相邻的 cell 有八个：cell#1、cell#2、cell#3、cell#7、cell#11、cell#10、cell#9、cell#5。最后，按顺序将 block 里所有的 cell 的直方图数字串联起来，即可得到一维向量，再将此向量归一化处理后，变换为此 block 的 HOG 特征描述符。

block

cell#1	cell#2	cell#3	cell#4
cell#5	cell#6	cell#7	cell#8
cell#9	cell#10	cell#11	cell#12
cell#13	cell#14	cell#15	cell#16

图 7-26　将多个相邻 cell 组成一个 block

综上所述，HOG特征描述符的大小可以用以下三个量来计算：

(1) 表示一帧图像中block的个数β。

(2) 表示一个block中cell的个数α。

(3) 表示cell中直方图bin的数目γ。

一帧图像的HOG描述符的大小为$\gamma \times \beta \times \alpha$。假设$\gamma=12$，$\beta=1024$，$\alpha=25$，则HOG描述符的大小为307 200。实际上，并不是每个block里的特征数据对检测人脸都有作用，例如图像中的背景以及衣服部分对应的那些block对检测人脸的作用就微乎其微。OpenCV的人脸检测算法采用AdaBoost对这些特征进行训练，筛选出最能影响人脸识别的特征并采用xml格式保存。

特征训练完毕进行人脸检测时，具体过程是使用如图7-27所示的决策树进行比较。从输入图像中提取出待测的特征值，通过决策树与xml里的特征(f1,f2,f3,…) 进行逐一比较，从而判断输入图像有无人脸。应用此算法进行人脸检测，并用矩形框框出检测到的人脸，可为下一步人脸识别做准备。

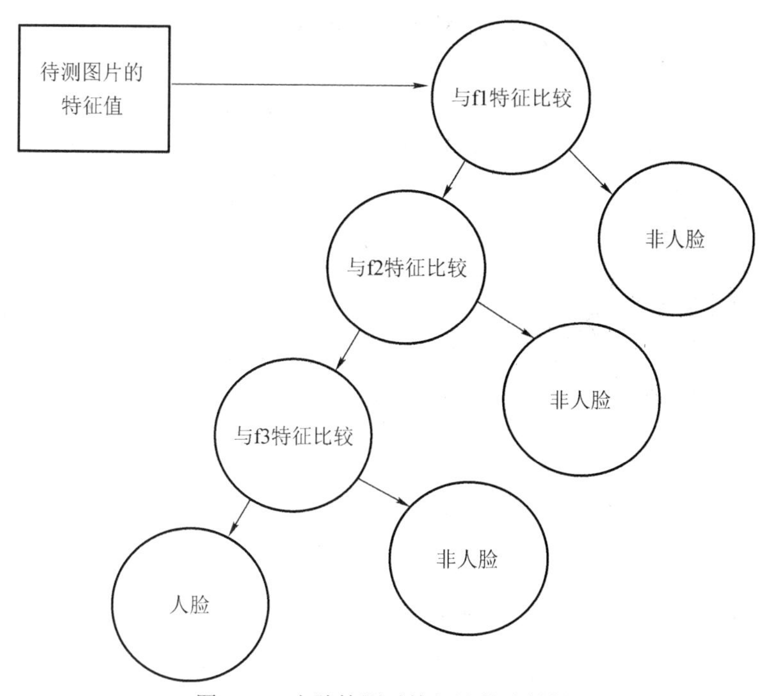

图7-27 人脸检测时特征比较决策树

【任务7-6】 使用OpenCV库实现人脸检测，并利用ROS的消息机制发送从图像中识别出人脸个数的消息。

【实现】 任务实现的程序如下：

```
01  import rospy
02  from sensor_msgs.msg import Image
03  import cv2
04  from cv_bridge import CvBridge
05  from std_msgs.msg import String
```

```
06
07  def face_detect( face_mod, img ):
08      faces = face_mod.detectMultiScale( img, 1.3, 5 )
09
10      for (x, y, w, h) in faces:
11          img = cv2.rectangle( img, (x, y), (x+w, y+h), (255, 0, 0), 2 )
12
13      cv2.imshow("Face detact", img )
14      cv2.waitKey(3)
15      return len( faces )
16
17  class Image_Receiver:
18      def __init__(self):
19          self.face_cascade = cv2.CascadeClassifier('trained_models/detection_models/ haarcascade_
            frontalface_default.xml')
20          rospy.Subscriber('usb_cam/image_raw', Image, callback=self.image_cb, queue_ size=100)
21          self.pub = rospy.Publisher( 'image_proc_node/num_people', String, queue_size=10 )
22          self.cv_bridge = CvBridge()
23          rospy.spin()
24
25      def image_cb(self, data):
26          cv_image = self.cv_bridge.imgmsg_to_cv2(data, "bgr8")
27          nppl = face_detect( self.face_cascade, cv_image )
28          msg_str = "People found: %d" % nppl
29          self.pub.publish( msg_str )
30
31  if __name__ == '__main__':
32      rospy.init_node('image_proc_node')
33      Image_Receiver()
```

程序主要部分解释如下：

行 5　将相关库引入，使用 ROS 发布字符串消息。

行 7　定义人脸检测的函数原型，接收级联分类器以及待测图像。

行 8　调用级联分类器检测物体的方法，将符合特征的物体找出并返回物体的包围矩形。

行 10～11　在待测图像里，画出各个返回的包围矩形。

行 13～14　在窗口里显示人脸检测结果图像。

行 15　人脸检测函数返回找到人脸的数量。

行 19　定义 Image_Receiver 类初始化函数的第一个执行函数，并从 xml 里构建一个级联分类器的对象。这里使用的 xml 是 OpenCV 提供的 haarcascade_frontalface_default.xml，从中可以看出这是个对正面人脸检测的特征文件。OpenCV 还提供其他特征 xml 文件，如眼睛检测、嘴巴检测以及鼻子检测等。若想让计算机自动检测上述目标，只需要替换相应的 xml 文件即可。

行 20　订阅 ROS 的图像信息。

行 21　初始化一个字符串型的 ROS 发布对象，发布主题为“image_proc_node/num_people”。

行 22　创建 cvbridge 对象，将 ROS 图像消息转换成 OpenCV 图像格式。

行 23　将程序执行权交给 ROS，ROS 进入自己消息循环。

行 25　定义回调函数，传入本类对象以及订阅的图像消息。

行 26　将 ROS 图像信息转为 OpenCV 图像 BGR 格式，8 位。

行 27　执行人脸检测，传入级联分类器以及 OpenCV 图像两个参数，并得到图像人脸个数。

行 28　将人脸个数格式化到字符串里。

行 29　向 ROS“image_proc_node/num_people”主题发布上述字符串。

行 32　将本程序作为 ROS 的一个节点，节点名为“image_proc_node”。

行 33　构建 Image_Receiver 类，并自动执行默认的初始化方法。

程序执行首先由行 31 进入向 ROS 注册本节点，然后进入类的初始化函数，登记回调函数后就把程序控制权交给 ROS 进行循环。程序执行结果如图 7-28 所示。结果显示程序运行稳定，能比较可靠地在一般的场景中检测出人脸并用矩形框标注出来。此任务也适合多个人脸检测，速度能达到 20 帧/秒。

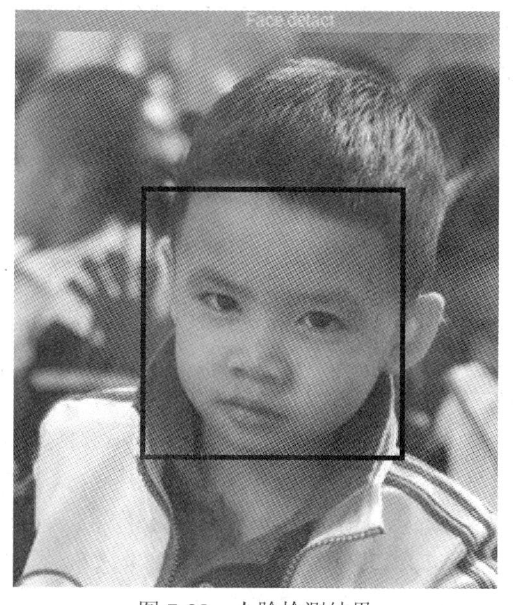

彩图

图 7-28　人脸检测结果

打开一个新的字符终端，输入命令“rostopic echo image_proc_node/num_people”，就可以输出如图 7-29 所显示的人脸个数。

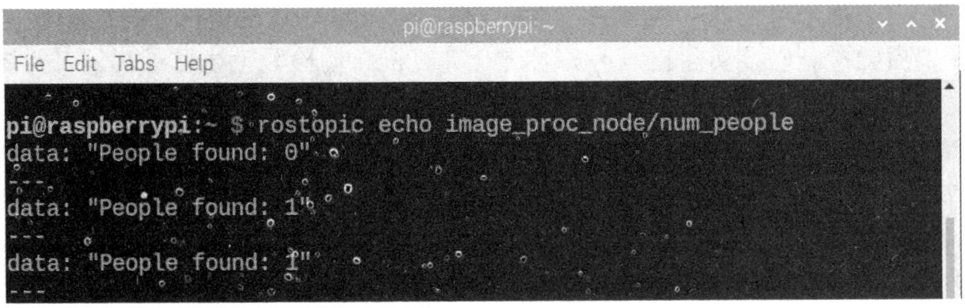

```
pi@raspberrypi:~ $ rostopic echo image_proc_node/num_people
data: "People found: 0"
---
data: "People found: 1"
---
data: "People found: 1"
---
```

图 7-29　人脸检测时显示的人脸个数

7.7　人脸识别 OpenFace 库

本小节将介绍如何使用 OpenFace 库开发摄像头离线人脸识别的 ROS 应用。OpenFace 库是谷歌公司使用 Python 和 Torch[①]开发的基于深度神经网络的人脸识别开源库。Python 在人工智能方面的应用已经在之前介绍过不再赘述，这里只介绍 Torch 相关内容。Torch 编程框架在机器学习、计算机视觉、信号处理、并行处理、图像、视频、音频和网络等领域同样拥有庞大的社区生态系统，它具有类似 Matlab 一样的编程环境。如表 7-3 所示内容列举了 OpenFace 需要搭建的 Python 依赖库及其功能描述。

表 7-3　OpenFace 需要搭建的 Python 依赖库功能描述

库名	功 能 描 述
Numpy	矩阵运算
Pandas	基于 Numpy 的数据分析工具，有大量标准模型，提供高效操作大型数据集所需工具
Scipy	基于 Numpy 的科学计算库，提供快速便捷的高维数组操作
OpenCV	计算机视觉算法库，这里指的是 OpenCV 的 Python 编程接口
Dlib	Dlib 由 C++语言编写，提供了机器学习、数值计算、图模型算法、图像处理等领域相关的一系列功能(这里指的是 Dlib 的 Python 编程接口)。OpenFace 可使用里面的方法进行人脸检测
scikit-learn	建立在 Numpy、Scipy 之上的机器学习工具，提供简单、高效的数据挖掘和数据分析工具，OpenFace 使用里面的 SVM 算法进行分类
scikit-image	基于 Scipy 的一款图像处理包，它将图片作为 Numpy 数组进行处理。与 Matlab 有些类似

接下来介绍 Torch 机器学习编程框架依赖库。由于 Torch 是基于 Lua 语言开发的，所以需要安装配置 Lua 语言环境。Lua 是一种脚本语言，用标准 C 语言编写并以开源，其设计目的是开发嵌入式应用程序，从而为应用程序提供灵活的扩展和定制功能。所以学习 Lua 语言与 Python、Shell 一样，可以很快上手。幸运的是，这里使用到的 OpenFace 人脸识别库不需要我们掌握 Lua 语言编程知识，只需要配置好 Lua 语言的环境即可。

通常 Torch 成功编译安装后，能在其源程序目录下找到 Lua 语言软件包安装命令

---

① Torch 是优先使用 GPU 并行能力用于科学计算、机器学习的计算框架，如高维的矩阵计算、线性计算、神经网络、数值优化、快速有效的 GPU 并行计算，并且能够移植到嵌入式系统等。

luarocks[①]。可以先用 Lua 软件包管理命令“luarocks list”来查看一下机器里已经安装了哪些包，再使用命令“sudo luarocks install 包名”进行安装。OpenFace 搭建 Lua 语言环境所需要依赖的 Lua 包如表 7-4 所示。

表 7-4 OpenFace 需要依赖的 Lua 包

Lua 包名	功 能 描 述	备注
optim	提供实现各种方便使用的优化算法包	建议安装
fblualib	Facebook 开发的集成 Lua/Torch 的通用工具集	建议安装
csvigo	读写 CSV 文件，提供如类似数据库那样的高级操作	安装
cunn	使用 NVIDIA Cuda GPU，提供并行计算加速能力	不适合树莓派
nn	矩阵运算、信号处理等，神经网络的父类	安装
dpnn	全名为 Deep extension to nn，提供了 nn 包中没有的功能	建议安装

如图 7-30 所示是 OpenFace 人脸识别库程序架构示意图，分为两个部分：第一部分是人脸特征提取模型(这里提取 128 维人脸特征)的训练；第二部分是使用提取的特征用 SVM 进行人脸分类识别。在使用 Torch 进行人脸特征提取模型训练时，需要准备一批预先人工标注的人脸图像集，使用 dlib 的人脸侦测算法来检测人脸。训练 FaceNet 人脸识别网络，可用一个基于深度卷积神经网络(Convolutional Neural Networks，CNN)的人脸识别网络来进行网络模型各个权值的优化取值。完成训练后，基于 CNN 的人脸特征提取模型最终形成。一次人脸特征提取模型训练产生出来的模型，可以在一段时间里一直让人脸识别进程使用。OpenFace 在 Python 编程环境里的主要任务是人脸识别。从摄像头获取到一帧待测图像，先使用 Dlib 的函数将图像里的人脸全部找出来。(为了让输入人脸的眼睛与鼻子的位置大致与库里的对应位置一致，先使用 affine 算法将图像变形从而达到这个目的。)然后通过刚才训练好的基于深度卷积神经网络的特征提取模型，获取每张人脸的 128 维向量表示。最后通过支持向量机(Support Vector Machine，SVM)分类器计算得出输入图像的特征与数据库中哪个特征最接近，并输出最佳匹配的人名及自信度(confidence)。

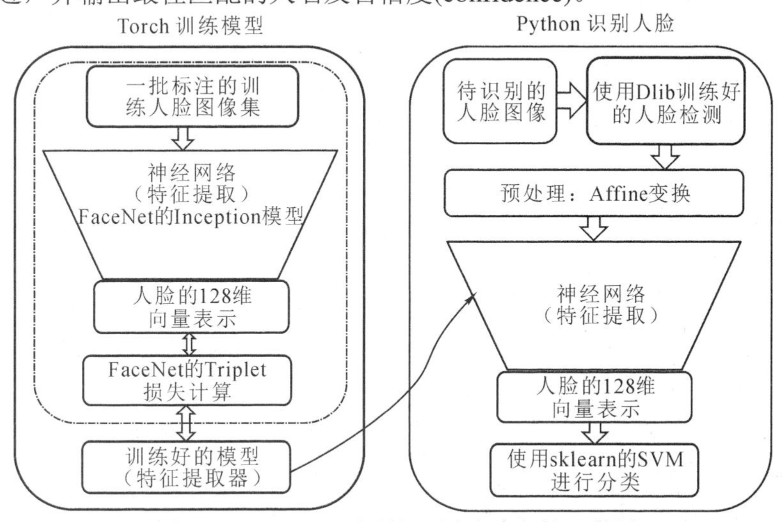

图 7-30 OpenFace 人脸识别库程序架构示意图

① 例如路径为“~/res/torch/install/bin/”。

Python 语言环境的配置已经在前面介绍过，缺的依赖库可通过“sudo -H pip install 库名”命令进行安装。下面介绍如何安装 Torch 编程环境。

(1) 解压本书附带的 torch.tar.gz 文件(或者到 https://github.com/torch/torch7 下载 Torch 源码)，进入目录，并执行安装 Torch 的依赖环境的命令。命令如下：

```
cd torch
./clean.sh
./install-deps
./install.sh
```

(2) 安装脚本时最后会询问是否添加 Torch 的命令“th”的目录到环境变量 PATH 里，回车选择默认“Yes”，完成 Torch 环境变量的设置。如果这个环节错过的话，也可以用下面的指令达到同样的目的。

```
echo ". /home/pi/res/torch/install/bin/torch-activate">>  ~/.bashrc
source  ~/.bashrc
```

(3) 完成上述编译、安装及设置后，可以使用命令“th”测试是否正确安装，将出现如图 7-31 所示画面。

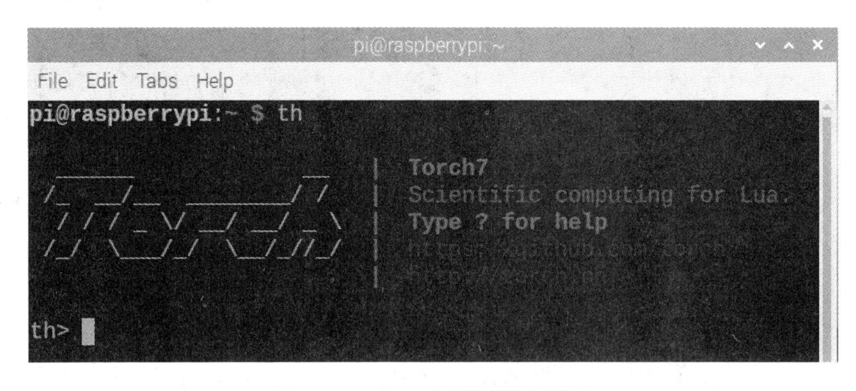

图 7-31　Torch 编程环境的测试

7.8　人 脸 识 别

进行人脸识别前，需要先进行人脸检测，然后对检测出来的人脸再进行识别。人脸识别有着自身的难点，这些难点主要包括以下 6 点：

(1) 光照问题：光照问题是计算机视觉的经典问题，也影响着人脸识别的准确性。

(2) 角度问题：一般处理的人脸正对着摄像头，或者稍微侧着脸。如果人脸完全为侧脸或者头上仰和下垂对着摄像头的话，则有可能识别不了。

(3) 遮挡问题：现实中的照片脸部可能被各种东西遮挡，例如手、帽子、景物以及他人等的遮挡。

(4) 年龄问题：同一个人经过若干年后，样子有可能改变许多。

(5) 图像质量：图像分辨率不高、噪音、镜头畸变等可引起图像质量不佳。

(6) 样本缺乏：算法需要收集同一个人脸的多张照片，如果数量不够，则会导致识别不了。

在实际的人脸识别过程中，面对问题(3)只能识别不被遮挡的脸部；对于问题(4)，可以隔一段时间重新收集一批人脸数据进行训练；OpenFace 基于 FaceNet 的库可以处理类似问题(1)的不同光照影响问题；对于问题(5)，尽量选择质量可靠的摄像头，例如可选择工业相机等；对于问题(6)，尽量多收集同一个人的头像。

下面我们来了解人脸识别算法是如何对问题(2)提供解决方案的。如图 7-32 所示是同一个人不同角度的人脸照片。

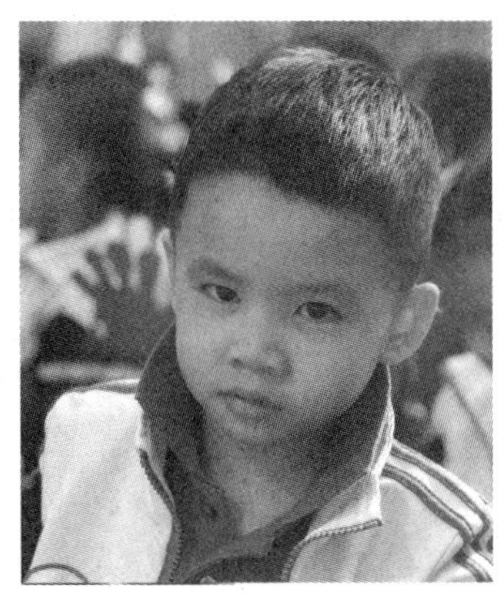

彩图

图 7-32 同一个人不同角度的人脸照片

一眼就能看出图 7-32 中的照片是同一个人的照片，但是计算机并不知道这个结果，需要用算法让计算机判断。对比两幅图发现存在以下的不同：头倾斜度、嘴巴的张开程度、眼睛张开程度、光照度，以及由于远近不同导致头大小不同和角度不同导致耳朵的隐现等。为了解决这些问题，引入了面部特征点估计(facial landmark estimation)算法(也称 68 点面部特征点估计算法)，如图 7-33 所示。

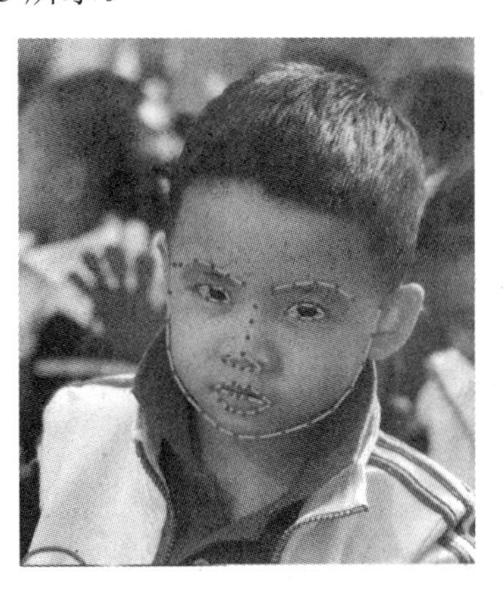

彩图

图 7-33 用 68 点来表示人脸特征

从图 7-33 中可以看出，面部特征点估计算法先找到人脸的眉毛、眼睛、鼻子、嘴巴以及脸颊轮廓线等特征，并将这些特征用 68 个点来表示。通过使用轮廓表示人脸可以解决图像中人脸旋转以及由于拍摄原因导致人脸变大缩小等问题，这个算法计算过程也是机器学习的一个过程。计算得到描述人脸的这 68 个点的特征后，人脸识别算法还需要把训练库所有的人脸根据这 68 个点与标准模型逐个对应点对齐，最终将人脸图像进行仿真变换(按新的点的映射重新采样)得到新的对齐后的固定大小的人脸图像。

人脸识别算法最核心的问题是如何区分不同的人脸。最简单的办法是将输入待确定的人脸图像与数据库里的人脸数据逐一作比较，例如认为每个图像都是一个高维的向量，两个图像相似度对比实际上就是高维空间里的向量夹角大小问题。但是这种简单方法总会受到上述人脸识别问题的困扰，导致现实中算法不可用。除此之外，这类算法还有一个致命的问题，就是计算量很大，不适合大规模人脸识别使用，例如公安局通过人脸识别系统在海量人群中查找嫌疑人。OpenFace 的解决方法是给人脸进行编码。

图像特征法一般能快速改善识别率的算法，即可以通过计算先获得一些关于人脸的基本特征的数据，例如鼻梁长度、鼻翼宽度、眼睛长度以及眉毛长度等测量数据，然后再作进一步的识别。而 OpenFace 提取脸部特征更有效、可靠，特征含义也更广泛，更加有利于描述人脸，便于使用卷积神经网络。下面举个例子说明人脸识别时 128 维的向量(也称作嵌入 Embedding)是如何从 CNN 网络得到的。假设我们有如图 7-34 所示的训练库目录文件。

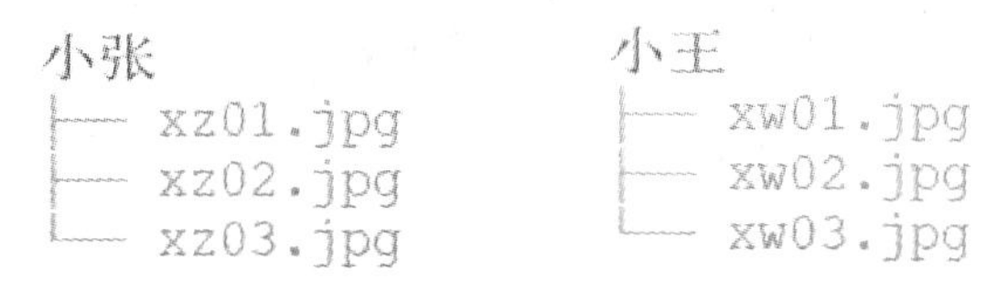

图 7-34　人脸识别训练库目录文件结构

训练库目录中有小张与小王两个人，每人各自有 3 张人脸照片并放入各自人名的目录中。训练开始，先读入小张的第一个文件 xz01.jpg，通过 CNN 后产生第一个 embedding；然后读入同一个文件夹的另一个文件 xz02.jpg，因为在同一个目录中，CNN 通过微调其网络内部参数，使得产生出来的第二个 embedding 尽量接近第一个；接着处理 xz03.jpg，过程与 xz02.jpg 的类似。读完小张目录中的文件后，接着读入小王目录的文件，是不同的另一张人脸。第一个文件 xw01.jpg 读入后，CNN 通过微调其网络内部参数，使得产生的 embedding 与前面三个文件产生的 embedding 尽量分开；第二个 xw02.jpg 读入后，CNN 通过微调其网络内部参数，让产生出的 embedding 与 xw01.jpg 产生的 embedding 接近，但与小张那组 embedding 尽量分开；最后一个文件的处理过程与 xw02.jpg 过程类似。综上所述，训练过程中，CNN 通过不断调整其内部网络的参数，为不同类别的每个图像产生出相应的 embedding，同时使同类的 embedding 的距离尽量减小，而类间距离则尽量增大。一张人脸图像，通过 CNN 训练后，得到一组 128 维的向量，相当于将图像进行了“某种”编码。与上面提到的一般的图像特征提取算法(如鼻梁长度)不同，这里的每个向量基本上没有具体的含义。但是，我们更关心的是同一个人的两张人脸照片通过已训练好的 CNN 网络是否能得到很相似的两个 embedding。答案是肯定的，两个 embedding 的数组几乎相同。

人脸识别的最后一步是从上面编码中找到人的名字。基本上这是整个过程中最简单的一步，即在给定的训练库人脸数据库中找到与输入人脸最接近的匹配数据。可以通过任何基本的机器学习分类算法来进行，OpenFace 选用 SVM 来完成这个过程。

【任务 7-7】　基于 OpenFace 人脸识别库开发人脸识别程序，并利用 ROS 消息机制发送人脸识别的结果。

【实现】　任务实现程序如下：

```
01  import rospy
02  from sensor_msgs.msg import Image
```

```
03  import cv2
04  from cv_bridge import CvBridge
05  from std_msgs.msg import String
06
07  import os, sys
08  import numpy as np
09  import pickle
10  import openface
11  import dlib
12
13  fileDir = os.path.dirname(os.path.realpath(__file__)) + "/trained_models/"
14  faceModelDir = os.path.join(fileDir,"shape_predictor_68_face_landmarks.dat")
15  networkModel = os.path.join(fileDir,"nn4.small2.v1.ascii.t7")
16  classifierModel = os.path.join(fileDir,"classifier.pkl")
17  align = openface.AlignDlib( faceModelDir )
18  net = openface.TorchNeuralNet( networkModel, imgDim=96 )
19  detector = dlib.get_frontal_face_detector()
20
21  with open(classifierModel, 'r') as f:
22      (le, clf) = pickle.load(f)    # le - label and clf - classifer
23
24  def getRep(rgbImg, faces):
25      alignedFaces = []
26      for box in faces:
27          thumbnail = align.align( 96, rgbImg, faces, box, landmarkIndices=openface.AlignDlib.
            OUTER_EYES_AND_NOSE )
28          alignedFaces.append( thumbnail )
29
30      if alignedFaces is None:
31          raise Exception("Unable to align the frame")
32
33      reps = []
34      for alignedFace in alignedFaces:
35          reps.append(net.forward(alignedFace))
36
37      return reps
38
39  def face_recognition( rgbimg ):
40      faces = detector( rgbimg, 1)
```

```
41        reps = getRep( rgbimg, faces )
42
43        persons = []
44        confidences = []
45        for rep in reps:
46            try:
47                rep = rep.reshape(1, -1)
48            except:
49                print ("No Face detected")
50                return (None, None)
51
52            predictions = clf.predict_proba(rep).ravel()
53            maxI = np.argmax(predictions)
54            max2 = np.argsort(predictions)[-3:][::-1][1]
55            persons.append(le.inverse_transform(maxI))
56            print (str(le.inverse_transform(max2)) + ": "+str( predictions [max2]))
57            confidences.append(predictions[maxI])
58        return (persons, confidences)
59
60    class Image_Receiver:
61        def __init__(self):
62            rospy.Subscriber('usb_cam/image_raw', Image, callback=self.image_cb, queue_size=3)
63            self.pub = rospy.Publisher( 'image_proc_node/fr_result', String, queue_size=10 )
64            self.cv_bridge = CvBridge()
65            rospy.spin()
66
67        def image_cb(self, data):
68            cv_image = self.cv_bridge.imgmsg_to_cv2(data, "rgb8")
69            persons, confidences = face_recognition( cv_image )
70
71            msg_str=""
72            for i in range(len(persons)):
73                msg_str = msg_str + "%s," % persons[i] + "%d; " % confidences[i]
74            self.pub.publish( msg_str )
75
76    if __name__ == '__main__':
77        rospy.init_node('image_proc_node')
78        Image_Receiver()
```

程序中重要语句解析如下：

行 7　用 os 库读取路径字符串，用到 sys 库查看系统内核版本。

行 9　使用 pickle 进行读写文件的序列化、反序列化操作。

行 11　与前面功能类似，使用 Dlib 来做人脸检测。

行 13　获取放置所有用到模型的路径。

行 14　定义 68 点面部特征点估计模型的路径。

行 15　定义 CNN 网络模型结构描述文件“nn4.small2.v1.ascii.t7”的路径。

行 16　定义 CNN 训练好的人脸特征提取模型“classifier.pkl”文件的路径。

行 17　使用 Dlib 装入 68 个面部特征点的模型，并返回一个全局变量“align”，之后用来对齐人脸库里所有人脸的 68 个特征点。

行 18　装入 CNN 模型网络结构描述文件，并返回调用模型的全局变量“net”，定义所有的人脸图像大小为 96×96×3 的形式。

行 19　获取 Dlib 用于正面人脸检测函数，并返回全局调用句柄“detector”。

行 21　打开读取文件 CNN 训练好的模型文件“classifier.pkl”。

行 22　使用 pickle 反序列化读取文件，结果就是直接创建 CNN 训练好的特征提取模型对象。

行 24 至行 31　将检测到的输入图像中所有人脸一张张进行处理：计算人脸的 68 点模型，并将模型与人脸训练库的标准模型点与点对齐；再根据对齐后 68 点模型对人脸图像进行仿射变换，得到与原来人脸图像不一样的对齐后图像(如图 7-35 所示)。此图像为 RGB 彩色图像，其大小为 96×96×3。图中的眼睛和鼻子(这里的人脸特征不包括嘴巴与下巴轮廓)都基本与训练库中人脸相应器官的位置一致。最后将所有经过上述处理的人脸添加到 reps 容器里作为下一步 CNN 网络的输入。

图 7-35　对齐后的人脸 RGB 图像

行 33 至行 35　在 reps 容器中取出对齐后的人脸图像。如果将 CNN 看作一个函数 $y=f(x)$，这里 x 为经过对齐处理的人脸图像，输出 y 是长度为 128 的一维向量(或者说是 128 维的向量)。使用 Torch 库计算函数 $f()$ (详见 OpenFace 库里的文件 openface_server.lua)，程序会尽量使用 GPU 等并行计算的硬件资源。具体是通过下面的 Python 语句执行外部命令：

彩图

```
['/usr/bin/env', 'th', '/home/pi/prog/openface/openface_server.lua', '-model', u'/home/pi/prog/trained_models/nn4.small2.v1.ascii.t7', '-imgDim', '96']
```

此命令是 Linux 的脚本调用命令，“th”与输入命令“python”类似，是前面介绍的 Torch 编程语言界面。此命令接收的参数包括源程序“openface_server.lua”、CNN 模型定义文件“nn4.small2.v1.ascii.t7”，另外参数“96”代表人脸图像大小为 96×96×3。最后，行 35 将此张图像里检测到的所有的人脸得到的输出装入容器 reps 里。

行 39　定义人脸识别的函数原型，该函数将输入图像经过仿射变换为人脸图像映射。

行 40　检测图像中的人脸。

行 41　调用函数 getRep()，提供 CNN 的输入。

行 45　从经过仿射变换的人脸集里取出一张人脸，这里每张人脸图像大小为 96×96×3。

行 47　将取出的人脸图像形状变换为一行数据。如果参数为 reshape (2, -1)则将数据变换为两行；如果为 reshape(-1, 1)则将数据改为一列。

行 52 至行 57　获取 128 维的 y 在人脸数据库中的最佳匹配，并输出最佳匹配对应人的名字与匹配的自信度(confidence)。

行 63　定义一个 ROS 发布者“image_proc_node/fr_result”。

行 71 至行 73　从人脸识别结果中综合出发布的消息，其格式为：人名 1，自信度 1；人名 2，自信度 2；人名 3，自信度 3；等等。

【遇到的问题及解决方案】

由于 Torch 版本更新，对老版本数据的兼容性会出现问题，即 nn4.small2.v1.t7 模型的装入会出现问题。解决方法是修改 OpenFace 库的 openface_server.lua 文件行 46 装入模型语句，语句原本为：

```
net = torch.load(opt.model)
```

修改后语句为：

```
net = torch.load(opt.model, 'ascii')
```

没修改前函数接收的参数 opt.model 为 nn4.small2.v1.t7 模型文件，修改后此参数为 nn4.small2.v1.ascii.t7 模型文件。

7.9　训练人脸识别模型

假设 OpenFace 库在用户根目录里，即通过命令“cd～/openface”可以到达这个库的目录。训练人脸识别模型首先需要在 OpenFace 文件夹内建立一个名为“training-images”的文件夹；然后在“training-images”的文件夹内建立如表 7-5 所示的文件夹，例如“xiao_hei”“xiao_ming”等人名标签，是一个带标签的人脸训练库；最后往各自的文件夹内拷贝多个单人照(多于 3 张)，要求基本是正脸照，有不夸张的表情，允许稍微侧脸和允许眨眼。

表 7-5　建立人脸训练库

文件夹名	人脸训练库
xiao_hei (小黑)	 1.png 　2.png 　3.png 　4.png
xiao_ming (小明)	 1.png 　3.png 　4.png

续表

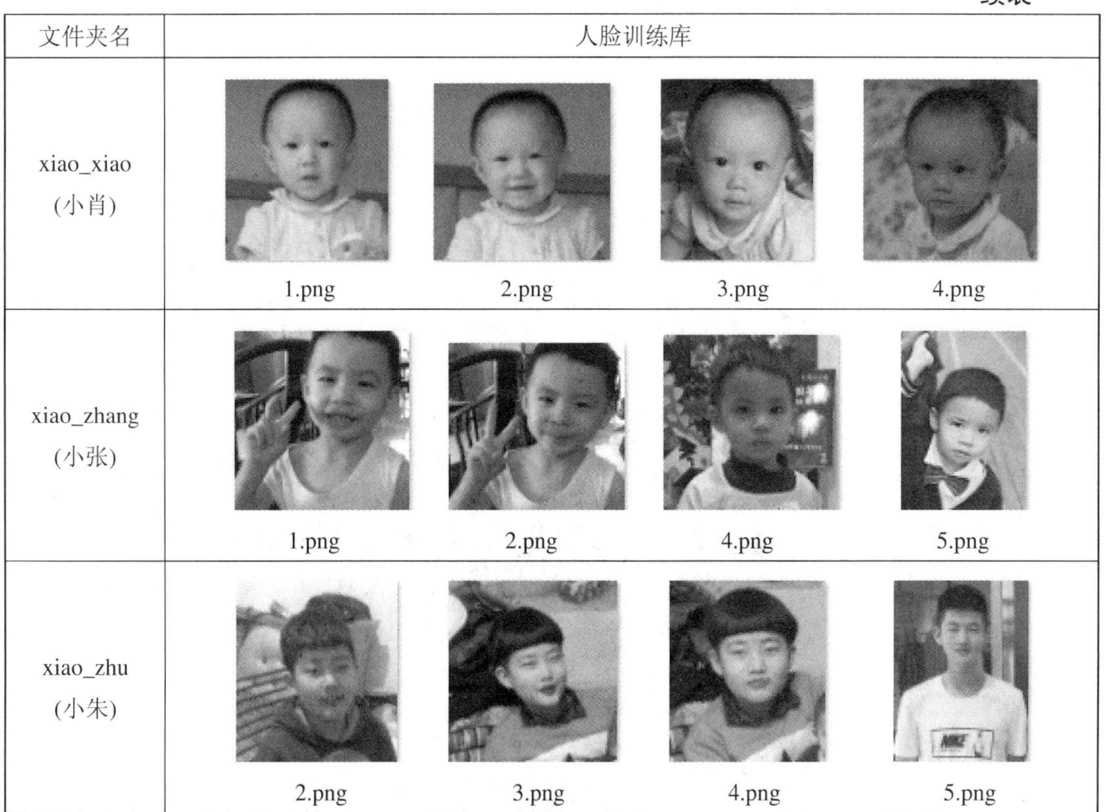

文件夹名	人脸训练库			
xiao_xiao (小肖)	1.png	2.png	3.png	4.png
xiao_zhang (小张)	1.png	2.png	4.png	5.png
xiao_zhu (小朱)	2.png	3.png	4.png	5.png

上面的准备工作做好后，就可以执行下面的自动检测人脸位置和自动对齐人脸等操作命令。

```
cd ~/openface
./util/align-dlib.py ./training-images/ align outerEyesAndNose ./aligned-images/ --size 96
```

上述命令指定带标签的人脸训练库在目录“training-images”里；指定对齐的方式为“outerEyesAndNose”，即眼睛与鼻子分别对齐；设定将对齐的人脸集放在“aligned-images”目录里 (这里如果某个单人照里的人脸不能被检测出来，对应的对齐照片就缺少一个)；指定每张对齐的人脸图片大小为 96×96×3 的 RGB 彩色图片。对齐后的人脸训练库如表 7-6 所示。

表 7-6 经过对齐后的人脸训练库

人 名	对齐后的人脸(每张人脸图像大小为 96 像素×96 像素×3 像素)
xiao_hei	

续表

人　名	对齐后的人脸(每张人脸图像大小为 96 像素×96 像素×3 像素)
xiao_ming	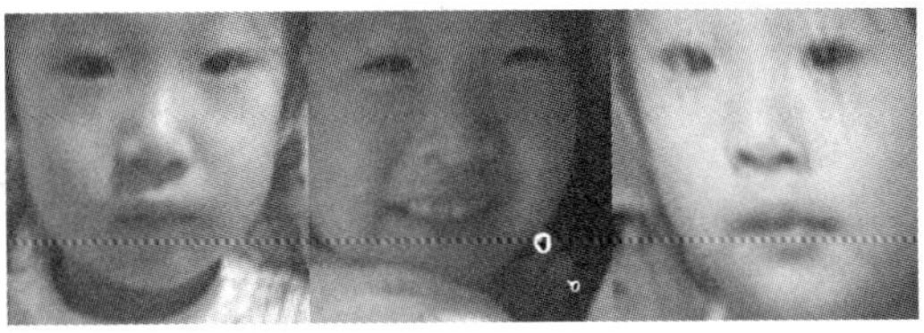
xiao_xiao	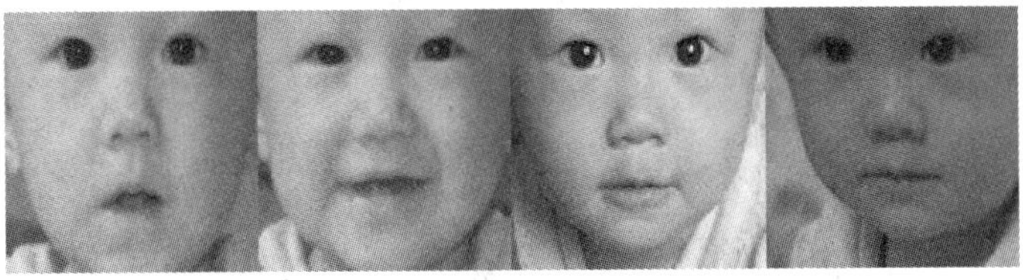
xiao_zhang	
xiao_zhu	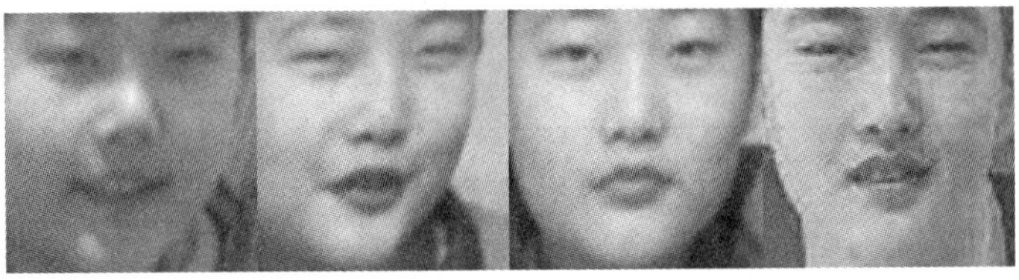

表 7-6 中列举了训练库里所有图像经过 68 点人脸部特征点对齐算法后的 RGB 图像。从对齐后的人脸图中可以看出人的眼睛、鼻子及嘴巴大致上分别在图像同一位置上。程序运行完后，这个“generated-embeddings”文件夹会包含 labels.csv 和 reps.csv 两个 csv 文件。正如文件名字的意思一样，第一个文件是类的标号，用于确定人名，文件内容为：

```
1,./aligned-images/xiao_zhang/1.png
1,./aligned-images/xiao_zhang/3.png
1,./aligned-images/xiao_zhang/4.png
1,./aligned-images/xiao_zhang/2.png
2,./aligned-images/xiao_xiao/2.png
2,./aligned-images/xiao_xiao/3.png
2,./aligned-images/xiao_xiao/4.png
2,./aligned-images/xiao_xiao/1.png
3,./aligned-images/xiao_zhu/5.png
3,./aligned-images/xiao_zhu/4.png
3,./aligned-images/xiao_zhu/3.png
```

```
3,./aligned-images/xiao_zhu/2.png
4,./aligned-images/xiao_ming/4.png
4,./aligned-images/xiao_ming/1.png
4,./aligned-images/xiao_ming/3.png
5,./aligned-images/xiao_hei/1.png
5,./aligned-images/xiao_hei/2.png
5,./aligned-images/xiao_hei/4.png
5,./aligned-images/xiao_hei/3.png
```

从上面的文件内容可以看出，第一列为类编号，紧跟着依次是对齐后的目录、人名目录以及对齐后的人脸图像文件名。如图 7-36 所示为对齐后用 128 维的向量表示的人脸。

−0. 0205, 0. 2587, 0. 048, 0. 1127, −0. 0975, 0. 1196, −0. 0573, −0. 0218, 0. 0534, 0. 0376, 0. 1268,
−0. 0259, −0. 0168, −0. 0847, 0. 0384, −0. 0071, −0. 0248, 0. 0749, −0. 0601, −0. 0637, 0. 0211, −0. 06,
0. 0661, 0. 0043, 0. 1011, −0. 2155, −0. 0178, 0. 0084, −0. 0798, 0. 0422, 0. 0538, −0. 0489, 0. 0593,
0. 1102, −0. 0321, −0. 0068, 0. 0773, −0 … 2, −0. 0284, −0. 093, 0. 0614, −0. 0921,
−0. 0243, −0. 1528, 0. 0825, −0. 0906, − … 757, 0. 044, −0. 1324, 0. 0744, −0. 0494,
0. 0598, 0. 0128, −0. 1362, 0. 0151, −0. 0 … 88, −0. 0486, −0. 2501, 0. 0797, −0. 0019,
0. 0445, −0. 0646, −0. 1685, 0. 1735, 0. … 37, 0. 0519, 0. 0529, −0. 0328, 0. 0598,
0. 0066, −0. 105, 0, −0. 1364, −0. 0533, 0 … 0614, 0. 1526, −0. 0683, −0. 1413, 0. 0355,
0. 0285, −0. 1301, −0. 2048, 0. 0251, −0. 0426, 0. 0111, −0. 0732, −0. 096, 0. 038, −0. 0479, 0. 0841,
−0. 0792, 0. 0233, −0. 0133, 0. 1069, 0. 1395, 0. 0571, 0. 0335, 0. 0476, −0. 0846, −0. 0357, −0. 171,
−0. 0132, 0. 0488, 0. 046, −0. 0048, −0. 0903, 0. 0839, 0. 0547, 0. 1224, 0. 0947, 0. 0623, 0. 0217,
−0. 0089, 0. 0924, 0. 2076, −0. 0451, 0. 153, 0. 0736

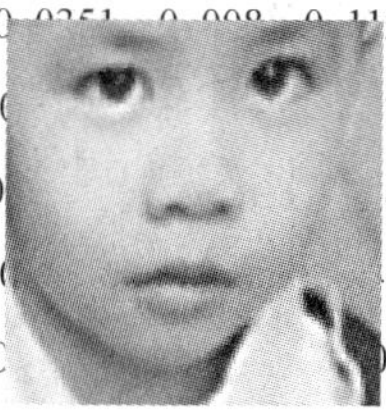

图 7-36 对齐后用 128 维向量表示的人脸

最后一步是训练人脸识别模型，执行如下命令：

```
./demos/classifier.py train ./generated-embeddings/
```

还需要执行以下命令进行人脸识别测试：

```
./demos/classifier.py infer ./generated-embeddings/classifier.pkl your_test_image.jpg
```

【遇到的问题及解决方案】

【问题 1】 Torch 加载模型文件问题。

解决方案：

将文件 batch-represent/main.lua 中的行 33 由“model = torch.load(opt.model)”改为“model = torch.load(opt.model,'ascii')”。这将在 ./generated-embeddings/ 目录下生成一个“classifier.pkl”新文件，用来识别新面孔的 SVM 模型。

【问题 2】 新、老版本的 sklearn 调用函数方法不一致问题。老版本的 sklearn 调用函数内容为：

```
./demos/classifier.py train ./generated-embeddings/
Traceback (most recent call last):
  File "./demos/classifier.py", line 40, in <module>
```

```
    from sklearn.lda import LDA
ImportError: No module named lda
```

解决方案：

这种调用方式是老版本的 sklearn，用以下新版本的调用方式就可以解决问题：

```
from sklearn.discriminant_analysis import LinearDiscriminantAnalysis as LDA
```

即行 40 改为上面的调用方法即可解决问题。同类型的问题如行 43，需要改为：

```
from    sklearn.model_selection import GridSearchCV
```

行 44 需要改为：

```
from sklearn.mixture import GaussianMixture
```

练 习 题

【判断题】

(1) CCD 传感器为每一个感光单元配一个放大器及开关。　(　　)

(2) CMOS 采用单一电源和时钟，并能随机读取像素值。　(　　)

(3) 在同样的分辨率条件下，CMOS 比 CCD 更加耗电。　(　　)

(4) 3CCD 感光芯片单独为 R、G 及 B 三种颜色进行单独感光，使得图像色彩更为逼真，具有更高的图像锐度。　(　　)

(5) cvbridge 只负责将 OpenCV 的图像格式转换成 ROS 的图像格式。　(　　)

(6) 在像素面积一定的情况下，填充因子占比越大表明感光区域越大。　(　　)

【填空题】

(1) 进行人脸识别时遇到的困难包括：__________、__________、__________、__________、__________及__________等。

(2) 视觉传感器在机器人上主要应用于________、________、________、________、________等方面。

(3) CCD 与 CMOS 感光器相比较，CCD 具有__________特点是因为 CCD __________制作技术起步早，技术较成熟，采用__________隔离层隔离噪声，成像质量相对 CMOS 光电传感器有一定优势。

(4) CMOS 感光器的加工采用半导体厂家生产________的流程，可以将更多的部件集成到同一块芯片上，如________、________、________、________、________及________等。

(5) HSV 色彩空间中，H 代表________，S 代表________，V 代表________。

【简答题】

(1) 简单描述 CCD 图像传感器的工作原理。

(2) 简单描述 CMOS 图像传感器的工作原理。

(3) 描述 3CCD 图像传感器的工作原理，着重对比 CCD 与 3CCD 的颜色恢复的异同点。

(4) 描述 MJPEG 摄像头的工作原理，以及如何减少 USB 摄像头与树莓派间的传输数据量。

(5) 描述 HOG 算法如何使用灰度图像的梯度的统计信息进行人脸的检测。

(6) 描述使用 OpenFace 进行人脸识别的流程。

(7) 描述使用 OpenFace 进行人脸识别训练模型的流程。

(8) 简单叙述 68 点法描述人脸特征算法，以及其可解决哪些人脸识别遇到的困难。

【实践题】

(1) 采用图像颜色分割算法编写程序让机器人能够跟踪某种颜色的目标。

(2) 假设在办公室环境下，职员通过手机下单购买饮料，并通过机器人将饮料送到职员手里。请编写一个人脸识别程序帮助机器人分派饮料。

第8章　立体视觉

人类眼睛除了能获取上章提到的二维图像的纹理、颜色及光照等信息外，还能获取周围环境三维立体信息。本章介绍两种类型能获取环境立体信息的传感器：第一类为双目相机及微软 Kinect 体感设备；第二类为激光雷达。第一类传感器也称作 RGBD(Red、Green、Blue、Depth)相机，原理是在单目相机获取的 RGB 彩色图像的基础上，为每一个像素添加景物深度。第二类传感器激光雷达则获取周围环境的真实三维点云。

教 学 导 航

<table>
<tr><td rowspan="4">教</td><td>知识重点</td><td>了解双目相机工作原理；
了解 Kinect 深度图像获取原理；
了解 Kinect 获取骨骼数据的应用；
了解激光雷达成像原理</td></tr>
<tr><td>知识难点</td><td>了解双目相机工作原理；
了解 Kinect 深度图像获取原理；
了解激光雷达成像原理</td></tr>
<tr><td>推荐教学方法</td><td>本章涉及较多的传感器原理及传感器数据的处理。对于原理部分，尽量结合实验的结果帮助学生建立形象的理解；实践部分需要根据书中的步骤，一步一步地通过代码实现功能，通过观察结果来帮助理解算法的来龙去脉</td></tr>
<tr><td>建议学时</td><td>8～10 学时</td></tr>
<tr><td rowspan="3">学</td><td>推荐学习方法</td><td>本章提供了很多实践内容，建议按部就班地实现书里编程练习的目的。除了编程外，还涉及如通过 Kinect 体感设备获取人体骨骼数据的软件环境搭建等。学完本章应该具备开发初步人工智能应用的能力，有能力的学生可以继续查寻开源资源，看看能否开发出一款简单的体感游戏来</td></tr>
<tr><td>必须掌握的基本技能</td><td>会到 ROS 社区下载需要的驱动，并会进一步开发；
能使用 Kinect 获得深度图像；
会搭建 Kinect 获取骨骼数据的软件环境；
能使用激光雷达获取机器人周围环境的 3D 点云；
会搭建较复杂的软件开发环境，例如 ROS、OpenCV、Python、Torch 等</td></tr>
<tr><td>技能目标</td><td>本章要学会深度图像、基于深度图获取人体骨骼模型以及周围环境 3D 点云的获取</td></tr>
</table>

8.1 双 目 相 机

双目相机技术(StereoVision，也称为立体视觉)，可以说是计算机视觉的一个重要模块，通过标称后的两台相机获取 3D 场景①。人类之所以可以看到现实世界各种立体的物品，正是因为我们的双眼视觉系统。那么，我们要想让机器人与人类一样可以感知物体的立体信息，同样的需要给机器人“双眼”。如图 8-1 所示，双目相机实际上是两部具有一定距离的相机，通过高性能处理器(如数字信号处理器(Digital Signal Processor，DSP)、现场可编程门阵列(Field Programmable Gate Array，FPGA)或者 ARM 等)实时收集图像信息，再通过具有高传输速率的端口(如 USB 3.0 或者 Firewire 端口)输出。我们肯定都有这样的体验，当我们看到一个物体的时候，其实是可以分辨出这个物体是离我们比较近还是比较远，甚至还能估计出实际距离。同理，立体视觉系统通过算法，也能像人类那样估计出图像上的点离双目系统的距离。

图 8-1 双目相机

众所周知，相机是能将三维世界中的物体投影到二维图像平面的设备。首先了解一下计算机视觉是如何表示显示中的相机的。一般需要对相机建立数学模型才能够更好地应用数学方法描述相机映射点的运动特点。模型有很多种，其中计算机视觉里经常用到的称为针孔模型(Pinhole Camera)，如图 8-2 所示。

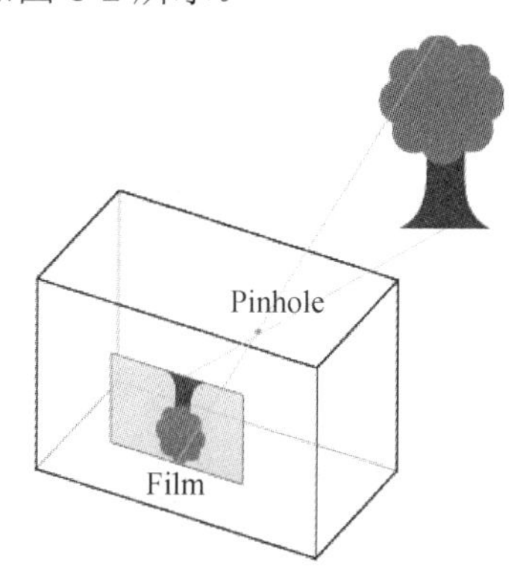

图 8-2 针孔模型及其倒置成像示意图

① 严格地说是 2.5D，是因为此技术不能完全获取三维坐标，其中前面两维是图像的二维坐标，而第三维为深度信息。

在现实生活中，针孔相机名字的来由就是由于相机前方有一个透光的小孔而来的。现实世界中某个物体反射的光线穿过此小孔，则会在小孔后面的摄像机的底板或图像平面上形成一幅倒立的图像，略为不便的是针孔相机的图像是倒置的。因此，我们可换一种思考方式，使用针孔相机小孔前方的虚像成像，如图 8-3 所示。当然，从物理层面构造这样一种摄像机是不可能的，但是在数学层面上这与真实的针孔模型是等价的。

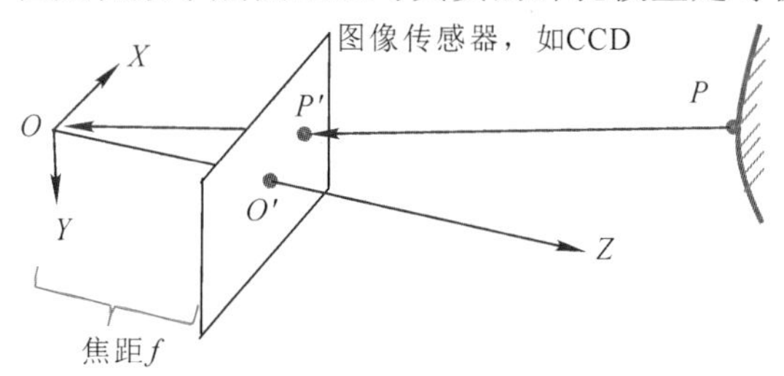

图 8-3　针孔相机成正立像

在图 8-3 中，相机系统的局部坐标系的原点为 O，其 X 轴与 Y 轴构成的平面与图像传感器平面平行，两平面距离大小等于相机镜头的焦距 f。由 O 点引一条射线 OZ，垂直于图像传感器平面并指向相机的外面，与传感器平面相交于中心点 O'点。这样，针孔相机的数学模型就可定义为：由 O 点到图像传感器四个角的连线围成的锥体空间为相机内部，其他空间为相机外部。由相机外部三维点 P 反射一光线，穿过图像二维点 P'汇聚到 O 点，P'点对应数码图像上的点。其次，为了方便数学模型的推演，引入了三个坐标系，分别是世界坐标(外界物体)、相机坐标系以及图像平面二维坐标系，它们的几何关系如图 8-4 所示。

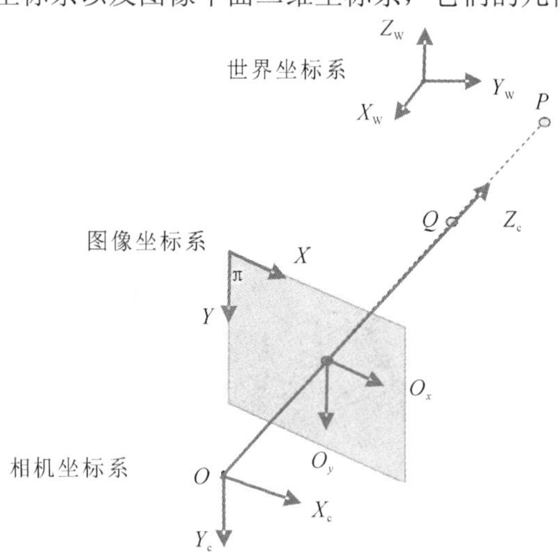

图 8-4　相机系统的三个坐标系(世界坐标系、相机坐标系及图像坐标系)几何关系

在图 8-4 中，世界坐标系对所有物体(包括相机)进行定位，产生唯一的坐标。相机坐标系的坐标是映射世界坐标系的坐标得到的，原因是相机是便携的设备，可以移动及旋转。一般相机坐标系的平面 X_c、Y_c 与图像平面平行，而且横轴、纵轴指向一致。相机坐标系的 Z_c 轴垂直于 X_c、Y_c 平面并指向图像平面，并交图像平面于一点，这点为图像的中心点。而图像的坐标系一般为二维，定义在图像的左上角：横轴方向从左指向右；纵轴方向从上指向下。

接下来了解一下单目相机还原三维世界遇到的问题。

在现实中，三维坐标系中的两个不同点投影到图像坐标系时，会出现这两个点投影在同一个二维点上，如图 8-5 所示。在图 8-5 中，外界三维点 P 与 Q 刚好与 O 点在同一条线上，意味着 P 与 Q 点都投影到图像二维坐标系中同一个点上。出现的问题是图像的一个点究竟对应于现实世界的 Q 点还是 P 点，产生了对应上的歧义。若有两台相机问题就可解决，如图 8-6 所示。

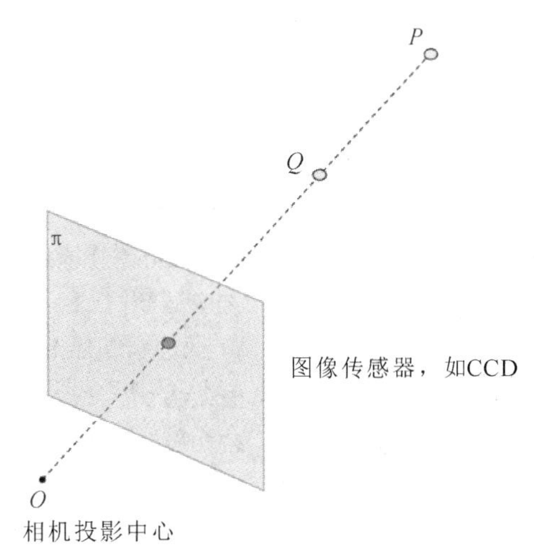

图 8-5　现实中两个点投影在图像坐标系的同一个二维点上

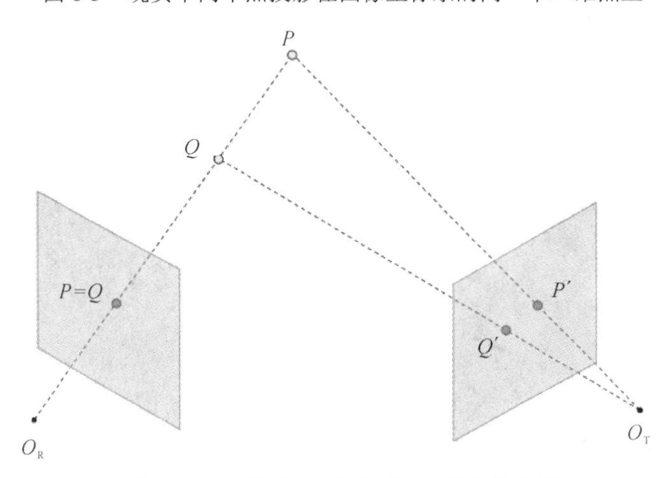

图 8-6　双目相机解决点对应上的歧义问题

在图 8-6 中，增加了右边的相机后，虽然左边的图还是存在 P 与 Q 点投影在图像二维坐标系中的同一个点，即 $P=Q$。但是，右边的图中 P 点的投影在 P'，Q 点的投影在 Q'，是不同的两个点。要消除上面点对应上的歧义问题，只需要知道左图的图像坐标点究竟对应右图 Q'点还是 P' 点。这就是计算机视觉里经典的对应点匹配问题(CorrespondingPoints)。这是一个具有较强挑战性问题，这是因为实际中存在光照、遮挡、图像相似的纹理大量重复出现等问题，大大增大了实际算法的复杂性。

为了理解立体相机可恢复遗失的图像深度信息，这里采用比较直接的描述方法进行说明。例如为了从图 8-6 中搞清楚左边图中的点 P 或者是 Q 点(同一个图像二维坐标)究竟对应右图的 Q'点还是 P' 点，可以采取图像处理学里的相似度算法(Similarity Measurement)或者是模板匹配算法(Temperate Matching)。具体实现方法是首先分别以 P 点、Q'点以及 P' 点为中心，各取一小块图像区域，如图 8-7 所示的 3×3 区域。

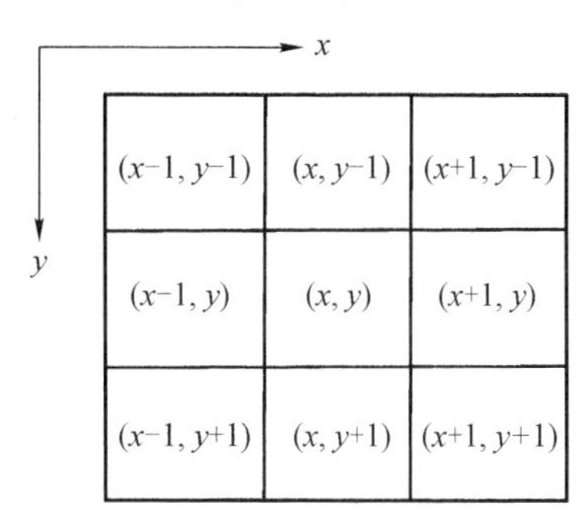

图 8-7　图像点坐标(x, y)及其周边 8 个相邻点坐标

假设图像为灰度图像，中心点坐标为(x, y)，小块图像根据 3×3 区域的各个坐标点进行选取，选取出来的像素按列方式重新组成一个一维向量 $v_1=(I(x-1,y-1)$，$I(x-1, y)$，$I(x-1, y+1)$，$I(x, y-1)$，$I(x, y)$，$I(x, y+1)$，$I(x+1, y-1)$，$I(x+1, y)$，$I(x+1, y+1))$，其中 $I(x, y)$为图像(x, y)坐标的像素值。同理，图 8-6 右图 Q'点以及 P'点分别构成一维向量 v_2 以及 v_3。计算 v_1 与 v_2 相似点还是 v_1 与 v_3 相似点，这就是数学上相似度计算问题。经典的算法有：欧氏距离(Eucledian Distance)、曼哈顿距离(Manhattan Distance)、明可夫斯基距离(Minkowski distance)、余弦相似度(Cosine Similarity)、Jaccard Similarity 以及皮尔森相关系数(Pearson Correlation Coefficient)。这里我们选择余弦相似度算法来比较上述相似度问题，如图 8-8 所示。

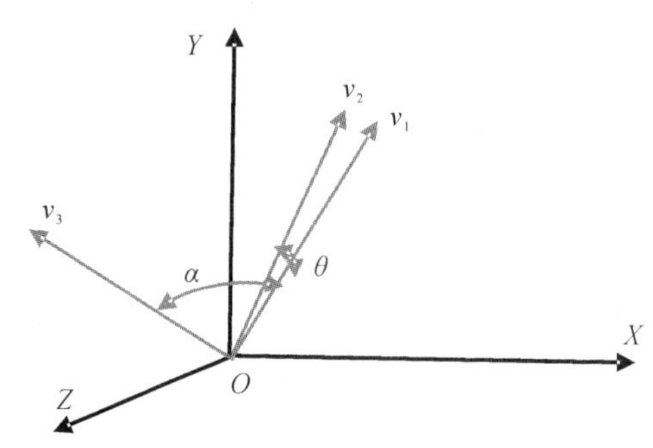

图 8-8　三维向量的相似度示意图

从上述 3×3 图像块得到的向量属于九维空间，而九维空间不容易画在二维的平面上。为了不失一般性，这里选择了在三维空间进行向量比较。假设 v_1 与 v_2 的夹角为 θ；v_1 与 v_3 的夹角为 α。归一化后两个向量夹角的余弦值的大小说明了它们之间投影的长短：投影越长，两个向量越相似；投影为零，两个向量相互垂直。其计算方法如下：

$$\cos(\theta)=\frac{v_1 \cdot v_2}{|v_1||v_2|} \tag{8-1}$$

式(8-1)分子是两个向量的内积，分母是两个向量模的乘积。

已上通过图像匹配算法解决了双目视觉中同一条视线究竟是哪个物体在两个相机同时出现的问题，即建立了两个相机相关点与外界物体对应关系。下面介绍如何从此关系恢复图像深度信息。双相机系统的参数(例如镜头焦距、镜头畸变、图像传感器尺寸以及图像平面坐标轴的倾斜等)组成相机内部矩阵(Intrinsic Matrix)，此矩阵可由相机的标定(Camera

Calibration)过程得到。通过相机标定过程还能得到另一个与相机相关的矩阵，即外部矩阵(Extrinsic Matrix)，此矩阵涉及相机整体相对于世界坐标系的旋转角度相机中心的位移。内部矩阵可将一个相机内部 3D 点映射到图像坐标点，同时通过外部矩阵可将相机外部 3D 点映射到以相机中心(例如 O_R)为局部坐标系的点。由于内部矩阵和外部矩阵在获取图片过程中不变，因此所有由这两台相机构成的几何关系也不变。其中的一个几何关系对恢复图像深度信息很重要，如图 8-9 所示。

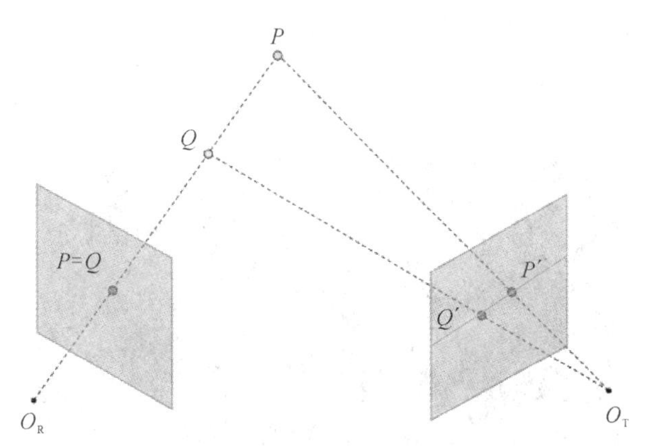

图 8-9 两台相机的一种几何关系示意图

在图 8-9 中，此关系可以描述为：左图的一点其对应于右图的一根固定线(此线称作极线(Epipolar Line))；同理，右图的一个点也对应左图的一根极线。如图 8-10 所示为两个相机的方位与对应的极线关系，一般两个相机安装的位置应如图 8-10 左上角所示，两个相机的镜头方向并非平行。其左、右图像的极线则如图 8-10 右上图所示，极线是倾斜往上的。

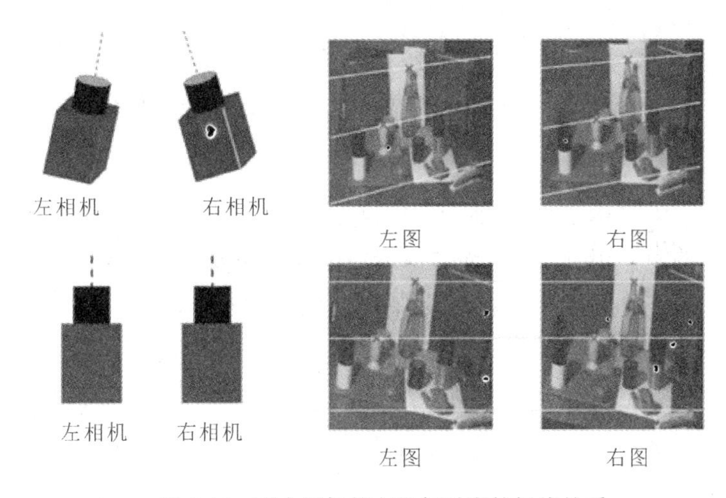

图 8-10 两个相机的方位与对应的极线关系

需要做的工作是将倾斜的极线水平化处理，此过程称作相机的图片矫正(Rectification)。经过处理后，左、右图的极线就水平了，并且左、右图的对应点在同一水平线上。经过水平化处理后，两个相机的镜头方向是平行的。这只是逻辑上的等价效果，实际上还是没变(如图 8-10 左上角所示)。如果观察此时的对应点坐标，只有 X 坐标不同，Y 坐标还是一样的数值。所以如果要在整个图像找到尽可能多的对应点，以便能恢复尽可能稠密的深度值，只需要逐行匹配两个图像的数据即可。

如图 8-11(a)所示是左相机获取的灰度图像；如图 8-11(b)所示是右相机获取的灰度图像。左、右图像有三根分别对应同一高度的白线，可以看到三组对应的极线有同一个纵坐标，其中最中间一组极线的像素值显示在同一个坐标系内，虚线曲线对应左图，实线曲线对应右图。在同一坐标系可以看出两条曲线形状大致相同，但由于两个相机位置视觉的偏差，导致左图对应的白色带区域的范围比右边稍宽一点。因此需要使用动态规划算法(Dynamic Programming)能尽可能多地找出两条曲线的对应点。因为 Y 轴坐标是一致的，这些对应点只有 X 坐标不同，因此可使用三角形计算距离法根据 X 坐标的差值，计算出物体的距离。下面进行详细介绍。

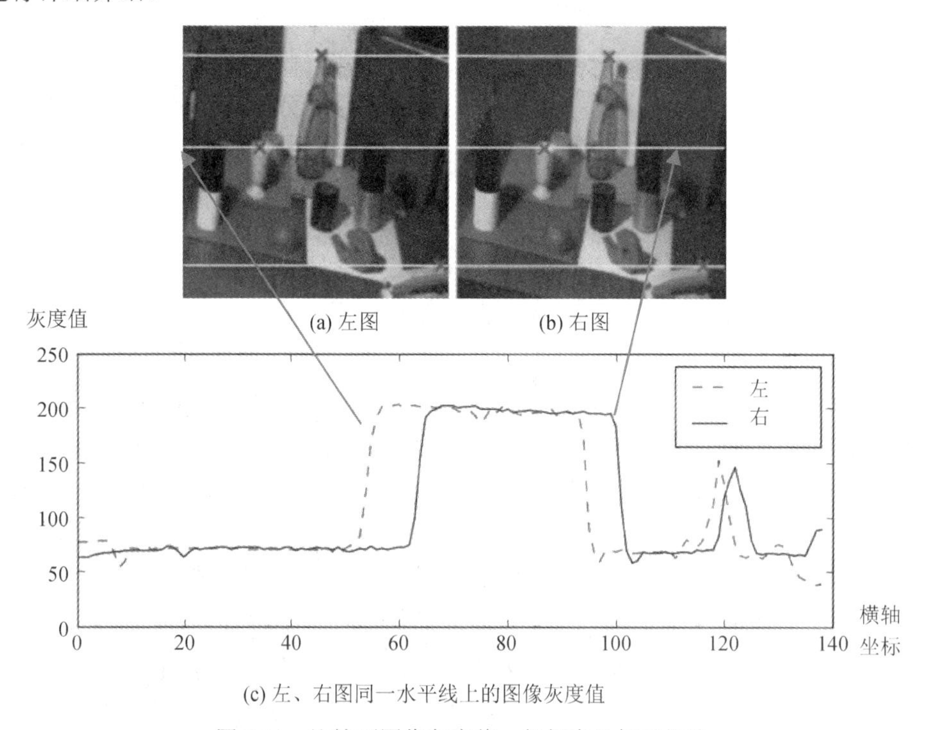

(c) 左、右图同一水平线上的图像灰度值

图 8-11　比较两图像灰度值：相似度及相对位移

假设使用同样的两台相机，其成像传感器规格极其相似。如图 8-12 所示为三角形计算距离法计算物体距离示意图。根据图 8-12 所示的相似三角形△AO_RO_T 以及△APP'，可以列出下面等比等式，即

$$\frac{B}{Z}=\frac{(B-X_R)+X_T}{Z-f} \tag{8-2}$$

图像的坐标系原点一般定在图像的左上角像素上，X 轴方向向右，Y 轴方向向下。所以横坐标 X_R 与 X_T 取值是从左到右，为坐标系原点到图像横向像素数目减 1。三角形△APP'的底边长 PP'的距离可以这样计算：长度$(B-X_R)$即为线段 RQ 的长度；长度 RQ 加上长度 X_T 即三角形△APP'底边 PP'的长度。上面公式经过整理，即可得到 A 点到 $\overline{O_RO_T}$ 的距离，即

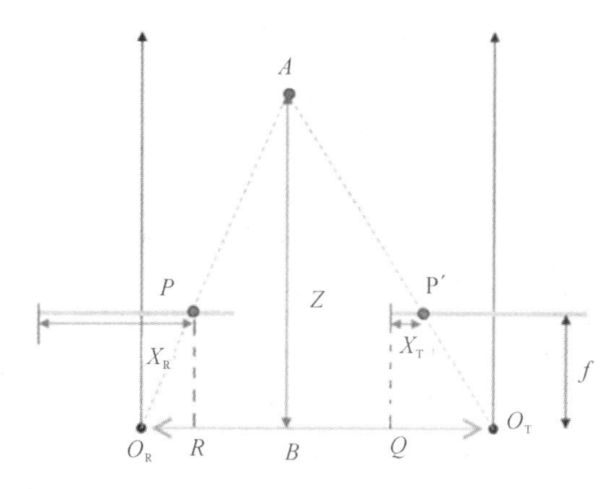

图 8-12 三角形计算距离法计算物体距离示意图

$$Z = \frac{B \times f}{X_R - X_T} = \frac{B \times f}{d} \tag{8-3}$$

这里 X_R−X_T 记作 d，代表两个图像同一行对应点的差值，称为视差(Disparity)。我们可从式(8-3)发现，深度 Z 是与视差 d 成反比关系的，当视差 d 越小时，则 Z 越大，物体离双目视觉系统也就越远；当视差 d 越大，则 Z 越小，物体离双目视觉系统也就越近。这一点和我们人眼系统是一样的，当我们观察距离比较近的物体的时，视差很大，可以清晰地观察物体的细节；当观察物体距离很远的物体时，视差变小，物体也变小，甚至我们看不清楚。

通过双目相机恢复图像深度信息整个过程如流程图 8-13 所示。

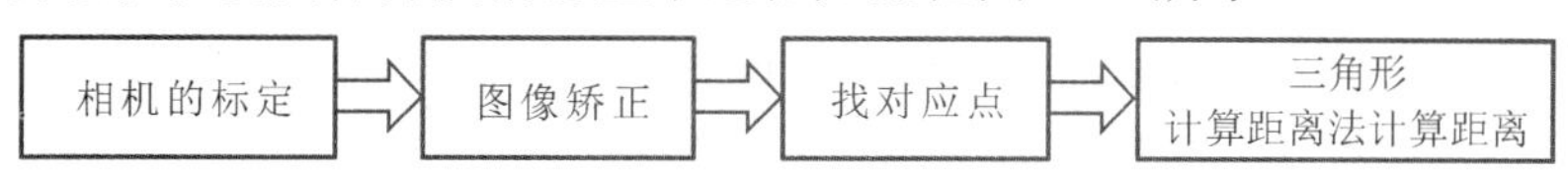

图 8-13 双目相机获得图像深度信息的算法流程图

8.2 微软 Kinect 体感传感器

微软公司在 2010 年发布了一款游戏机 XBOX360 体感传感器 Kinect(是一款 RGBD 深度相机)，它利用即时动作捕捉、图像识别、语音识别等功能让玩家不需要手持或踩踏控制器，而是通过语音指令或肢体动作来进行游戏，带来全新的体验。描述 Kinect 的作用可以引用微软的一句广告语：“你就是控制器”。它颠覆了人们对传统游戏控制的理解，将人机互动的新理念融入游戏中，让玩家获得真实体验。随着微软 Kinect 体感设备的推出，国内外研究机构和科研人员纷纷以此为平台进行研究和开发，并应用于机器人、医疗、教育、电子商务和计算机等领域。

Kinect 体感设备的主要功能之一是能够通过红外摄像头来获取物体三维数据。当 Kinect 传感器从环境中通过红外摄像头获取物体红外数据后，通过 Kinect 的工具包对获取的对象进行数据处理，就可在 PC 端产生目标环境的深度图像。

Kinect 主要有三类典型的应用：第一类如在电影中演员操作空气中的大屏幕上实现自然人机交互的应用；第二类是利用用户的生物特征识别，这类应用主要是 Kinect 识别及跟踪人体的骨骼以及人脸识别，例如如图 8-14(a)所示的家庭游戏的应用和如图 8-14(b)所示的网购衣服的应用等；第三类是通过 Kinect 对自然环境进行感知并动态建模，例如利用 Kinect 进行机器人导航避障等应用。第二类、第三类应用都广泛应用于智能机器人中。例如第二类的应用场景与体感游戏机类似，通过获得人体的骨骼三维模型并进行识别，识别的结果用于与智能机器人进行交互。

(a) 家庭游戏的应用

(b) 网购衣服的应用

图 8-14　基于用户生物特征识别的应用

8.2.1　微软 Kinect 体感设备的结构

Kinect 一共有 5 个主要组成部分，具体如图 8-15 所示，其中彩色摄像头用于获取彩色图像。为了进一步扩大摄像头追焦视野范围，微软公司在底座上为 Kinect 配置了电动机，可以驱动 Kinect 在垂直方向旋转±27°。红外线发射器(IR Projector)和红外线接收器(IR Camera)构成了 3D 结构景深传感器(Depth Sensor)，使用红外线可检测玩家的位置。与普通的摄像头不同，红外线接收器使 Kinect 具有了获取深度图像的能力，即通过红外线接收器，Kinect 可以以每秒 30 帧的速度获取分辨率为 640 像素×480 像素的深度图像信息。利用图像的深度信息，微软提供的库能对深度图像模型进行训练，使得 Kinect 能够追踪 20 个人体骨骼点的空间坐标，从而对人体骨骼框架具有很高的辨识率。

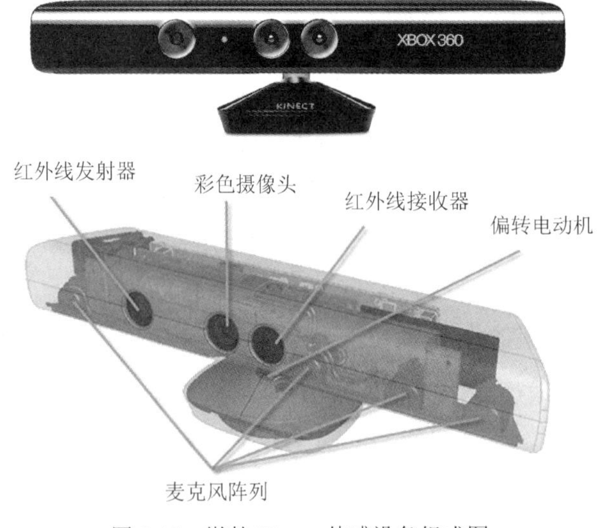

图 8-15　微软 Kinect 体感设备组成图

Kinect 有一个阵列式麦克风，由多组麦克风同时收音，比对后消除杂音，能够收集其附近的各种声源，可以用于语音识别。Kinect 的主要功能有：(1) 提供原始数据信息，利用摄像头和麦克风可以获取深度数据流、彩色视频数据流、音频数据流等；(2) 获取骨骼数据信息，可以进行人体骨骼追踪，并获得人体运动的骨骼数据流；(3) 具有高级音频功能，以及具有音频处理能力包括先进的噪声抑制和回声消除。

8.2.2 深度图像获取原理

Kinect 的成功也在于其能廉价而有效地捕捉到深度图像。Kinect 的深度图像获取原理与主动式雷达相似：Kinect 的红外线发射器主动发射探测用的光源，再由被测物体反射，最后由红外线接收器接收。Kinect 深度视野范围即投影和接收相互重叠的范围。红外线接收器收集深度视野范围内的每一点，经过程序处理获得一幅具有周围环境景深信息的图像。Kinect 采集深度图像的速率为每秒 30 帧，可供选择的深度图像格式为 640 像素×480 像素、320 像素×240 像素以及 80 像素×60 像素，由此可观测周围物体的移动与环境的变化。Kinect 的红外投影机发射的是一种被称为激光散斑的光源，它虽然属于结构光技术的一种，但计算深度的方式却与结构光不同。Kinect 发射出的激光在照射到粗糙物体或穿透毛玻璃后，可以形成一种无规则分布的亮暗斑点，在散射表面或者附近的光场中可以被观察到，这种斑点就是激光散斑。由于这种散斑是由无规则散射体被相干光照射产生的，所以它有很高的随机性，并且会随着距离的不同而出现不同的图案。因为同一空间内任何两个地方的散斑图案都不相同，所以可以通过这些不同的散斑图案区可分出传感器视野中的每一处位置。识别这些散斑图案可以得到不同位置的不同深度信息。

Kinect 的深度测量技术称为光编码(Light Coding)深度测量技术，是因为它使用了激光散斑作为光源，如果有物体位于光源范围内位置，则可将这个空间位置的标记反射给接收器，经过对标记的识别则能由此得知物体的位置。当然传感器需要先经过光源标定，即预先记录每个空间位置的特殊标记，存入库中用于与随后的测量所得结果进行匹配。也正是因此，Kinect 的深度数据获取只需要普通的 CMOS 感光芯片，可使采集深度信息的成本大大降低。

由于 Kinect 传感器的深度测量使用的是光编码技术，所以它的精度由光源标定的参考面密度决定。标定方法是把空间细分成很多个平面，记录每个平面上所得到的散斑图案并将其与传感器到此平面的距离相对应。这些散斑图案将会作为深度信息分析时的参考图案。实际在进行识别物体时，将所得的散斑图案与光源标定时所得的参考图案利用算法进行比对，若某一位置与光源标定时的参考图案具有相同相关度，则可以得到与参考图像数量相同的相关图像。通过将空间中的物体存在的位置在相关图像上显示出的峰值叠加在一起，再经过插值运算后就可以得到整个场景的深度图像了。应用光编码技术的 Kinect 不需要像传统的结构光方法以增大光源与镜头的距离来增加精度，因此可以有效控制传感器的尺寸，便于日常生活中的使用。

Kinect 通过 DepthImageFrame 来获取深度数据。每个像素用 16 位表示，使用其中 3 位来记录用户 ID，只有在骨骼跟踪引擎开启的时候，深度数据流才能获取到用户 ID，否则记录用户 ID 的 3 位将被默认设置为 0；另外的 13 位则用于记录深度数据 (深度数据表示的是物体与 Kinect 摄像头的距离，其单位是 mm)。如图 8-16(a)所示是彩色摄像头拍摄的 RGB 场景，如图 8-16(b)所示为相应的深度图像(RGBD 深度相机让每个 RGB 像素都增加深度 *D* 的属性，由此产生深度图像)。在 Kinect 深度图像的采集范围内，则可以给出深度数据：越靠近 Kinect 传感器的越黑，相反，离传感器越远的会越白。从图 8-16(b)所示深度图像可以看出，从床尾到床头深度是连续过度的；不连续深度则发生在物体的边缘处，如床头灯、背景画等。

(a) RGB 场景图像

(b) 相应的深度图像

彩图

图 8-16　RGB 场景及其深度图

8.2.3　微软 Kinect 体感设备驱动的安装

由于机器人的架构是主从结构，因此驱动的安装都在 PC 端进行。在 ROS 里如果想用 Kinect 获取人体骨骼信息，一般环境搭建需要安装如下软件：

(1) 微软 Kinect 体感设备驱动 libfreenect2：是 Kinect 体感设备在 Linux 下的驱动，其决定了设备能否接入 Linux。

(2) 功能包 iai_kinect2：让 Kinect 得到的数据能在 ROS 里使用。

(3) 接口 OpenNI2：提供连接体感设备的 C 语言接口。

(4) 计算机视觉中间件①Nite2 3D：提供获取人体骨骼的基本支持函数。

(5) Kinect2_tracker：调用 iai_kinect2 获得体感设备的控制以获取深度图，并先调用 Nite2 3D 计算出骨骼数据，再调用 iai_kinect 让用户可以再 ROS 环境里使用、显示人体骨骼信息。

(6) Openni2_tracker：与(5)功能相同。

下面将介绍如何一步步地安装上述软件包，目的是在 ROS 环境下能使用 Kinect 体感设备获取我们所要设计的“火柴人”模型。这个动态的模型可以应用在人的姿态识别方面，方便机器人了解用户在干什么，其还可以应用于让机器人跟着主人一起同步跳舞。

(1) 安装微软 Kinect 设备驱动 libfreenect2。

安装命令如下：

```
git clone https://github.com/OpenKinect/libfreenect2.git
cd libfreenect2
sudo apt-get -y install build-essential cmake pkg-config libusb-1.0-0-dev libturbojpeg0-dev libglfw3-
        dev libopenni2-dev
mkdir build && cd build
```

① 没有源码，不能移植到树莓派上。

```
cmake .. -DCMAKE_INSTALL_PREFIX=$HOME/libfreenect2 -DENABLE_CXX11=ON
make
sudo make install
sudo cp ../platform/linux/udev/90-kinect2.rules /etc/udev/rules.d/
```

如果在 Ubuntu 安装驱动，需要将 libturbojpeg0-dev 替换成 libturbojpeg 或 libjpeg-turbo8-dev。重新插拔电脑与 Kinect USB 端口的连接，运行下面的命令即可进行测试：

```
./bin/Protonect [gl | cuda | cpu]
```

执行下面命令可运行 CPU 版本：

```
./bin/Protonect cpu
```

测试结果画面如图 8-17 所示。

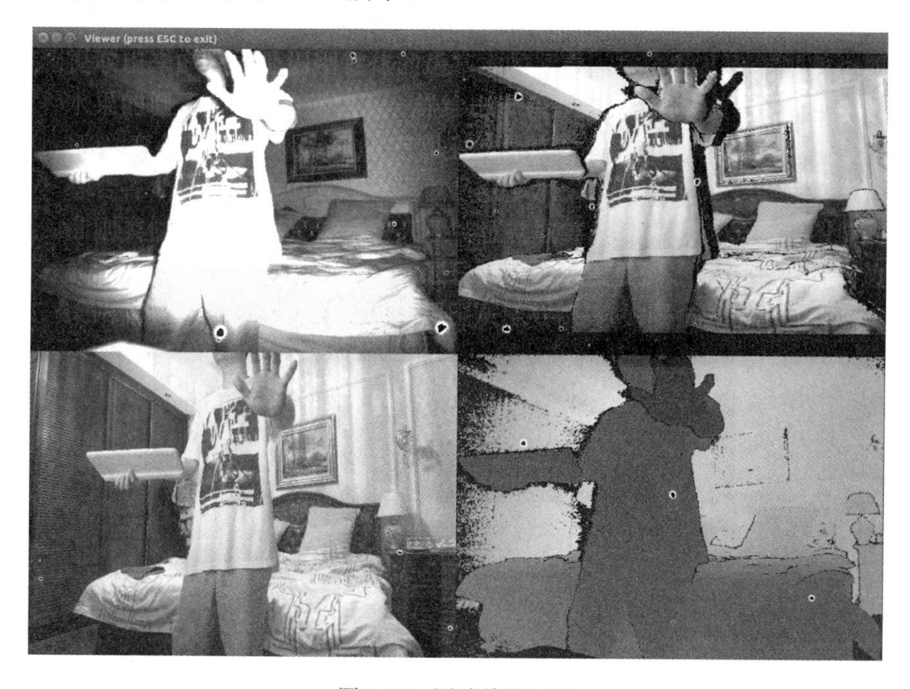

图 8-17　测试结果画面

彩图

(2) 安装并测试 ROS 功能包 iai_kinect2。

iai_kinect2 功能包提供在 ROS 环境中使用 Kinect 功能，包括以下几个工具包：

① kinect2_calibration：此工具主要调用 OpenCV 来标定两个相机，使用类似国际象棋棋盘的图案进行双目相机的标定。

② kinect2_viewer：可以显示带颜色信息的深度图像。

③ kinect2_bridge：建立 libfreenect2 与 ROS 的桥接关系，互通信息。

④ kinect2_registration：将 Kinect 传感器获取的深度图投射到彩色图像上，其内部调用 OpenCL 功能计算深度图。

如果从没使用过 catkin 工作空间编译过任何源码，需要执行如下命令建立两层目录：

```
mkdir -p  ~/catkin_ws/src
```

进入源码存放目录命令为：

```
cd  ~/catkin_ws/src/
```

下载在 ROS 环境下使用 Kinect 设备的 iai_kinect2 功能包(metapackage)命令为：

```
git clone https://github.com/code-iai/iai_kinect2.git
```

进入 iai_kinect2 目录并下载依赖库命令为：

```
cd iai_kinect2
rosdep install -r --from-paths .
```

如果执行命令“rosdep install -r --from-paths .”后报错如下：

```
ERROR: the following packages/stacks could not have their rosdep keys resolved
to system dependencies:
kinect2_viewer: Cannot locate rosdep definition for [kinect2_bridge]
iai_kinect2: Cannot locate rosdep definition for [kinect2_registration]
kinect2_calibration: Cannot locate rosdep definition for [kinect2_bridge]
kinect2_bridge: Cannot locate rosdep definition for [kinect2_registration]
Continuing to install resolvable dependencies...
#All required rosdeps installed successfully
```

直接忽略此错误，编译并安装功能包命令如下：

```
cd ~/catkin_ws
catkin_make -DCMAKE_BUILD_TYPE="Release"
```

完成上面配置后测试安装结果。先打开一个终端，执行如下命令：

```
roslaunch kinect2_bridge kinect2_bridge.launch
```

接着测试编译安装是否成功。打开一个终端，使用 8.1.3 节介绍的 image_view 功能包显示图像，命令如下：

```
source ~/catkin_ws/devel/setup.bash
rosrun image_view image_view
```

也可以用下面的命令代替：

```
rosrun kinect2_viewer kinect2_viewer
```

优化上述步骤可以使用以下命令，将导入环境变量这步骤添加到用户.bashrc 配置文件中，每次打开终端自动执行此步骤。

```
echo " source ~/catkin_ws/devel/setup.bash ">> ~/.bashrc
source ~/.bashrc
```

(3) 安装接口 OpenNI2。

OpenNI 翻译为中文意思开放的自然交互(Open Nature Interaction)，它提供了一组开发 3D 感知的接口函数。OpenNI2 是其第二代版本，相对于第一代更加专注于对 3D 设备[①]的支持和数据的获取，移除了手势识别等中间件的方式，代码更加的精简。简言之，OpenNI2 就是一个深度相机的驱动，提供统一的接口，方便用户获取深度相机的图像数据。依次执行下面的命令可安装 OpenNI2。

```
sudo apt-add-repository ppa:deb-rob/ros-trusty
sudo apt-get update
```

① 目前 OpenNI2 支持的深度相机设备包括 PS1080、PSLink、Orbbec、Kinect 等设备。

```
sudo apt-get install libopenni2-dev openni2-utils
cd ~/libfreenect2/build
sudo make install openni2
```

测试接口正确性执行如下命令：

```
NiViewer2
```

出现如图 8-18 的结果，说明以上的命令执行正确。

图 8-18 使用 OpenNI2 获取的深度图像

8.2.4 骨骼关节的信息获取

NiTE2 是功能强大的 3D 计算机视觉中间件，其程序主体精简，需要 CPU 负载小以及多平台支持。该中间件为用户程序提供了一个简单易用的应用程序接口(Application Programming Interface，API)，可以通过手或者身体对应用程序进行控制，例如用身体控制类似滑雪的游戏。NiTE2 利用从深度相机接收到的深度和颜色等信息将用户与背景分离，可准确跟踪骨骼关节，从而控制游戏中的人物。同理 Nite2 也可以做手势识别等。

下载 NiTE2 的地址为 http://cvrlcode.ics.forth.gr/web_share/OpenNI/NITE_SDK/，在浏览器中打开后界面如图 8-19 所示。

Index of /web_share/OpenNI/NITE_SDK

Name	Last modified	Size	Description
Parent Directory		-	
NITE_1.x/	2015-06-18 18:48	-	
NiTE-Linux-x64-2.2.tar1.zip	2015-06-18 18:48	183M	
NiTE-Linux-x86-2.2.tar.zip	2015-06-18 18:48	183M	
NiTE-MacOSX-x64-2.2.tar1.zip	2015-06-18 18:49	186M	
NiTE-Windows-x64-2.21.zip	2015-06-18 18:48	102M	
NiTE-Windows-x86-2.21.zip	2015-06-18 18:49	101M	

图 8-19 下载 NiTE2 的界面

这里选择下载的是 NiTE-Linux-x64-2.2.tar.zip，下载可以使用下面的命令。

```
wget http://cvrlcode.ics.forth.gr/web_share/OpenNI/NITE_SDK/NiTE-Linux-x86-2.2.tar.zip
```

下载完成之后解压到工作空间~/catkin_ws/src 文件夹中，然后执行下列命令进行安装：

```
cd  ~/catkin_ws/src
cd NiTE-Linux-x64-2.2
chmod 777 ./*
sudo sh install.sh
cat NiTEDevEnvironment >>  ~/.bashrc
source  ~/.bashrc
```

检查文件~/.bashrc 最后两行是否如下所示：

```
export NITE2_INCLUDE=/home/ricky/catkin_ws/src/NiTE-Linux-x64-2.2/Include
export NITE2_REDIST64=/home/ricky/catkin_ws/src/NiTE-Linux-x64-2.2/Redist
```

修改 NiTE-Linux-x64-2.2/Samples/Bin/OpenNI.ini 文件，在文件最后添加“Repository=/usr/lib/OpenNI2/Drivers”代码，并执行下面的命令。

```
echo  "Repository=/usr/lib/OpenNI2/Drivers">>/home/ricky/catkin_ws/src/NiTE-Linux-x86-2.2/Samples/Bin/OpenNI.ini
ln -s  ~/catkin_ws/src/NiTE-Linux-x64-2.2/Samples/Bin/NiTE2/  ~/.ros/NiTE2
```

执行~/catkin_ws/src/NiTE-Linux-x64-2.2/Samples/Bin 目录下 UserViewer 程序，测试是否安装成功。若安装成功，有效范围内应该可以检测出人的骨骼关节，如图 8-20 所示。

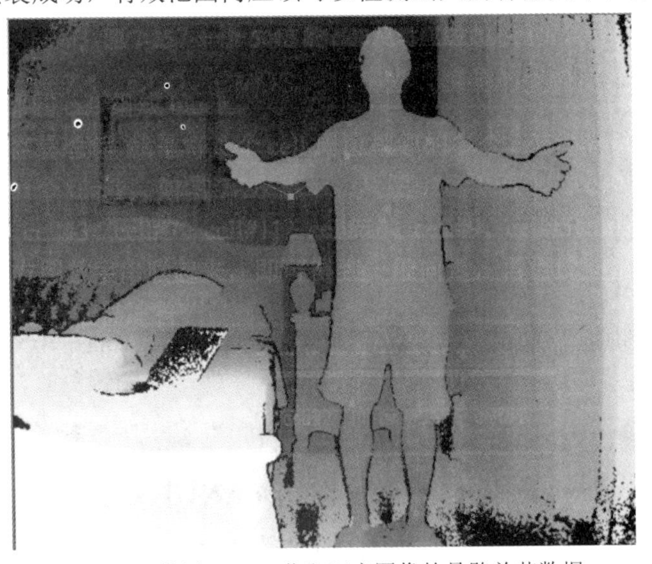

彩图

图 8-20　使用 NiTE2 获取深度图像的骨骼关节数据

8.2.5　人体骨骼关节跟踪

使用 NiTE2 能计算出每帧深度图像的骨骼关节信息，但这样计算出来的骨骼关节信息是离散的，而我们需要的骨骼关节是连续的。而且如果由于网络传输、数据处理和延时等原因使其中几帧深度图像得不到及时处理而会造成“数据缺失”。跟踪算法能很好地解决这两个问题，具体可按以下步骤进行。

(1) 安装骨骼检测的 ROS 功能包 kinect2_tracker。

功能包 kinect2_tracker 是对来自深度相机的深度图像序列进行连续的骨骼关节数据跟踪，提供 ROS 环境中使用骨骼数据进行智能控制的应用开发。下载并编译 kinect2_tracker 需先进入 catkin_ws/src 目录，然后从 Github 网站下载源代码并建立如下的软链接。

```
cd ~catkin_ws/src
git clone https://github.com/mcgi5sr2/kinect2_tracker.git
```

进入刚下载的 kinect2_tracker 目录，并执行下面的环境设置命令。

```
cd ~/catkin_ws/src/kinect2_tracker
source setup_nite.bash
```

接着修改 CMakeList.txt 文件里的 NITE2_DIR 与 NITE2_LIB 两个参数，修改如下：

```
set(NITE2_DIR    ~/catkin_ws/src/NiTE-Linux-x64-2.2/)
set(NITE2_LIB    ~/catkin_ws/src/NiTE-Linux-x64-2.2/Redist/libNiTE2.so)
```

然后对功能包 kinect2_tracker 进行编译，命令如下：

```
cd ~/catkin_ws/
catkin_make
```

最后进行测试，在窗口环境中打开一个终端，输入如下命令：

```
roslaunch kinect2_tracker tracker.launch
```

运行正常后，再打开另一个终端，输入如下命令：

```
rosrun rviz rviz
```

如果运行结果没有显示 3D 骨骼信息，则需要通过如图 8-21 所示 3D 可视化工具 RViz 设置栏中的“Add”按钮添加需要 3D 显示的项目。

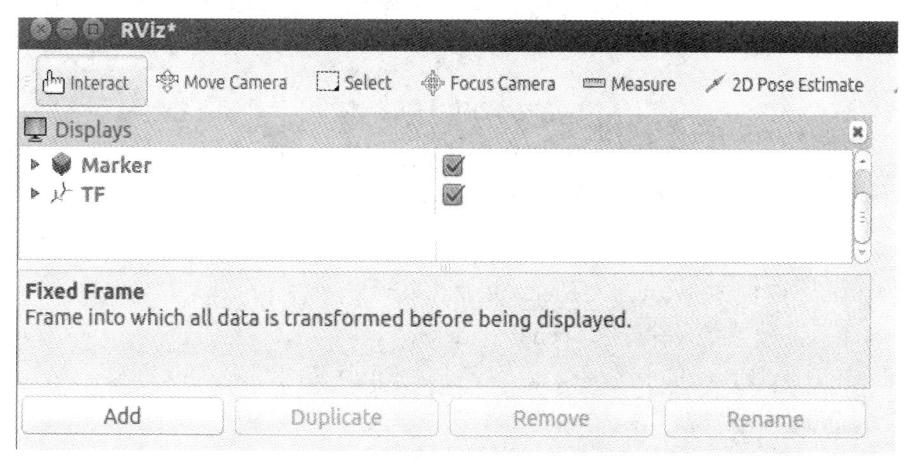

图 8-21　3D 可视化工具 RViz 设置栏

然后在图 8-22 弹出菜单窗口里选择并添加“Marker”与“TF”两个主题，就能在 3D 窗口里显示如图 8-23 所示的骨骼模型，说明以上过程正确。

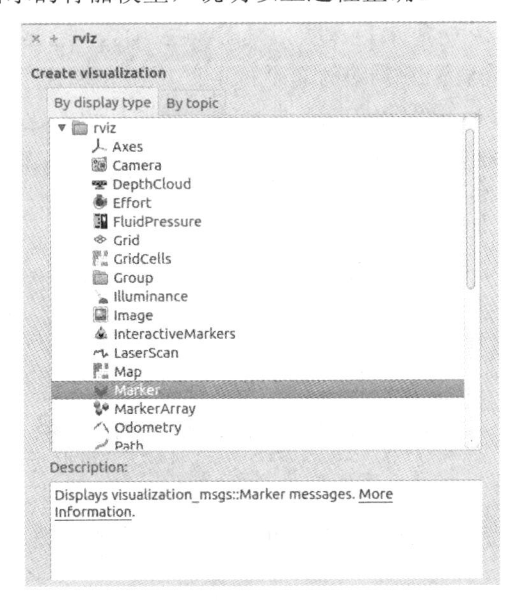

图 8-22　添加“Marker”主题

图 8-23　rviz 设置栏显示的 3D 骨骼模型(或者前面的“火柴人”)

(2) 编译并运行骨骼跟踪程序 openni2_tracker。

下面介绍基于 Kinect 的驱动及开发库编写的一个骨骼跟踪程序的编译。

首先在 Github 下载源代码，命令如下：

```
sudo git clone https://github.com/ros-drivers/openni2_tracker.git
cd openni2_tracker
```

接着修改CMakeLists.txt文件，改动的地方为行3、行26、行29以及行34。其内容如下所示：

```
01 cmake_minimum_required(VERSION 2.8.3)
02 project(openni2_tracker)
03 find_package(orocos_kdl REQUIRED)
04 find_package(catkin REQUIRED COMPONENTS geometry_msgs
05                     orocos_kdl
06                     roscpp
07                     roslib
08                     tf)
09 # Find OpenNI2
10 #find_package(PkgConfig)
11 #pkg_check_modules(OpenNI2 REQUIRED libopenni2)
12 find_path(OpenNI2_INCLUDEDIR
13     NAMES OpenNI.h
14     HINTS /usr/include/openni2)
15 find_library(OpenNI2_LIBRARIES
16         NAMES OpenNI2 DummyDevice OniFile PS1090
17         HINTS /usr/lib/ /usr/lib/OpenNI2/Drivers
18         PATH_SUFFIXES lib)
19 message(STATUS ${OpenNI2_LIBRARIES})
20
21 # Find Nite2
22 message(status $ENV{NITE2_INCLUDE})
23 message(status $ENV{NITE2_REDIST64})
24 find_path(Nite2_INCLUDEDIR
25     NAMES NiTE.h
26     HINTS /home/ricky/catkin_ws/src/NiTE-Linux-x64-2.2/Include)
27 find_library(Nite2_LIBRARY
28         NAMES NiTE2
29         HINTS /home/ricky/catkin_ws/src/NiTE-Linux-x64-2.2/Redist
30         PATH_SUFFIXES lib)
31
32 catkin_package()
33
34 include_directories(${catkin_INCLUDE_DIRS}
35             ${OpenNI2_INCLUDEDIR}
36             ${Nite2_INCLUDEDIR})
37 add_executable(openni2_tracker src/openni2_tracker.cpp)
```

```
38 target_link_libraries(openni2_tracker ${catkin_LIBRARIES} ${OpenNI2_LIBRARIES} ${Nite2_
   LIBRARY})
39
40 install(TARGETS openni2_tracker RUNTIME DESTINATION ${CATKIN_PACKAGE_BIN_
   DESTINATION})
41 install(FILES openni2_tracker.xml DESTINATION ${CATKIN_PACKAGE_SHARE_
   DESTINATION})
```

然后对程序进行编译，命令如下：

```
cd ~/catkin_ws/
catkin_make --pkg openni2_tracker
```

程序编译完后需要对骨骼跟踪程序进行测试。首先启动相机的 ROS 驱动文件，命令如下：

```
roslaunch kinect2_bridge kinect2_bridge.launch
```

然后切换到 NiTE-Linux-x86-2.2 中 Redist 目录下，输入以下命令：

```
cd ~/catkin_ws/src/NiTE-Linux-x86-2.2/Redist
```

接着运行 openni 节点的 launch 文件，命令如下：

```
rosrun openni2_tracker openni2_tracker
```

最后打开 rviz 视图查看骨骼 3D 画面，命令如下：

```
rosrun rviz rviz -d `rospack find rbx1_vision`/skeleton_frames.rviz
```

8.3 激光雷达及应用

激光雷达是激光探测和测距(Light Detection and Ranging，LiDAR)的简称，还被称作激光扫描(Laser Scanning)或者 3D 扫描(3D Scanning)。LiDAR 实际上是一种工作在光学波段(近红外)的雷达，能够进行主动探测，不受外界环境光线影响，可实时感知环境信息并获得精确可靠的三维数据，从而赋予机器人超越人类的视觉能力。激光雷达大致可以分为以下两类：

(1) 按探测体制分类可分为直接探测激光雷达和相干探测激光雷达。

(2) 按应用分类可分为激光测距雷达、激光 3D 成像雷达、激光交汇对接雷达、激光测速雷达、激光大气探测雷达以及激光测风雷达等。

这里讨论的激光雷达属于直接探测雷达或激光 3D 成像雷达。

8.3.1 激光雷达工作原理

激光雷达使用一种对眼睛无损害的激光技术，用于对周围环境建立 3D 点云(Point Cloud)。激光雷达之所以采用激光技术，是因为激光束具有发散角小，能量集中，探测的灵敏度和分辨率高等特点。当它用于测量距离时，首先向目标物体发射一束激光脉冲，然后根据接收漫反射回来的激光的时间间隔确定目标物体的实际距离，最后根据测量的距离及激光发射的角度，通过简单的几何计算就可推导出物体的位置信息。激光雷达具有直接获取测量点三维坐标的功能，可提供传统二维数据缺乏的深度信息。商用激光雷达使用的激光波长一般为600～1000 nm，因此在测量物体距离和物体的表面形状时可达到厘米级的精确度，如图8-24所示为光谱波长分布图。

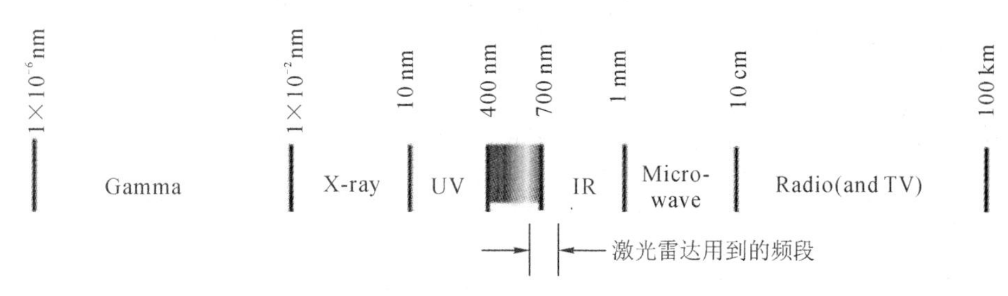

图8-24　光谱波长分布图

从图8-24可以看出：从左到右，波长逐渐增加，相应的频率则逐渐降低；激光雷达所用激光的谱线位于可见光与红外线之间。由于激光的传播受到外界影响比较小，所以激光雷达能够检测的距离一般可达100 m以上。因为激光雷达能获取到周围环境的3D点云信息，所以可以应用到例如自动驾驶、工业机器人、数字认证、虚拟现实、医疗器械、服装零售、军工业、计算机游戏以及娱乐等各个领域。激光雷达系统按照发射激光数目与接收端数目进行分类，可分为单束激光雷达和多束激光雷达。不过不管是单束激光雷达、多束激光雷达还是测绘激光雷达，我们基本上可以将其划分到激光3D成像雷达的范畴。

机械式激光雷达的组成结构如图8-25所示，其明显的特点是体积较大。其中，激光发射部件激光器竖直安装在激光光源处，可在竖直方向上产生激光光束；舵机在步进电机的驱动下带动镜子持续旋转，竖直的激光经旋转扫描形成激光“面”，从而实现探测区域内的3D扫描。机械式激光雷达是最早应用于智能驾驶领域，时至今日凭借其原理简单，易驱动和易实现水平360°扫描等优点仍被广泛应用于智能驾驶领域。

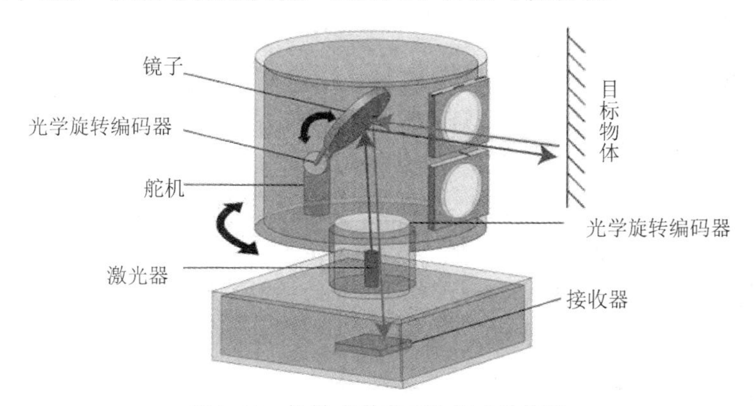

图8-25　机械式激光雷达组成结构图

所谓激光3D成像技术，实际上是球坐标系与笛卡尔坐标系的坐标变换，如图8-26所示。

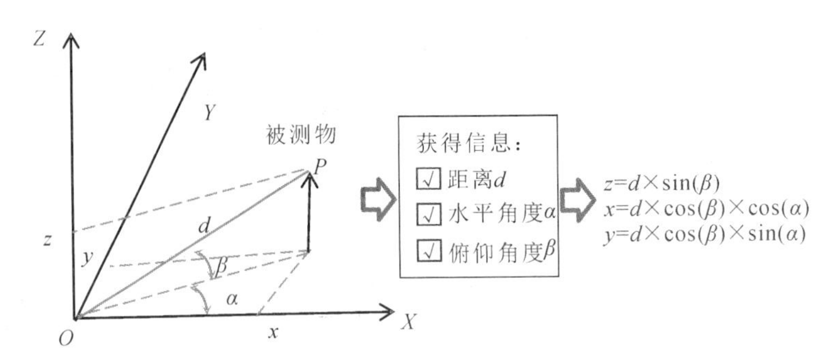

图 8-26　球坐标系转变为笛卡尔坐标系示意图

其中 α 水平角度(Azimuth)通过激光雷达外壳旋转时获得的；俯仰角度 β 是通过舵机旋转镜子，让单束激光能够上下运动而获得；激光雷达到目标点 P 的距离 d，可以通过几何关系计算出 3D 坐标值(x, y, z)。

如图 8-27 所示是美国 Velodyne 公司生产的机械式激光雷达(Velodyne 是美国著名的供应商，拥有此类型激光雷达的多个专利)，从左到右分别是 Velodyne 公司的 64 线、32 线和 16 线的机械式激光雷达。其 64 线型号为 HDL-64ES2 的机械式激光雷达可以实现水平 360°、垂直 26.9° 的扫描视场；最远探测距离为 120 m；测距精度可以达到 2 cm；垂直角分辨率为 0.04°；水平角分辨率为 0.08°～0.35°；激光器采用的波长为 903 nm；每秒可采集 220 万个 3D 点。

图 8-27　Velodyne 公司的机械式激光雷达产品

为了阐述激光雷达的工作原理，我们选择较简单的单束激光雷达进行介绍。与之前的红外传感器及超声波传感器相似，激光雷达不仅需要获取目标物体离雷达的距离，还需要获得激光反射点的 3D 坐标。下面将以德州仪器公司的一款脉冲飞行时间激光雷达来介绍其工作原理，如图 8-28 所示。

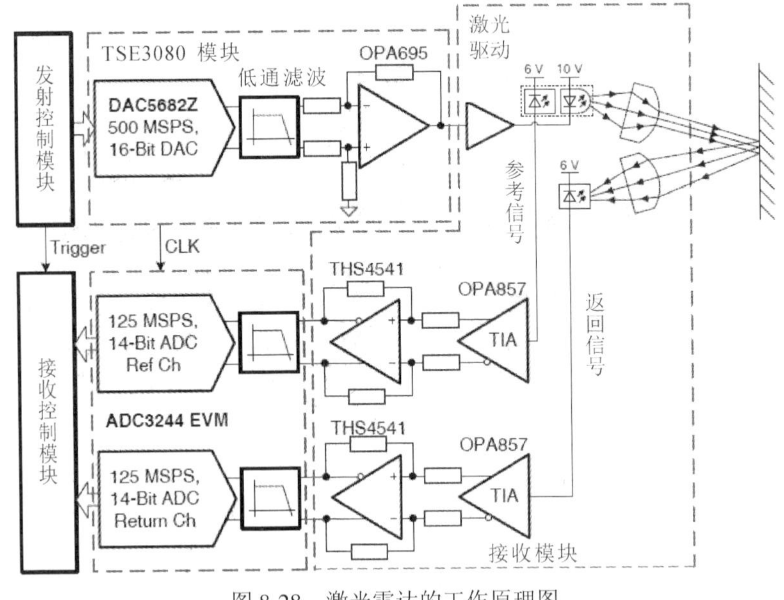

图 8-28　激光雷达的工作原理图

激光雷达由 5 个主要模块组成，下面按照激光信号传播的顺序进行介绍。

(1) 发射控制模块。此模块为数字信号处理器模块，可将一个方波脉冲串(例如连续 4 个方波)作为激励信号调制到发射激光里。此方波脉冲串将在相移飞行时间测距法(Phase-Shift ToF)中使用，方波的频率决定了最远的可测距离，此距离可以通过公式 $r = \dfrac{c}{2f}$ 计算。公式里 r 代表可测的最远距离，c 代表光速 3×10^8 m/s，f 为激励信号的频率。举个例子，若需要测量的最大距离为 10 m，则选择的激励信号频率应为 $f = 1.5\times\dfrac{10^8}{10} = 15\,\text{MHz}$。此激励信号预先存储在本模块中。

(2) TSW3080 模块。此模块将发射控制模块产生的激励方波脉冲串通过 DAC 将数字方波转化为方波的差分电路信号，然后通过一个低通滤波器和一个高速差分运放 OPA695 进行滤波放大形成单端电压方波脉冲串，传送到下一个模块——激光驱动与接收模块。此外，TSW3080 模块设计有锁相环电路(Phase Lock Loop，PLL)，能够将 1 GHz 的主时钟产生多个分频，分别传送给多个模块使用。

(3) 激光驱动与接收模块。此模块主要包括激光驱动、近红外(Near Infrared，NIR)激光二极管、激光会聚透镜、接收会聚透镜、光电二极管(Positive-Intrinsic-Negative，PIN)、通过参考信号的激光二极管以及两路跨阻抗放大器(Transimpedance Amplifier, TIA)。激光驱动将来自 TSW3080 模块的单端电压方波脉冲串转换成对应的电流脉冲，用于驱动红外激光二极管工作。红外二极管发出的激光通过汇聚透镜后射在目标物体上产生漫反射，部分反射回的光线将通过另一个接收会聚透镜射在光电二极管(这里采用 OSRAM SFH 2701)上产生相应的微弱电流信号。此微弱的电流信号通过 TIA 转变成为差分电压信号，并通过 THS4541 高速全差分运放(Fully Differential Amplifier, FDA)进行差分电压放大成为可测量的物理量。另一方面，为了通过相位差计算激光雷达到目标物体的距离，需要从发射信号中获取一路作为参考信号。过程与上面相似，在激光发射端通过光电二极管(同样采用 OSRAM SFH 2701)获取到微弱的参考电流信号并通过另一路 TIA 和 THS4541 高速全差分运放产生可测量的参考信号。

(4) ADC3244 EVM 模块。ADC3244 EVM 是一个高速模/数转换器，具有超线性、超低功效、双通道、14 位及 125 MSPS(每秒采样百万次，Million Samples Per Second)等优点。两个通道分别用于接收激光返回信号以及激光发射的参考信号。低通滤波保证两路信号最高频率截止在 40 MHz。此模/数转换模块将输入前级模块送来的模拟差分电压信号进行模/数转换，然后输出数字信号，并传送给接收控制模块。

(5) 接收控制模块。接收控制模块主要由数字信号处理器 DSP 构成，通过编程将一些算法写入 DSP，从而计算出激光雷达到目标物体的距离。这里通过相位测距法 ToF 来计算激光雷达到目标物体的距离。可根据下面的公式计算激光雷达到目标物体的距离，即

$$d = \frac{c\times\Delta\theta}{4\times\pi\times f}$$

式中：d 代表距离；c 代表光速；$\Delta\theta$ 代表发射以及接收两路数字信号的相位差；f 代表激励脉冲串的频率。这里除了 $\Delta\theta$ 外，其他都是已知量。如图 8-29 所示为相位测距法 ToF 计算距离原理图。

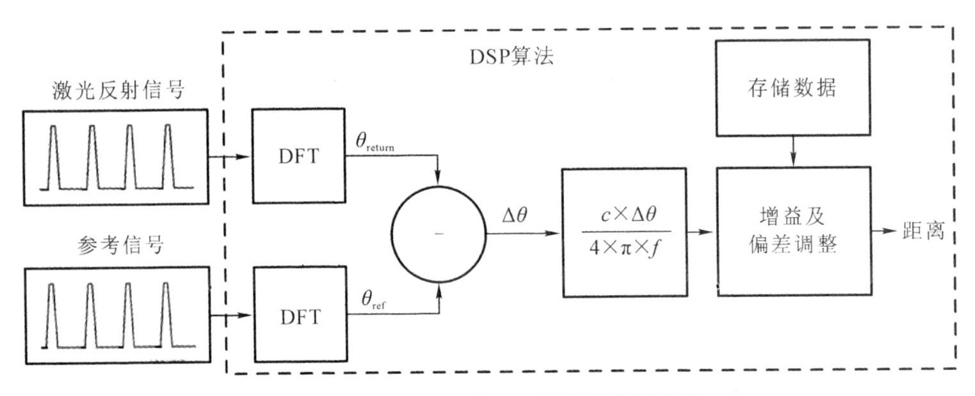

图 8-29　相位测距法 ToF 计算距离原理图

从 ADC3244 EVM 模块传送来的两列数字信号分别经过离散傅里叶变换(Discrete Fourier Transform, DFT)运算后，就能计算出实时的相位差。例如计算上图中的 θ_{ref}，可以先假设参考信号为一个一维数组(r_1, r_2, r_3)，其中各个元素为采样值，均为实数，通过一小段时间采样得来[①]。这三个实数通过 DFT 后，一般都转换成相应的复数，假设变换后成为一个新的复数数组($a_1 + b_1i$, $a_2 + b_2i$, $a_3 + b_3i$)。我们知道，复数实际上是复平面与原点构成的向量，如图 8-30 所示。

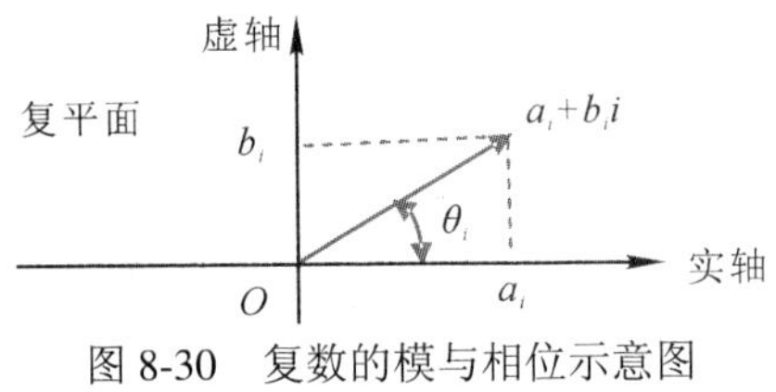

图 8-30　复数的模与相位示意图

此时，相角 θ_{ref} 的计算方法为：根据复数的模 $\sqrt{a_i^2+b_i^2}$，分别计算数组中三个复数各自的模，并选择一个最大的。假设数组里最大的是第二个，则计算出第二个复数的相角为 $\arctan\frac{b_2}{a_2}$，即参考信号相位 θ_{ref}。因为模的大小代表了复数的强度和能量，用最大的那个强度来代表这一小段时间信号的强度，进而对应的相角即可视为此小段时间的相角。同理，采用相同的方法可以计算出反射信号的相位 θ_{return}，最终得到相位差 $\Delta\theta=\theta_{return}-\theta_{ref}$。通过相位测距法距离公式就能计算出激光雷达到目标物体的距离。最后通过激光雷达校调的数据对计算得到的距离进行偏差补偿即可。

综上所述，从原理上阐述了激光雷达如何通过激光信号的相位差进行距离的计算，然后再根据球坐标系转变为笛卡尔坐标系的换算，就可以得到被测目标点的三维坐标。

8.3.2　三种不同技术的激光雷达简介

前面已经介绍了机械式激光雷达，下面将介绍 MEMS 激光雷达和 OPA (Optical Phased Array, OPA)激光雷达。

① 这样一个数组被称作一帧数据，实际系统通过 2 ms 采样，一帧数据里一共有 640 个样本点。

在3.3.2节陀螺仪里已经介绍过了微型机电系统(MEMS)技术，在这里将“微型机电系统”解析成“微振镜”会更加贴切。微振镜激光雷达摆脱了机械式激光雷达笨重的马达、多棱镜等机械运动装置，毫米级尺寸的微振镜大大减少了激光雷达的尺寸，无论从美观度、集成度还是成本角度来讲，其优势都令人惊叹。微振镜激光雷达的扫描角度在60°~70°范围内，MEMS技术被认为是下一代激光雷达的灵魂。MEMS微振镜是一种硅基半导体元器件，属于固态电子元件。但是MEMS微振镜并不“安分”，内部集成了“可动”的微型镜面，如图8-31所示，其微镜片可以沿着相互垂直的两根轴旋转。

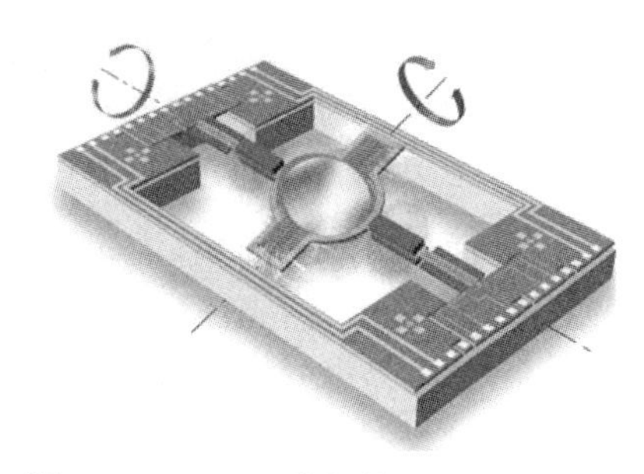

图8-31 MEMS微振镜工作原理示意图

MEMS微振镜的尺寸很小，其反射镜面直径通常为数毫米，镜面厚度、支撑悬臂梁的厚度和宽度也仅为数十微米至数百微米。由此可见MEMS微振镜兼具固态和运动两种属性，故称为混合固态。可以说，MEMS微振镜是传统机械式激光雷达的革新者，将引领激光雷达向小型化和低成本化发展，具有广泛的应用前景。MEMS微振镜主要由微镜、扭转杆、线圈、永磁体和单晶硅衬底四部分组成。其工作原理是：线圈放置在由永磁体产生的磁场中，当驱动电路控制线圈产生电流时，线圈会产生洛仑兹力从而使扭转杆发生偏转，最终使微镜位置不断发生变化，从而实现对某一区域进行二维扫描。因为磁场中的洛仑兹力与电流大小成正比，所以可以通过改变电流的方法来实现对微镜偏转角度的控制，从而实现光束扫描的目的。

OPA激光雷达也称为全固态激光雷达，它完全取消了机械式扫描结构，取而代之的是，水平和垂直方向的激光扫描均通过电子方式实现。相比于仍保留有“微动”机械结构的MEMS激光雷达来说，OPA激光雷达电子化的更加彻底。由于其内部没有任何宏观或微观上的运动部件，可靠性高，持久性强，系统整体体积小。OPA激光雷达通过调节发射阵列中每个发射单元的相位差来改变激光的射出角度，由于其原理过于复杂，超出本书讨论的范围，有兴趣的读者可以参阅相控雷达相关参考资料。如图8-32所示为三种不同技术的激光雷达工作原理，同时，这三种激光雷达的优缺点比较如表8-1所示。

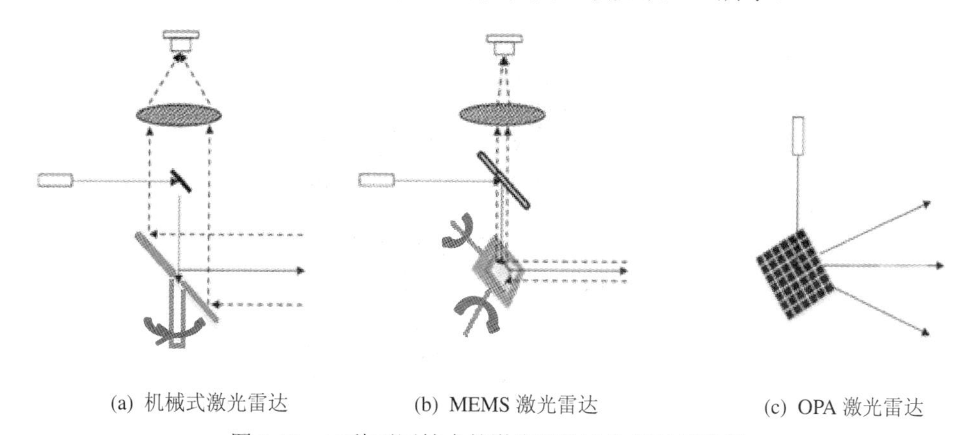

(a) 机械式激光雷达　(b) MEMS激光雷达　(c) OPA激光雷达

图8-32 三种不同技术的激光雷达工作原理示意图

表 8-1　三种不同技术激光雷达优缺点比较

名　称	机械式激光雷达	MEMS 激光雷达	OPA 激光雷达
路线技术	机械式	MEMS 固态扫描单元	OPA 光学相控阵
原理	在舵机驱动下带动镜子持续旋转，让竖直的激光经旋转扫描形成激光"面"，从而实现探测区域内的 3D 扫描	通过在硅芯片上集成微振镜来代替传统的机械式的转动机构，由微振镜来反射激光；利用微电子机械系统的技术驱动旋镜，使反射激光束指向不同方向	相控阵发射器由若干发射单元组成的一个矩阵阵列，通过控制阵列中不同单元发射激光的相位差，可以达到调节射出波的角度方向目的
优点	控制舵机的技术相当成熟，其原理简单，易驱动、易实现，水平 360° 扫描，测量精度相对较高	MEMS 偏振镜工艺相对成熟，小型化，成本低，易于量产，落地快，可以动态调整扫描模式，从而可以聚焦特殊物体，例如聚焦更远更小的物体，并获得更丰富的细节信息进而对其识别	不含转动机械结构，从而降低了成本，无磨损从而延长了使用寿命；扫描速度快、精度高，光束指向可控性高等
缺点	体积较大；机械式激光雷达由发射光源、转镜、接收器、微控马达等精密零部件构成，制造难度大、物料成本较高；激光雷达仍未大规模进入量产，需求量小，导致成本降不下来	没有解决接收端问题，光路复杂，工作时有高频振动；激光扫描受微振镜面积和偏转角度限制，MEMS 激光雷达扫描角度偏小，视场角也较小，一般在 120°以内，需要 3~4 台同时使用才能达到 360°视场角	OPA 最大功率方向以外形成"旁瓣"，即旁瓣效应，导致激光能量被分散；OPA 接收面大，信噪比低；产生的光束发散性更大，因此很难兼顾长距离、高分辨率和宽视场

8.3.3　激光雷达的安装

这里使用 Lidar 360° 机械式激光雷达，其与树莓派的连接具体如图 8-33 所示。

图 8-33　激光雷达与树莓派的连接

在图 8-33 中，标记“1”处是加了外壳散热的树莓派；标记“2”处是串口转 USB 模块；标记“3”处是激光 3D 雷达。首先确定将串口转 USB 模块的 USB 端插入树莓派 USB 口后在 /dev 目录里有无生成相应的设备文件 ttyUSB0。如果确定已生成 ttyUSB0 设备文件，则到 Github 平台里去下载 LiDAR360° 的 ROS 驱动并编译，然后执行如下命令：

```
cd ~/catkin_ws/src
git clone https://github.com/ROBOTIS-GIT/hls_lfcd_lds_driver.git
cd ..
catkin_make
```

按照以下命令，简单测试 LiDAR360° 激光雷达是否安装正确。

```
cd ~/catkin_ws/src/hls_lfcd_lds_driver/applications/lds_driver/
make
./lds_driver
```

如果执行上述命令后出现如图 8-34 所示结果，即代表已从激光雷达获取了测试的距离数据。

```
pi@raspberrypi: ~/catkin_ws/src/hls_lfcd_lds_driver/applications/lds_driver
pi@raspberrypi:~/catkin_ws/src/hls_lfcd_lds_driver/applications/lds_driver $ ls
lds_driver  lds_driver.cpp  lds_driver.h  lds_driver.o  Makefile
pi@raspberrypi:~/catkin_ws/src/hls_lfcd_lds_driver/applications/lds_driver $ ./l
ds_driver
r[359]=0.000000,r[358]=2.595000,r[357]=2.677000,r[356]=0.713000,r[355]=1.281000,
r[354]=0.000000,r[353]=0.384000,r[352]=0.000000,r[351]=0.376000,r[350]=0.376000,
r[349]=1.217000,r[348]=0.974000,r[347]=0.974000,r[346]=0.974000,r[345]=1.012000,
r[344]=0.866000,r[343]=0.960000,r[342]=0.971000,r[341]=0.973000,r[340]=0.982000,
r[339]=0.979000,r[338]=0.977000,r[337]=0.000000,r[336]=0.000000,r[335]=0.943000,
r[334]=1.284000,r[333]=1.528000,r[332]=1.441000,r[331]=1.523000,r[330]=1.511000,
r[329]=0.000000,r[328]=0.000000,r[327]=0.597000,r[326]=2.575000,r[325]=0.000000,
r[324]=0.000000,r[323]=0.597000,r[322]=0.589000,r[321]=0.000000,r[320]=0.000000,
r[319]=1.304000,r[318]=1.273000,r[317]=2.472000,r[316]=2.393000,r[315]=2.323000,
r[314]=2.329000,r[313]=2.230000,r[312]=2.245000,r[311]=0.795000,r[310]=0.810000,
r[309]=0.807000,r[308]=0.807000,r[307]=1.160000,r[306]=1.176000,r[305]=1.688000,
r[304]=1.761000,r[303]=0.586000,r[302]=1.729000,r[301]=1.703000,r[300]=0.965000,
r[299]=0.957000,r[298]=0.951000,r[297]=0.951000,r[296]=1.095000,r[295]=1.513000,
r[294]=1.496000,r[293]=1.474000,r[292]=0.000000,r[291]=0.615000,r[290]=0.610000,
r[289]=0.608000,r[288]=0.608000,r[287]=1.359000,r[286]=1.358000,r[285]=1.380000,
r[284]=1.348000,r[283]=1.330000,r[282]=1.310000,r[281]=1.311000,r[280]=1.299000,
r[279]=1.301000,r[278]=1.274000,r[277]=1.264000,r[276]=1.261000,r[275]=1.286000,
r[274]=1.267000,r[273]=1.250000,r[272]=1.276000,r[271]=1.241000,r[270]=1.236000,
r[269]=1.260000,r[268]=1.235000,r[267]=1.242000,r[266]=1.233000,r[265]=1.231000,
r[264]=1.242000,r[263]=1.243000,r[262]=1.226000,r[261]=1.221000,r[260]=1.244000,
```

图 8-34 测试结果

下面介绍如何在 ROS 的框架内使用激光雷达。首先在树莓派上运行命令“roscore”，然后打开另一个字符终端并运行下面的命令。

```
roslaunch hls_lfcd_lds_driver hlds_laser.launch
```

除了在树莓派里能获得激光雷达的数据外，还需要使用 PC 端可视化这些点云数据。可以使用下列命令快速查看数据通路是否正常。例如在 PC 端执行以下命令：

(1) 打印激光雷达数据的类型、发布者及订阅者相关信息命令：rostopic info /scan。

(2) 打印激光雷达获取数据的内容命令：rostopic echo /scan -n1。

最后发现，除了(2)所列的之外，使用其他命令都很正常，这是因为激光雷达传感器的数据不能从树莓派端传到 PC 端。解决方法是在 PC 端文件/etc/hosts 目录里添加远程树莓派端的地址，具体添加代码为：

```
10.0.0.33        rosmaster
```

重启 PC 端后，测试一切正常。接着在 PC 端的图形界面下启动 rviz 虚拟环境来直观地观察数据，执行命令“rosrun rviz rviz”，将出现 rviz 虚拟环境的图形化界面。在如图 8-35 所示界面中添加“LaserScan”主题，然后点击“OK”按钮。

接着在如图 8-36 所示的界面中分别输入“laser”和“/scan”，用于改变 Global Options 的 Fixed Frame 和 Topic 的值。

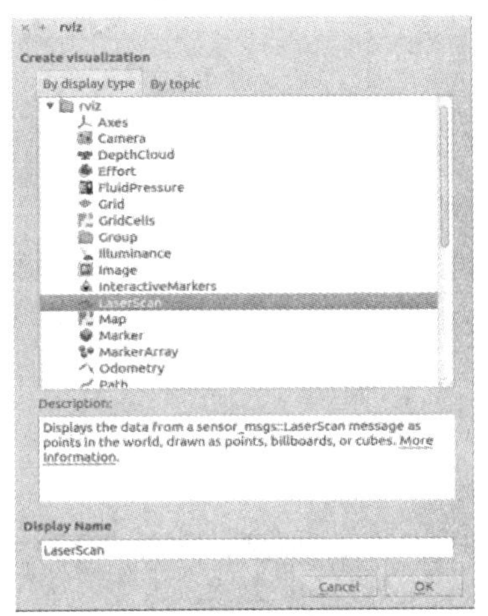

图 8-35　添加“LaserScan”可视化内容界面

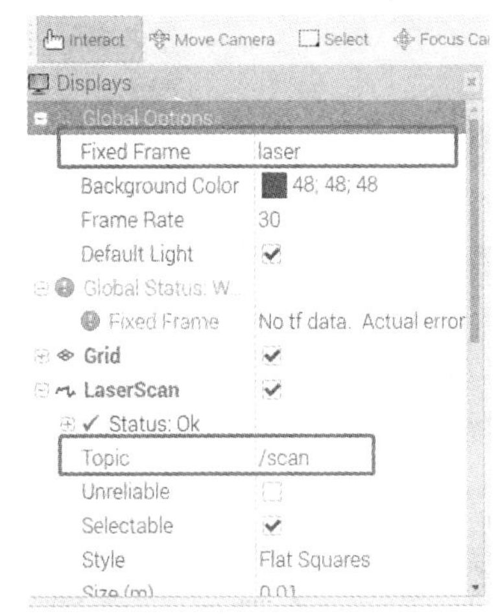

图 8-36　改变图中框起来的内容

此时应该可以显示出激光雷达扫描周围环境获取的点云数据，如图 8-37 所示。

图 8-37　获取的点云数据

彩图

练　习　题

【判断题】

(1) 针孔相机成的虚像应用在相机的数学模型中可让成像正立。　　(　　)

(2) 采用 MEMS 技术的激光雷达不含转动机械结构。　　(　　)

(3) OPA 激光雷达不含转动机械结构。　　(　　)

(4) 机械式激光雷达在舵机驱动下带动镜子持续旋转，让竖直的激光经旋转扫描形成激光“面”，从而实现探测区域内的 3D 扫描。　　(　　)

(5) 采用 MEMS 技术的激光雷达通过在硅芯片上集成微振镜来代替传统的机械式的转动机构，由微振镜来反射激光。　　(　　)

(6) OPA 激光雷达最大功率方向以外形成“旁瓣”，即旁瓣效应，导致激光能量被分散；OPA 接收面大，信噪比低；产生的光束发散性更大，因此很难兼顾长距离、高分辨率和宽视场。　　(　　)

【填空题】

(1) 进行人脸识别时遇到的困难包括：________________、________________、______________、______________、______________、______________等。

(2) 视觉传感器在机器人上主要应用于__________、________、__________、__________以及________等方面。

(3) Kinect RGBD 相机一共有 5 个主要组成部分，它们分别是______________、______________、______________、______________、______________。

(4) RGBD 相机中，R 表示________________，G 表示__________________，B 表示__________________，D 表示________________。

(5) 市场上常见的激光雷达种类一般有三种，分别是______________、______________、______________。

【简答题】

(1) 请简述立体视觉中的 2.5D 与 3D 的区别。

(2) 简述双目相机的工作原理。

(3) 讨论为何单目相机获取的图像上的点在三维空间里存在歧义，而为什么双目相机可以消除这些歧义。

(4) 简述图像匹配算法的原理，以及在寻找双目左右两个图像中对应点的应用。

(5) 简述动态规划算法是如何寻找双目左右两个图像更多的对应点。

(6) 简述微软 Kinect RGBD 相机的工作原理。

(7) 讨论 Kinect 获取人体骨骼对机器人的控制有何作用。

(8) 简述机械式激光雷达的 3D 成像原理。

(9) 讨论激光雷达获取的三维点云对机器人导航有何作用。

(10) 简述关于相位测距 ToF 算法原理。

【实践题】

(1) 使用单目相机实现人脸表情识别。提示：在 Github 网站查找有关人脸表情识别的库，根据库的提示安装依赖包及执行人脸表情识别任务。

(2) 使用激光雷达实现智能机器人在屋内自主导航，并使机器人具有自动避开障碍物等功能。

第 9 章　多传感器信息融合技术

从本质上来说，多传感器信息融合是人类的本能，即人类能将来自眼、耳、鼻、舌以及皮肤等器官传进大脑的信息自然地结合以前的经验进行决策判断，并对周围的环境以及正在发生的事件作出判断。这个过程是非常复杂的，至今科学家们还未解开人脑思考之谜。

单一传感器采集的数据并不能够全面反映环境变化信息，并且稳定性不高。而本章介绍的是采用多传感器采集环境信息，并对信息进行融合及推理，最终产生 1+1>2 的效果。

本章主要任务是介绍智能机器人相对于人脑的一种功能模拟，包括硬件结构上的型态介绍、算法架构上的介绍以及经典的算法介绍三个部分。

教学导航

教	知识重点	了解多传感器信息融合的 4 种硬件结构及特点； 了解信息融合技术的三个层次及特点； 了解加权平均通过加权，实现融合的过程； 了解贝叶斯公式，包括先验概率、后验概率、测量概率以及它们的关系； 了解卡尔曼滤波器两个方程：状态方程及观察方程； 了解卡尔曼滤波器两个阶段：预测阶段及更新阶段； 了解卡尔曼增益在卡尔曼滤波器里的作用； 了解人工神经网络的工作原理； 了解支持向量机的工作原理
	知识难点	了解贝叶斯公式包括先验概率、后验概率、测量概率以及它们的关系； 了解卡尔曼滤波器两个方程：状态方程及观察方程； 了解卡尔曼滤波器两个阶段：预测阶段及更新阶段； 了解卡尔曼增益在卡尔曼滤波器里的作用
	推荐教学方法	本章主要对多传感器系统构建进行了介绍。上课时可以根据学生的具体情况，重点讲解 1 到 2 种融合的算法，并多结合实际案例。编程实现一些简单的应用，例如用手机拍一段彩色小球的在平面运动的视频，然后使用卡尔曼滤波器进行跟踪
	建议学时	4～6 学时
学	推荐学习方法	本章应该是前面各章的精华，通过具体融合多个传感器来做真正意义上的“智能”事情。学习方法主要以听课为主，建议对各种系统建构的优缺点多进行思考。要对数学功底要求比较厚实的 9.3 节进行学习，并在课外对自己不明白的数学公式进行自学

9.1　多传感器信息融合的硬件结构

本节主要介绍多传感器信息融合的硬件结构，主要分为以下 4 种类型：集中型、分布型、混合型以及反馈型。

9.1.1　集中型

集中型多传感器信息融合系统的特点是传感器采集到的数据在没有任何预处理的前提下直接进行信息融合，推理输出，其结构如图 9-1 所示。这是基于数据层的融合，保留了大量的传感器原始数据，例如图像数据、声音数据以及点云数据等，需要更可靠及更大带宽的通信和更复杂的处理器结构，比较适合小型的智能系统。

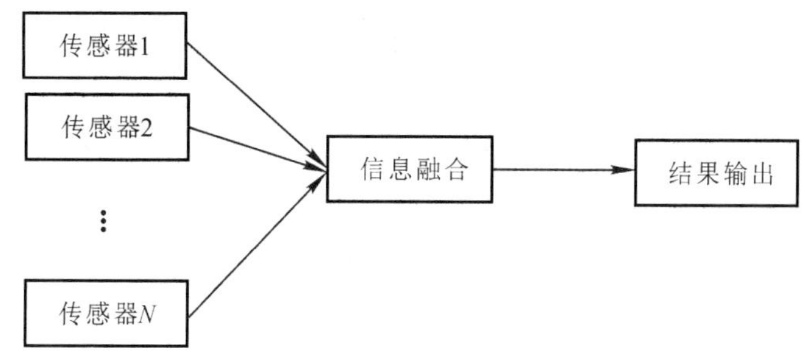

图 9-1　集中型多传感器信息融合硬件结构图

9.1.2　分布型

分布型多传感器信息融合系统中各个传感器的数据先进行局部处理，例如分类处理，然后再将处理结果传送到融合算法，最终完成推理判断，其结构如图 9-2 所示。与集中型多传感器相比，因为每个传感器都采取了局部处理，使得分布型的数据传输量大量减少，这种硬件结构更适合规模较大的分布式远程系统。

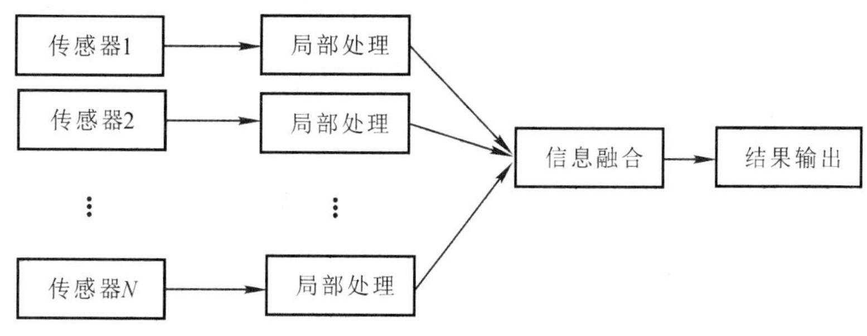

图 9-2　分布型多传感器信息融合硬件结构图

9.1.3　混合型

混合型多传感器信息融合系统是分布型以及集中型两种类型混合在一起的一种硬件连接型态，这种系统结构比较灵活，对部分传感器采用集中型，而对部分采用分布型，其结构如图 9-3 所示。至于哪些传感器采用哪种类型需要视具体情况而定，没有规律可循，设计难度较大。

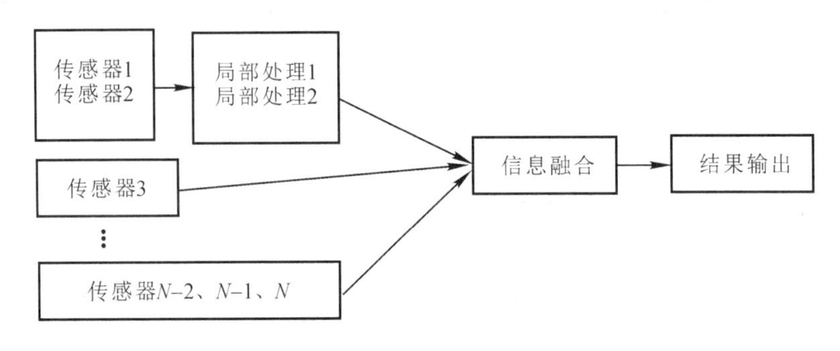

图 9-3　混合型多传感器信息融合硬件结构图

9.1.4　反馈型

反馈型多传感器信息融合系统的输出结果反馈回信息融合算法里面，组成一个闭环系统，其结构如图 9-4 所示。一般这类系统具有根据应用环境的具体情况自己可调节系统内部参数，让输出的结果更加准确。

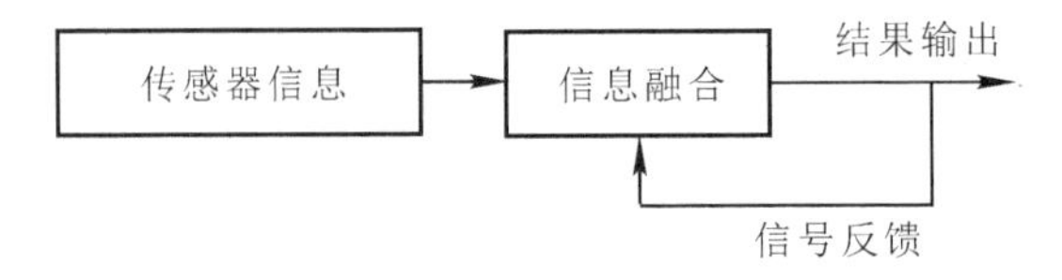

图 9-4　反馈型传感器信息融合硬件结构图

9.2　信息融合技术层次化描述

信息融合技术是克服依靠单一传感器的局限性而提出的信息处理方法。其实质是多传感器采集的外界信息通过算法处理而得到一个联合判定的结果。多传感器数据融合有别于单一传感器数据处理过程，传统单一传感器只能处理底层次的信息，而多传感器数据融合是将系统中各个传感器收集的信息进行综合分析与利用，以更大限度地挖掘信息背后的规律。根据融合系统中对信息抽象程度，可将信息融合划分为三个级别，分别为低层次的数据级融合、中间层次的特征级融合和高层次的决策级融合。

9.2.1　数据级融合

数据级融合对传感器检测到的数据在未经过任何预处理前直接进行数据融合，是最低层次的抽象，如图 9-5 所示。这种数据融合方式保留了传感器尽可能多的现场数据，但数据融合阶段需要处理较大的信息量，处理时间比较长，实时性较难保证。

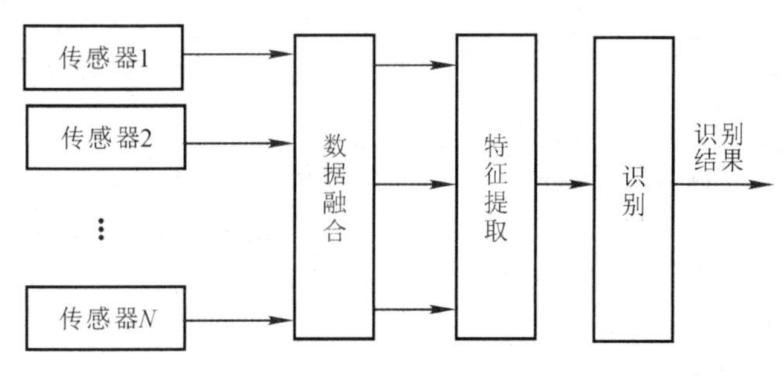

图 9-5　数据级融合过程示意图

9.2.2　特征级融合

特征级融合属于中等层次的数据抽象：先从原始传感器数据中提取特征，再形成特征向量，最后将特征向量进行融合处理，如图 9-6 所示。由于使用数据的特征向量代表原始数据，本身就达到一定的数据压缩效果，因此使得传输数据时降低了对网络带宽的需求。

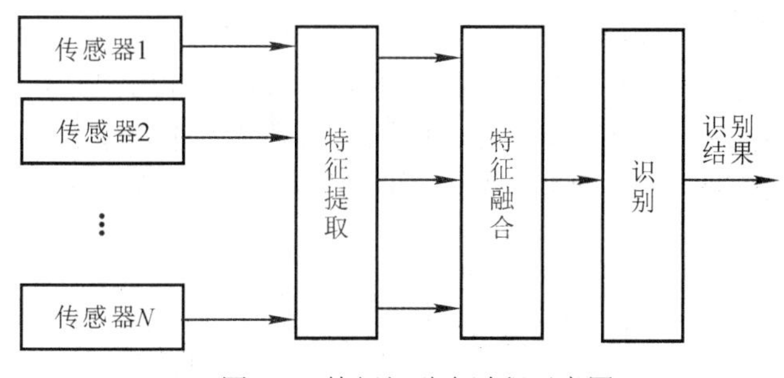

图 9-6　特征级融合过程示意图

9.2.3　决策级融合

决策级融合如图 9-7 所示，先对相互独立的传感器测量的数据进行特征提取及识别，然后经过决策层融合将识别结果综合处理，得到一致的判别结果。决策级融合是信息抽象的最高层次，具有 4 个特点：(1) 对传感器的类别没有特别要求；(2) 通信量少，占用带宽少；(3) 容错性好，其中一个或者多个传感器发生故障，决策层还能根据其他正常工作的传感器结果做出最优的判断；(4) 决策层需要融合处理的信息量少。

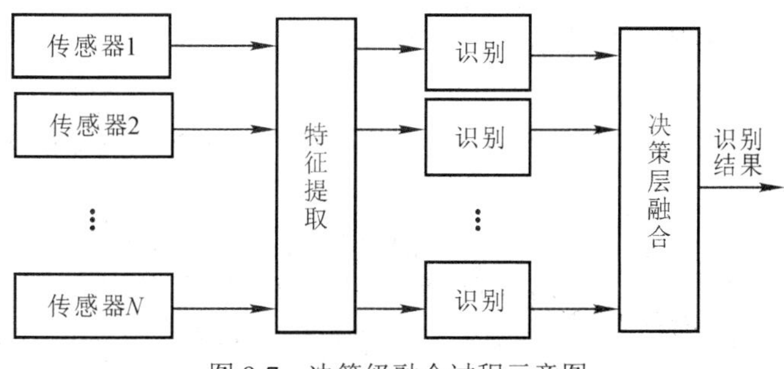

图 9-7　决策级融合过程示意图

9.3　信息融合的经典数学模型介绍

这里介绍到的信息融合算法的经典数学模型设计的研究内容相当广，包括概率论、估计理论、优化、人工智能、模式识别等学科。每种算法各有各的优缺点，应该根据具体问题有选择地选用一种或者几种方法使用以达到应用的需求。

9.3.1　加权平均

加权平均是最直观，最简单的融合算法。例如有两个温度传感器，第一个传感器的结果比较可靠，而第二个传感器结果没那么可靠，那么可以给第一个传感器选择权重为 0.7，给第二个传感器选择权重为 0.3。权重一般选择原则是给更加可靠的传感器大的权重，所有权重之和一般为 1。

9.3.2　贝叶斯网络估计

贝叶斯网络估计先通过先验概率对多种传感器的信息进行相容性分析，选择可信度高的信息进行决策估计，并将多个决策估计映射到输出样本空间的多个划分；然后应用贝叶斯网络推断计算出输出的概率，最后根据规则进行决策判断得到系统输出，具体过程如图 9-8 所示。

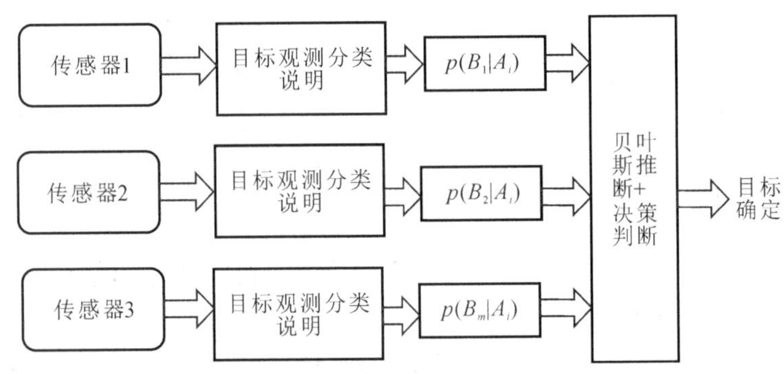

图 9-8　基于贝叶斯网络的目标识别融合模型

从图 9-8 中可知，使用基于贝叶斯统计网络的目标识别融合模型需要进行以下步骤：

(1) 获取每个传感器输出特征 B_1，B_2，B_3 参数说明等。

(2) 计算每个传感器输出特征参数对不同目标的不确定性，即 $p(B_j\,|\,A_i)$，其中传感器序号 $i=[1, n]$，目标序号 $j=[1, m]$。

(3) 使用贝叶斯推断公式(其表述为：后验概率∝先验概率×测量概率)计算目标的融合概率，即

$$p\left(A_i\middle|B_1, B_2,\cdots, B_m\right)=\frac{p\left(B_1, B_2,\cdots, B_m\middle|A_i\right)p\left(A_i\right)}{p\left(B_1, B_2,\cdots, B_m\right)} \tag{9-1}$$

这里分母 $p(B_1, B_2,\cdots, B_m)$为一常数，称为归一化常数；$p(A_i\,|\,B_1, B_2,\cdots, B_m)$称为后验概率；$p(B_1, B_2,\cdots, B_m\,|\,A_i)$称为测量概率；$p(A_i)$称为先验概率。如果 $B_1, B_2,\cdots, B_m$ 相互独立，则有

$$p(B_1, B_2, \cdots, B_m | A_i) = p(B_1|A_i) \cdot p(B_2|A_i) \cdot p(B_3|A_i) \cdots p(B_m|A_i) = \prod_{j=1}^{m} p(B_j|A_i) \tag{9-2}$$

(4) 通过优化理论，例如最大的后验概率(Maximum a Posteriori, MAP)，得出判决，即

$$A_{\text{map}} = \arg\max_{i=1,2,\cdots,n} \{p(A_i|B_1, B_2, \cdots, B_m)\}$$

【任务 9-1】 智能机器人在运动过程中会碰到不同的障碍物，例如人、箱子、桌子等。往往现实中的障碍物具有很强的不确定性以及不完善性，如果使用单一的传感器进行判读往往达不到较好的效果。描述如何使用贝叶斯网络融合网路摄像头以及激光雷达这两种传感器，根据传回来的数据判断障碍物的类型。

【解答】

先来对 A_i 与 B_j 进行描述。A_1 可以描述为前面障碍物是人；A_2 可以描述为前面障碍物是箱子；A_3 可以描述为前面障碍物是桌子。B_1 可以描述为网络摄像头获取当前图像的特征参数，例如在图像中可以检测的特征包括有无人脸以及有无线段等；B_2 可以描述为激光雷达获取当前环境的特征参数，例如可以提取的特征包括突出物体的长、宽、高等参数。

接着来描述概率密度函数 $p(B_j | A_i)$的意义：在给定障碍物的前提下，第 j 个传感器($j\in\{1, 2\}$)特征参数的可信度。这也是使用单传感器对障碍物进行分类的正确率。

然后，$p(A_i)$可描述为第 i 个($i\in\{1, 2, 3\}$)障碍物的先验概率，例如在某个家庭环境里，一般人与桌子出现的概率比箱子出现的概率要高。从前面描述的 B_1 与 B_2 的特征，可以认为它们是相互独立的，可以分别单独计算 $p(B_j | A_i)$，再将所有计算结果相乘来计算测量概率 $p(B_1, B_2,\cdots, B_m | A_i)$。

最后，后验概率 $p(A_i | B_1, B_2,\cdots, B_m)$可以表述为在融合所有传感器的参数前提下，确定为第 i 个障碍物的概率。经过 MAP 运算后，就能确定最优的一个解。

9.3.3　卡尔曼滤波器

卡尔曼滤波器是一个最优的递归算法，它适合估算一个由随机变量组成的动态系统的最优状态，即使系统状态有噪音或者测量值不准确，卡尔曼滤波器也能完成对真实状态值的最优估计。

首先来了解一下真实系统及系统的数学模型。在 1.4.2 小节中提到过，一个可以通过人类眼睛直接观察到机器人的姿态，是由眼睛不能直接观察的舵机组转动角度所定义。类似这样的真实系统还有很多，例如在公路上奔跑的汽车，其位置是可以直接观察到，而速度、加速度等是不能直接观察到的。卡尔曼滤波器的基本工作原理如图 9-9 所示。

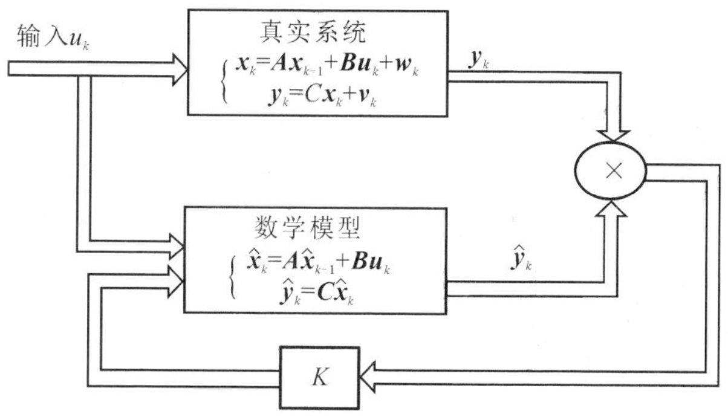

图 9-9　卡尔曼滤波器工作原理示意图

在图 9-9 中的真实系统中包含一组未知的方程，一共有两个等式：第一个是系统状态方程，由不能直接观察的变量构成；第二个叫作观察方程，能直接通过测量手段得到它的值。真实系统输入表示为 $\boldsymbol{u}_k$，输出为可测量的 $\boldsymbol{y}_k$，$\boldsymbol{x}_k$ 代表不能直接观察的系统变量；参数 k 代表离散时间；$\boldsymbol{w}_k$ 代表的是系统变量的噪音；$\boldsymbol{v}_k$ 是测量输出的噪音。其中 $\boldsymbol{w}_k$ 和 $\boldsymbol{v}_k$ 这两个噪音在卡尔曼滤波器里服从期望值为零高斯分布。

既然真实系统的方程是未知的，卡尔曼滤波器通过建立近似于真实系统的方程，即图 9-9 中的数学模型。在这组方程里，$\boldsymbol{A}, \boldsymbol{B}, \boldsymbol{C}$ 代表三个已知的矩阵。$\hat{\boldsymbol{x}}_k$与$\hat{\boldsymbol{y}}_k$代表的是对应变量的预测值。同时这组方程不含噪声，这相对于数学模型来说是“完美”的，因为含有高斯噪音时没法算出具体 k 时刻的$\hat{\boldsymbol{x}}_k$的值。数学模型相对于真实系统来说，会有测量误差，例如测量速度、加速度这些组成系统变量的参数时，所用的传感器会有误差。卡尔曼滤波器正是从统计学的角度去融合这两者——k 时刻的测量值 $\boldsymbol{y}_k$ 以及预测值$\hat{\boldsymbol{y}}_k$，具体如图 9-10 所示。

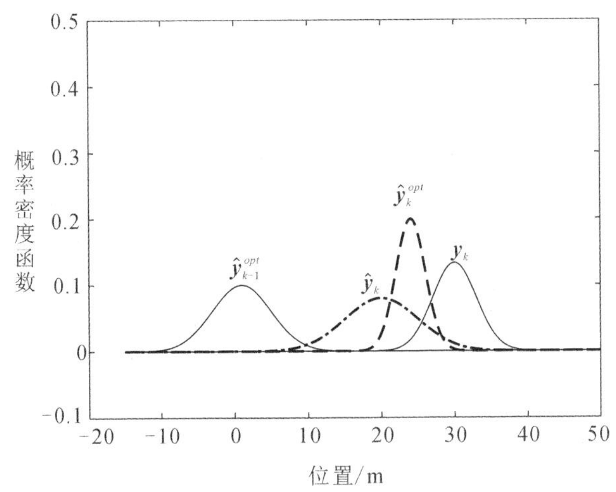

图 9-10　从统计学的角度看卡尔曼滤波器工作原理

图 9-10 的横坐标表示位置，假设一汽车在一维的直线上从原点往 50 m 远的地方前进。在 $k-1$ 时刻输出的最优观察值变量的统计属性为一高斯分布 $N(1,4^2)$，卡尔曼滤波器将会给出在 k 时刻的预测值$\hat{\boldsymbol{y}}_k$及最优值$\hat{\boldsymbol{y}}_k^{\text{opt}}$，一般经过以下两个阶段：

(1) 预测阶段。根据图 9-9 所示方程组，从 $k-1$ 时刻可以推出 k 时刻的观察值$\hat{\boldsymbol{y}}_k$。此观察值作为一个随机变量，其统计特性服从高斯分布 $p(\hat{\boldsymbol{y}}_k)\sim N(20,5^2)$。这里 $p(\hat{\boldsymbol{y}}_k)$代表的是随机变量$\hat{\boldsymbol{y}}_k$的概率密度函数，$N(20,5^2)$代表的是高斯分布，期望值在 20 处，均方差为 5。

(2) 优化阶段。例如通过里程计测量汽车走过的距离可表现为另一随机变量 y_k。从图 9-10 中观察此随机变量服从高斯分布 $p(\boldsymbol{y}_k)\sim N(30,3^2)$。优化阶段将两个高斯分布函数相乘 $p(\hat{\boldsymbol{y}}_k)\times p(\boldsymbol{y}_k)$，如果将 $p(\hat{\boldsymbol{y}}_k)$看作先验概率；将 $p(\boldsymbol{y}_k)$看作测量概率，忽略归一化因子的话，其结果为后验概率。通过对误差优化运算后，就能得到 k 时刻的最优值$\hat{\boldsymbol{x}}_k^{\text{opt}}$和$\hat{\boldsymbol{y}}_k^{\text{opt}}$。

这里讨论一下图 9-9 中卡尔曼增益 K 的作用：增益的作用体现在 $p(\boldsymbol{y}_k)$和 $p(\hat{\boldsymbol{y}}_k)$两者间选择一个更加可靠的，增大其对结果贡献的比例系数，例如对测量值更信任，将其比例调整为 0.65，而将另一个调整为 0.35。为了更加清晰地明白这个过程，下面给出上述优化阶段两个高斯分布函数相乘后计算出新的期望值及方差。

$$\begin{cases} \mu' = \mu_0 + \boldsymbol{K}(\mu_1 - \mu_0) & (9\text{-}3) \\ 2\sigma'^2 = \boldsymbol{K}\sigma_1^2 + \sigma_0^2(1-\boldsymbol{K}) & (9\text{-}4) \\ \boldsymbol{K} = \dfrac{\sigma_0^2}{\sigma_0^2 + \sigma_1^2} & (9\text{-}5) \end{cases}$$

在公式里，新的高斯分布的期望为 μ'，方差为 σ'^2，卡尔曼增益为 K。假设 $p(y_k) \sim N(\mu_0, \sigma_0^2)$ 和 $p(\hat{y}_k) \sim N(\mu_1, \sigma_1^2)$ 已知，根据公式(9-5)，如果 $\sigma_1^2 \sim 0$，则推出 $K \sim 1$ 和 $\mu'=\mu_1$，说明了观察值不可靠，高斯分布的中心彻底移向了预测值；如果 $\sigma_0^2 \sim 0$，则推出 $K \sim 0$ 和 $\mu'=\mu_0$，说明了预测值不可靠，高斯布的中心彻底移向了观察值。

9.3.4　人工神经网络

人工神经网络(Artificial Neural Networks, ANN)是模仿人脑在算法里仿真出大量紧密相连的细胞，以便人工神经网络能学习事物和识别模式，并能给出很人性化的一种结果。神经网络惊人之处在于能通过学习来完成任务，无需局限于特定的任务规则进行专门的编程。尤其是近年来对深度神经网络(Deep Neural Networks, DNN)的研究很热门，已从理论上证明，如果深度神经网络的隐含层足够多时，深度神经网络能够逼近任何非线性函数。神经网络通过对大量样本进行学习后，可获得样本的特征信息。DNN 对与样本较接近的新的输入数据进行训练往往可得到比较理想的结果，但对与样本相差较大的输入数据进行训练，有可能会出错，这说明网络过度学习了样本的特征，缺乏泛化能力。为了提高网络的泛化能力，需要充足的样本数据及合理的神经网络结构。一般来说，隐含层的节点越多，神经网络系统能学习的特征就越复杂，同时训练网络的计算量也越大。目前，使用神经网络是进行多传感器信息融合的主流方法。

9.3.5　支持向量机

支持向量机(Support Vector Machine, SVM)是一种二分类的模型，定义了在特征空间上间隔最大的线性分类器。SVM 的主要思想有以下两点：

(1) 通过升维将非线性问题转化为线性问题进行处理。

(2) 采用 Vapnik 结构进行风险最小化约束。通过风险最小化控制，使得在样本特征空间能建立更优的超平面以及能更好地提高泛化能力。通俗地说，此理论就如奥卡姆剃刀原理，即如果能用较简单的模型解析一批数据，就能更好地预测将来的数据。

如图 9-11 所示的是一个在二维空间里训练一个二分类的线性分类器。首先其提供一个带标签的训练数据集，如图中的所有点；除了二维坐标外，还有一个类别号。SVM 算法通过学习，找到一个超平面 $\boldsymbol{w}^T \cdot \boldsymbol{x}+b=0$，$\boldsymbol{w}^{\mathrm{T}} \cdot \boldsymbol{x}+b=1$ 和 $\boldsymbol{w}^{\mathrm{T}} \cdot \boldsymbol{x}+b=-1$ 让这两个类的空隙距离 $\dfrac{2}{\|\boldsymbol{w}\|}$ 最大化。这个空隙分别由这两个类的支持向量定义的超平面定义，且这两个超平面均与 $\boldsymbol{w}^{\mathrm{T}} \cdot \boldsymbol{x}+b=0$ 平行。

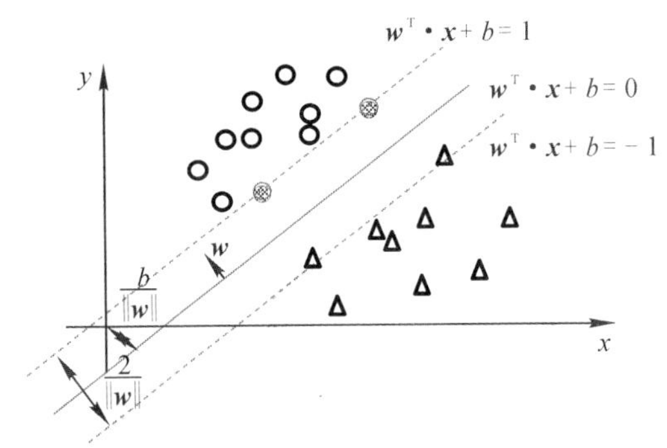

图 9-11　二分类线性分类器工作原理示意图

练　习　题

【填空题】

(1) 多传感器信息融合的 4 种硬件结构分为______________型、______________型、____________型及______________型。

(2) 信息融合技术的 3 个层次为：________融合、________融合及________融合。

(3) 集中型多传感器系统结构的特点是____________________________________。

(4) 分布型多传感器系统结构的特点是____________________________________。

(5) 混合型多传感器系统结构的特点是____________________________________。

(6) 反馈型传感器系统结构的特点是______________________________________。

(7) 数据级信息融合的特点是____。

(8) 特征级信息融合的特点是____。

(9) 决策级信息融合的特点是____。

(10) 本书介绍的 5 种信息融合的经典算法是_____________、_____________、_____________、_____________及_____________。

【简答题】

(1) 请简述基于加权平均算法的多传感器信息融合算法原理。

(2) 请简述贝叶斯网络如何将多个独立的传感器信息融合在一起。

(3) 简述卡尔曼滤波器的工作原理。

(4) 从贝叶斯推断公式的角度解释卡尔曼滤波器。提示：第一步根据贝叶斯推断公式(后验概率∝先验概率×测量概率)，结合其概率密度图像，说明后验概率的期望值落在先验概率[①]期望值以及测量概率期望值之间，以及后验概率的方差为最小。第二步根据 MAP 优化算法对后验概率进行优化，以得到最优输出。

(5) 简述卡尔曼增益是如何自动调节先验值与测量值之间的比例。

(6) 简述人工神经网络是如何将多个独立的传感器信息融合在一起的。

(7) 简述支持向量机是如何将多个独立的传感器信息融合在一起的。

① 先验概率为之前时刻卡尔曼滤波器输出的最优解概率密度函数。

参 考 文 献

[1] 许广桂，骆德汉，陈益民，等. 仿生嗅觉传感技术的研究现状与进展[J]. 制造业自动化，2007，29(12)：7-10.

[2] Detector for distance measurement. Hamamatsu Company Technical document，Aug-2016.

[3] CM108 High Integrated USB Audio I/O Controller. C-Media 公司数据表，ver 1.6.

[4] XFS5152CE 语音合成芯片用户开发指南. 科大讯飞，Ver1.2.

[5] LIDAR-Pulsed Time-of-Flight Reference Design Using High-Speed Data Converters. 德州仪器公司，aug-2017.

[6] Force Sensing Resistor Integration Guide and Evaluation Parts Catalog With Suggested Electrical Interfaces. Interlink Electronics, Version 1.0.

[7] Tiny, low-cost, single/dual-input, fixed -gain, microphone amplifiers with integrated bias. Maxim Integrated Products Inc., 2014.

[8] 宋长宝，竺小松. 一种基于 DFT 的相位差测量方法及误差分析[J]. 电子对抗技术, 2003，18(5): 16-19.

[9] 齐国清，贾欣乐. 基于 DFT 相位的正弦波频率和初相的高精度估计方法[J]. 电子学报，2001，29(9)：1164-1167.

[10] 许珉，等. 基于加窗递推 DFT 算法的快速相位差校正法研究[J]. 电力系统保护与控制，2010，38(14)：1-4.

[11] SEDLACEK M, KRUMPHOLC M. Digital measurement of phase difference – a comparative study of DSP algorithms[J]. Metrology and Measurement Systems, 2005, 7(4): 427-448.

[12] 张光义，赵玉洁. 相控阵雷达技术[M]. 北京电子工业出版社，2006.

[13] MATTOCCIA S. (PPT)Stereo Vision: Algorithms and Applications. Department of Computer Science (DISI) University of Bologna, 2013.

[14] PAPAGEORGIOU C, OREN M, POGGIO T. A General framework for object detection [J]. Proceedings of the IEEE International Conference on Computer Vision, pp. 555-562, 1998/02/04, doi: 10.1109/ICCV.1998.710772.

[15] LIENHART R, MAYDT J. An extended set of haar-like features for rapid object detection[J]. Proceedings 2002 International Conference on IEEE, 2002, 1(1): 900-903.

[16] VIOLA P, JONES M. Rapid Object Detection using a Boosted Cascade of Simple Features[J]. CVPR, 2001, 1: 511.

[17] AMOS B, LUDWICZUK B，SATYANARAYANAN M. OpenFace: A general-purpose face recognition library with mobile applications. CMU School of Computer Science, 2016, Technical Report CMU-CS-16-118.

[18] COLLOBERT R, KAVUKCUOGLU K, FARABET C. Torch7: A matlab-like environment for machine learning. In BigLearn, NIPS Workshop, 2011.

[19] SCHROFF F, KALENICHENKO D, PHILBIN J. Facenet: A unified embedding forface recognition and clustering. In Proceedings of the IEEE Conference on Computer Vision and Pattern Recognition, 2015, pages 815–823, doi: 10.1109/CVPR.2015.7298682.

[20] KING D. Dlib-ml: A machine learning toolkit[J]. The Journal of Machine Learning Research, 2009, 10: 1755–1758.